中专房地产经济与管理 物业管理专业教学丛书

房地产测绘

广 西 建 筑 工 程 学 校 李向民 编
广州市土地房产管理学校 温小明 主审

中国建筑工业出版社

图书在版编目（CIP）数据

房地产测绘/李向民编 .—北京：中国建筑工业出版
社，2000
（中专房地产经济与管理 物业管理专业教学丛书）
ISBN 978-7-112-04201-2

Ⅰ.房… Ⅱ.李… Ⅲ.房地产-建筑测量-专业学
校-教学参考资料 Ⅳ.TU198

中国版本图书馆 CIP 数据核字（2000）第 30077 号

　　本书根据建设部颁发的普通中专学校房地产经济与管理专业和物业管理专业的《房地产测绘》课程教学大纲编写。全书分为十一章。第一章至第七章为房地产测绘技术基础部分，介绍测量学的基本知识、基本理论、测量仪器的构造与使用、控制测量以及地形图测绘与使用。第八章至第十一章为房地产测绘具体内容部分，以《房产测量规范》等测绘技术标准为依据，介绍房地产调查、面积测算、房地产图测绘、界址点测量、房地产测绘管理以及变更测量的步骤、方法和要求。本书以介绍常规测绘方法为主，简要介绍各种先进的电子测绘仪器及其在房地产测绘中的应用。

　　本书适合房地产经济与管理、物业管理等房地产类专业的普通中专、成人中专、职工中专、职业高中和有关培训班使用，也可供从事房地产测绘的人员阅读和参考。

中专房地产经济与管理 物业管理专业教学丛书

房 地 产 测 绘

广 西 建 筑 工 程 学 校 李向民 编
广州市土地房产管理学校 温小明 主审

*

中国建筑工业出版社出版、发行（北京西郊百万庄）
各地新华书店、建筑书店经销
廊坊市海涛印刷有限公司印刷

*

开本：787×1092 毫米 1/16 印张：12¼ 字数：295 千字
2000 年 12 月第一版 2015 年 11 月第十次印刷
定价：17.50 元
ISBN 978-7-112-04201-2
（9682）

出 版 说 明

　　为适应全国建设类中等专业学校房地产经济与管理专业和物业管理专业的教学需要，由建设部中等专业学校房地产管理专业指导委员会组织编写、评审、推荐出版了"中专房地产经济与管理、物业管理专业教学丛书"一套，即《物业管理》、《房地产金融》、《城市土地管理》、《房地产综合开发》、《房地产投资项目分析》、《房地产市场营销》、《房地产经纪人与管理》、《房地产经济学》、《房地产法规》、《城市房地产行政管理》共10册。以上10本教材已于1997年出版。本次新增《房地产测绘》、《园林与绿化》、《物业管理统计》、《物业档案管理》等四本教材。

　　该套教学丛书的编写采用了国家颁发的现行法规和有关文件、规定，内容符合《中等专业学校房地产经济与管理专业教育标准》、《中等专业学校物业管理专业教育标准》和《普通中等专业学校房地产经济与管理专业培养方案》及《普通中等专业学校物业管理专业培养方案》的要求，理论联系实际，取材适当，反映了当前房地产管理和物业管理的先进水平。

　　该套教学丛书本着深化中专教育教学改革的要求，注重能力的培养，具有可读性和可操作性等特点。适用于普通中等专业学校房地产经济与管理专业和物业管理专业的教学，也能满足职工中专、电视函授中专、职业高中、中专自学考试、专业证书和岗位培训等各类中专层次相应专业的使用要求。

　　该套教学丛书在编写和审定过程中，得到了天津市房地产管理学校、广州市土地房产管理学校、江苏省城镇建设学校、上海市房地产管理学校和四川省建筑工程学校等单位及有关专家的大力支持和帮助，并经高级讲师张怡朋、温小明、高级经济师刘正德、高级讲师吴延广、袁建新等人的认真审阅及提出了具体的修改意见和建议，在此一并表示感谢。请各校师生和广大读者在使用过程中提出宝贵意见，以便今后进一步修改。

建设部人事教育劳动司

2000年6月18日

3

前　言

本书根据建设部颁发的普通中专学校房地产经济与管理专业和物业管理专业的《房地产测绘》课程教学大纲编写，经建设部中等专业学校建筑与房地产经济管理专业指导委员会评审和推荐出版。

全书分为十一章。第一章至第七章为房地产测绘技术基础部分，系统介绍测量学的基本知识、基本理论、测量仪器的构造与使用、控制测量以及地形图测绘与使用方面的内容。第八章至第十一章为房地产测绘具体内容部分，以《房产测量规范》等测绘技术标准为依据，全面介绍房地产调查、面积测算、房地产图测绘、界址点测量、房地产测绘管理以及变更测量的步骤、方法和要求。本书以介绍常规测绘方法为主，简要介绍各种先进的电子测绘仪器及其在房地产测绘中的应用。

本书适合房地产经济与管理、物业管理等房地产类专业的普通中专、成人中专、职工中专、职业高中和有关培训班使用，也可供从事房地产测绘的人员阅读和参考。

本书承蒙广州市土地房产管理学校校长温小明高级讲师主审。在编写过程中，广州市房地产测绘所黄保华高级工程师也提出许多宝贵意见，在此一并致以衷心的感谢。由于编者水平有限，书中缺点和错误在所难免，恳请读者批评指正。

目　　录

第一章　绪论 ··· 1

第一节　房地产测绘的任务与作用 ·································· 1

第二节　地面点位的确定 ·· 4

第三节　房地产测绘的基本程序与原则 ·························· 9

思考题与习题 ·· 10

第二章　水准测量 ··· 11

第一节　水准测量原理 ·· 11

第二节　水准测量的仪器及工具 ···································· 13

第三节　水准仪的使用 ·· 16

第四节　水准测量方法 ·· 17

第五节　水准测量成果计算 ·· 20

第六节　水准仪的检验与校正 ·· 24

第七节　水准测量误差及注意事项 ································ 27

第八节　其他水准仪简介 ·· 29

思考题与习题 ·· 32

第三章　角度测量 ··· 34

第一节　角度测量原理 ·· 34

第二节　经纬仪的构造 ·· 35

第三节　经纬仪的使用 ·· 39

第四节　水平角观测方法 ·· 42

第五节　竖直角观测 ·· 45

第六节　经纬仪的检验与校正 ·· 48

第七节　水平角测量误差与注意事项 ···························· 51

第八节　电子经纬仪简介 ·· 52

思考题与习题 ·· 55

第四章　距离测量与直线定向 ··· 57

第一节　钢尺量距 ·· 57

第二节　视距测量 ·· 64

第三节　光电测距仪简介 ·· 67

第四节　直线定向 ·· 71

思考题与习题 ·· 75

第五章　控制测量 ··· 77

第一节　控制测量概述 ·· 77

第二节　导线测量外业观测 ·· 79

第三节　导线测量内业计算 ·· 82

第四节　高程控制测量 ·· 92

思考题与习题 ·· 94

第六章　地形图基本知识 ·· 95
第一节　地形图比例尺 ·· 95
第二节　地形图图号、图名和图廓 ·· 96
第三节　地物符号 ·· 97
第四节　地貌符号 ·· 99
第五节　地形图应用的基本内容 ·· 103
思考题与习题 ··· 108

第七章　地形图测绘 ·· 110
第一节　测图前的准备工作 ·· 110
第二节　碎部点选择及地形图测绘内容 ··· 112
第三节　经纬仪测图 ··· 113
第四节　平板仪测图 ··· 118
第五节　小平板仪配合经纬仪测图 ·· 123
第六节　全站式电子速测仪测图简介 ·· 124
思考题与习题 ··· 126

第八章　房地产调查 ·· 127
第一节　房地产调查概述 ·· 127
第二节　行政境界与地理名称调查 ·· 129
第三节　房屋调查 ·· 129
第四节　房屋用地调查 ·· 134
第五节　房屋及用地的面积测算 ·· 137
思考题与习题 ··· 144

第九章　房地产分幅平面图测绘 ·· 146
第一节　房地产分幅平面图的一般规定 ··· 146
第二节　房地产分幅平面图的内容与表示方法 ··· 147
第三节　房地产分幅平面图测绘方法 ·· 152
第四节　房地产分幅平面图的清绘 ·· 155
思考题与习题 ··· 164

第十章　界址点测量及分丘图和分户图的测绘 ································· 165
第一节　界址点测量 ··· 165
第二节　分丘图测绘 ··· 169
第三节　分户图测绘 ··· 175
思考题与习题 ··· 177

第十一章　房地产测绘管理与变更测量 ··· 178
第一节　房地产测绘管理概述 ·· 178
第二节　房地产测绘质量管理 ·· 179
第三节　房地产测绘资料管理 ·· 185
第四节　变更测量 ·· 186
思考题与习题 ··· 187

参考文献 ·· 188

第一章 绪 论

第一节 房地产测绘的任务与作用

一、房地产测绘的基本概念

房屋是人们工作、生活和进行各种活动的场所，是国家经济建设和国防建设的基本物质条件，是国家和社会巨大物质财富中极为重要的组成部分，也是反映一个国家经济状况的一个重要标志；房屋和土地密切相关，不可分割，所以房屋及房屋的用地状况等有关数据和资料，是制订国民经济计划和社会发展计划必不可少的基础资料。房地产测绘是采用测绘技术的方法和手段，调查和测定房屋及其用地的权属、位置、数量、质量和用途等状况，获得国家和有关部门所需要的房屋及其用地的有关信息和资料，为国民经济建设、国防建设、房产产权产籍管理、房地产开发利用、征收税费、住房制度改革以及城镇规划建设等工作提供可靠的测量数据和资料。

房地产测绘是测量学与房地产管理业务相结合的一项技术性和政策性均较强的工作，它运用测量学的基本理论、技术、仪器和方法，确定房屋及其用地的位置、形状、大小和相互关系并绘制成图，同时通过房地产调查，确定房屋及其用地的权属状况、质量状况和利用价值，两者有机结合起来才能得到满足要求的数据和资料，其中测量学是房地产测绘的技术基础。

测量学是研究地球的形状和大小以及确定地面点之间的相对位置的科学。它的主要内容包括测定和测设两个方面。测定是指使用测量仪器和工具，通过测量和计算，得到一系列反映测量对象位置、形状、大小和相互关系的数据，或将地球表面一定区域的地物和地貌缩绘成地形图；测设是指把图纸上规划设计好的建筑物、构筑物或其他图形的位置在地面上标定出来。房地产测绘属于测量学中测定方面的工作内容。

测量学包括大地测量学、普通测量学、摄影测量学和工程测量学等分支学科。大地测量学研究测定地球的形状和大小，在广大地区建立国家大地控制网等方面的测量理论、技术和方法，为其他分支学科提供最基础的测量数据和资料。普通测量学研究在较小区域内的测绘工作，由于测区范围较小，为方便起见，可以不顾及地球曲率的影响，把地球表面当作平面对待。摄影测量学研究用摄影照片来测量地球表面形状与大小，其中的航空摄影测量是测绘国家基本地形图的主要方法，目前在测绘城市基本地形图方面也有应用。工程测量学研究各项工程建设在规划设计、建筑施工和运营管理阶段所进行的各种测量工作。房地产测绘主要属于普通测量学的范畴，是普通测量学在房地产管理方面的具体应用，但房地产测绘也用到大地测量控制网的成果。此外，一些城市还利用航空摄影测量方法进行房地产测绘。

二、房地产测绘的任务

房地产测绘的任务，是对城市、县城、建制镇的建成区和建成区以外的工矿企事业单位及其相毗连居民点的房屋及用地进行调查和测绘，将它们与房地产管理有关的各种要素如位置、形状、面积、建筑结构、建筑层数、建筑年份、用地类别、用地等级、以及权属人、权属界线、界址点等，用文字、数据和图纸表示出来，为房地产的产权产籍及其他需要提供基础资料。房地产测绘的具体任务主要包括以下几个方面：

1. 房地产调查

房地产调查包括房屋与用地两个方面的调查，其中，房屋调查的内容是房屋坐落、产权人、产权性质、产别、层数、建筑结构、建成年份、用途、面积和权属界线等基本情况，房屋用地调查内容是用地的坐落、产权性质、等级、税费、用地人、用地分类、用地界线和用地面积等基本情况。通过这些详细的调查工作，获得真实可靠的第一手基础材料，它们是房地产测绘的重要成果之一，同时又为测绘和编制房地产图服务。

2. 测绘房地产图

按一定比例和精度测绘出房屋及其用地的平面图，然后把调查得到的有关资料和数据绘制或标注在图上，便成为房地产图。房地产图有分幅图、分丘图和分户图三种。其中分幅图是全面反映房屋及其用地的位置和权属等状况的基本图；分丘图是分幅图的局部，内容更为详细，用作房产证的附图；当分丘图还无法表示清楚时，则测绘分户图，更详细地表示房屋状况。

3. 变更测量

随着城镇建设的不断发展，建成区的范围在不断扩大，建成区范围内房屋状况、土地利用状况以及房屋与用地的权属状况也在不断地变化，各种与房地产有关要素的变更不断发生，因此，为了保持房地产图与现状相符，需要经常性地进行变更测量。从这个意义来说，房地产测绘并不是一次性的测量项目，而是经常进行的日常工作。

三、房地产测绘的作用

房地产测绘主要是为房地产管理特别是产权产籍管理与房地产开发提供必要的数据、图表和资料，但同时也可以为城镇管理、城镇规划建设等方面提供有关数据和信息，具体表现在以下几个方面：

1. 房产产权、产籍管理方面

房产产权管理指审查和确认房屋所有权，进行产权登记，核发产权证，办理产权转移和变更登记手续。房地产测绘资料作为按照规定程序调查和测绘的成果，真实和准确地反映了各产权人的房屋及用地的位置、面积、界线走向、权源、产权纠纷等状况，因此是产权管理的依据。经过审查确认的调查资料和分丘图、分户图，被载入房屋产权证书，具有法律效力。房地产测绘资料是房地产管理的基础资料，也是处理产权转移和产权纠纷的依据。

房产产籍管理指对产权登记以及变更过程中形成的产权档案资料所进行的管理工作，其中，房地产测绘所形成的簿册和图纸等资料是产权档案的重要组成部分。此外，科学准确的产籍管理要求经常性地对产籍资料进行更新，因此需要经常进行房地产变更测量。

2．房地产开发利用方面

房地产测绘资料全面反映了城镇房屋的数量、质量和分布状况，通过对这些资料的整理、统计和分析，可以掌握各种类型、各种质量的房屋的数量、比例和分布，一方面为房屋建设和地产开发的规划、设计和决策提供依据；另一方面，也为科学合理地进行现有房屋物业的维护、利用、修缮和改造提供依据。此外，房地产测绘资料反映了土地的利用现状，为研究如何合理使用土地，提高土地利用价值提供了依据。

3．征收税费方面

房地产测绘资料包括房屋及其用地的面积、产权性质、用途、等级等属性，为征收房地产税费提供了依据。我国现行的与城镇房地产有关的税费主要是房产税和土地使用税，房产税由房产所有权人每年按房产原值的一定比例交纳，如果是出租的房产，则按租金的一定比例交纳；土地使用税由土地使用权人每年按土地的面积和等级以一定的税率交纳，根据产权性质和用途的不同，房产或其用地符合有关政策的可以减税或者免税。由此可见房地产测绘在征收税费方面具有重要的作用。

4．城镇规划建设方面

房地产图详细反映了房屋及用地的现状，弥补了一般地形图对房地产要素表示方面的不足，为城镇规划特别是城镇的详细规划提供更准确可靠的资料。在城镇建设过程中，根据房地产图上现有房屋建筑情况，可以迅速查明应拆除房屋的范围、数量、建筑结构、建筑面积及其权属状况，为做好房屋拆迁安置工作提供依据。

5．社会服务方面

房地产测绘成果包括房地产的数量、质量、利用现状等资料，是进行房地产估价、房地产抵押、房地产保险等服务的重要依据。同时还可为市政工程、公共事业、环保、绿化、社会治安、文教卫生、水利、交通、财政、保险、工商管理、旅游、娱乐、街道照明、通讯、给排水工程和煤气供应等城镇事业提供基础资料和有关信息。

四、房地产测绘的特点

房地产测绘是使用测绘技术手段获取房屋及其用地的基本状况，并以图、簿、册进行描述表示的一项专门工作。房地产测绘的主要技术手段与普通测量学中的城市地形图测绘基本相同，学习地形测量知识是掌握房地产测绘方法的基础。但由于房地产测绘主要是提供房地产管理部门所需的基本信息，属于专业测绘工作，因此在很多方面和普通的地形图测量有较大的区别，其主要特点表现在以下几个方面：

1．房地产图是一种以房屋及其用地为主要测绘对象的平面图

地形图测绘的主要对象是地物和地貌。地形图既表示道路、桥梁、房屋、河流等各种地上物体的平面位置，又表示地表面的高低起伏形态，而房地产测绘的对象是以房屋及其用地为主的地物，房地产图一般不表示地面的高低起伏，是一种平面图；地形图以表示地物和地貌的空间位置关系为主，简要表示如单位名称、房屋层数、建筑结构等其他属性。而房地产图除表示房屋及其用地等地物的平面位置关系外，还要详细地表示其权属、质量、数量及用途等状况，这些内容必须经过深入调查核实才能了解和确认。

2．测图比例尺较大

房地产测绘一般在城镇建成区内进行，房屋等地物较密集，表示内容较多，而且要求

位置关系准确，房地产要素齐全，所以房地产图都采用较大的比例尺。其中房地产分幅图的比例尺一般为 1：500 或 1：1000，与城市基本地形图的比例尺一致；但房地产分丘图和分户图由于表示的内容更详细，往往采用更大的比例尺，例如 1：200 甚至 1：100。

3. 成果产品多样化

地形测量的主要产品是各种比例尺的分幅地形图，形式比较单一，而房地产测绘的产品不仅有分幅房地产图，还有分丘图和分户图等。除图件外，还有产权产籍方面的调查表、界址点成果表和面积测算表等，所以房地产测绘的成果产品从数量上和产品的规格上都比地形测量多。

4. 精度要求高

用户需要某一地形要素成果，一般都是从地形图上量取，地形图地物的点位精度要求为图上 0.6～0.8mm 以内，而房地产图的精度要求为 0.5～0.6mm，高于地形图的精度要求。在房地产测绘时，对重要的房地产要素如界址点坐标，还要用更高的精度实地测量，以满足面积测算和产权管理等方面的要求。

5. 变更测量频繁

为了保持房地产测绘成果的现势性，使房地产图、册、簿的内容与实际情况保持一致，只要房屋及用地的状况发生了变化，就应及时进行相应的变更测量，更新有关的图件和档案资料，而城镇地区的房地产状况是在不断发展变化的，因此要频繁地进行房地产变更测量。

6. 房地产测绘成果具有法律效力

房地产测绘成果一经房地产主管机关确认以后，即具有法律效力，是进行产权管理、产权变更和产权纠纷处理的依据，而地形测量成果无此作用。

第二节　地面点位的确定

房地产测绘与其他测量工作一样，其本质任务是地面点位的确定，因为地球表面上的地物和地貌的形状即使再复杂，也可以认为是由点、线、面构成的，其中点是最基本的单元，合理选择一些点进行测量，就可以准确地表示出地物和地貌的位置、形状和大小。因此，地面点位的确定是测量工作中最基本的问题。

一、测量工作的基准线和基准面

确定地面点位的依据是测量的基准面和基准线。测量工作是在地球表面上进行的，讨论测量的基准面和基准线应从地球的形状和大小讲起。

图 1-1 所示，地球自然表面很不规则，有高山、丘陵、平原和海洋。其中最高的珠穆朗玛峰高出海水面达 8848m，而最低的马里亚纳海沟低于海水面达 11022m。但是这样的高低起伏，相对于地球巨大的半径来说还是很小的。再顾及到海洋约占整个地球表面的 71%，所以，人们设想有一个静止的海水面，向陆地延伸包围整个地球，形成一个封闭的曲面，把这个曲面看作地球的体形。由于潮汐的作用，海水面的高度经常是不同的，假定其中有一个平均高度的静止海水面，则它所包围的形体称为大地体，代表了地球的形状与大小。我们把这个平均高度的静止的海水面称为大地水准面，大地水准面便是测量工作 的基准面。

此外，我们把任意静止的水面称为水准面，水准面有无数个，由于水准面与大地水准面平行，实际工作中也把水准面作为测量的基准面。例如，将液体充入到密封的特制玻璃容器，并留一个气泡，便成了用来衡量物体表面是否水平的水准器，若放在某物体表面上的水准器的气泡居中，则认为该表面处于水平状态。每台测量仪器上一般都安装有一个以上的水准器，为有关的测量工作提供依据。

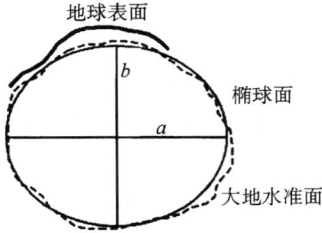

图 1-1

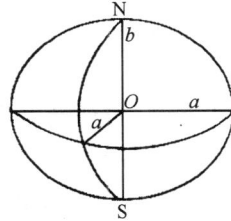

图 1-2

由于地球的质量巨大，同时地球又不停地作自转运动，使得地球上任何一点都要受到地心吸引力和离心力的作用，这两个力的合力称为重力，重力的作用线又称为铅垂线。由于铅垂线具有处处与水准面垂直的特性，人们把铅垂线作为测量工作的基准线。在日常生活和工作中，人们常利用这个原理，用吊锤线检查物体是否竖直，测量仪器一般也备有吊锤，供需要时使用。

用大地水准面表示地球体形是恰当的，但由于地球内部质量分布不均匀，引起铅垂线的方向产生不规则的变化，致使大地水准面成为一个非常复杂的曲面，人们无法在这个曲面上进行测量数据处理。为此，人们采用一个与大地水准面非常接近的规则几何曲面来表示地球的形状与大小，这就是地球参考椭球面。地球参考椭球面便可作为测量计算工作的基准面，如图 1-2 所示。地球参考椭球面的形状与大小由其长半径 a，短半径 b（或扁率 α）决定。我国目前采用的椭球参数为：

$$a = 6378140 \text{m}$$
$$b = 6356755 \text{m}$$
$$\alpha = \frac{a-b}{a} = \frac{1}{298.257}$$

由于地球椭球的扁率很小，当测区面积不大时，可把地球看作是圆球，以其半径为：

$$R = \frac{1}{3}(2a + b) = 6371 \text{km}$$

以圆球作为测量计算工作的基准面可以简化计算过程。当测区面积更小（半径小于 10km 的圆范围）时，还可以把地球看作是平面，使计算工作更为简单。

二、确定地面点位的方法

从数学中知道，一点的空间位置需要用三个独立的量来确定。在测量工作中，这三个量通常用该点在参考椭球面上的投影位置和该点沿投影方向到大地水准面的距离来表示。其中前者由两个量构成，称为坐标；后者由一个量构成，称为高程。也就是说，我们用坐标和高程来确定地面点的位置。

（一）地面点在投影面上的坐标

地面点在参考椭球面上投影位置的坐标，可以用地理坐标系统的经度 L 和纬度 B 表示。在实用上为方便起见，常采用平面直角坐标系来表示地面点位，下面是常用的两种平面直角坐标系。

1. 高斯平面直角坐标系

高斯平面直角坐标系，是将地球表面划分成若干条带，把每条带按数学家高斯提出的投影理论投影到平面上，然后在此平面上建立平面直角坐标系。

分带是从地球的首子午线（通过英国格林尼治天文台的子午线）起，经度每变化6°划一带（称为六度带），自西向东将整个地球划分为60条带。位于各带中央的子午线称为该带的中央子午线。带号从首子午线开始自西向东编，用阿拉伯数字1、2、3…60表示。

高斯投影是设想用一个平面卷成一个空心椭圆柱，把它横着套在地球参考椭球体外面，使空心椭圆柱的中心轴线位于赤道面内并且通过球心，使地球椭球上某六度带的中央子午线与椭圆柱面相切。在图形保持等角的条件下，将整个六度带投影到椭圆柱面上，如图1-3（a）所示。然后将此椭圆柱沿着南北极的母线剪切并展开抚平，便得到六度带在平面上的形象，如图1-3（b）。由于分带很小，投影后的形象变形也很小，离中央子午线越近，变形就越小。在投影精度要求更高时，可以把投影带划分再小一些，例如采用3°分带甚至1.5°分带。

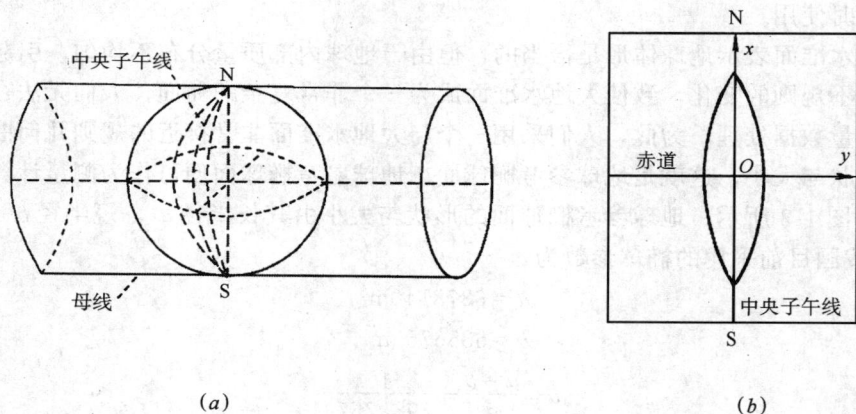

图 1-3

在由高斯投影而成的平面上，中央子午线和赤道保持为直线，两者互相垂直。以中央子午线为坐标系纵轴 x，以赤道为横轴 y，其交点为 o，便构成此带的高斯平面直角坐标系，如图1-3（b）所示。在这个投影面上的每一点位置，就可用直角坐标 x、y 确定。此坐标与地理坐标的经纬度 L、B 是对应的，它们之间有严密的数学关系，可以互相换算。

我国位于北半球，x 坐标均为正值，而 y 坐标则有正有负，为避免 y 坐标出现负值，规定把 x 轴向西平移500 km，如图1-4所示。此外，为表明某点位于哪一个六度带的高斯平面直角坐标系，又规定 y 坐标值前加上带号。例如某点坐标为

$$x = 3267851\text{m}$$
$$y = 21587366\text{m}$$

表示该点位于第 21 个六度带上，距赤道 3267851 m，距中央子午线 87366 m（去掉带号后的 y 坐标减 500000 m，结果为正表示该点在中央子午线东侧，若结果为负表示在西侧）。

2. 独立平面直角坐标系

当测量区域较小时，球面近似于平面，可以直接用与测区中心点相切的平面来代替曲面，然后在此平面上建立一个平面直角坐标系。由于它与地理坐标没有联系，故称为独立平面直角坐标系，有时也叫作假定平面直角坐标系。

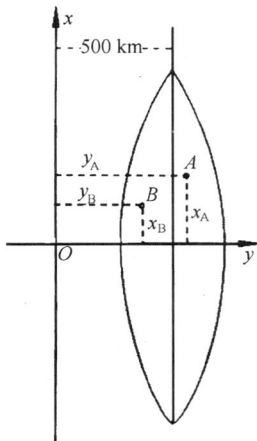 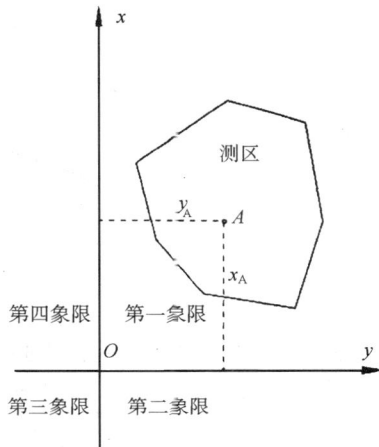

图 1-4   图 1-5

独立平面直角坐标系与高斯平面直角坐标系一样，规定南北方向为纵轴 x，东西方向为横轴 y；x 轴向北为正，向南为负，y 轴向东为正，向西为负。地面上某点 A 的位置可用 x_A 和 y_A 来表示。独立平面直角坐标系的原点 O 一般选在测区的西南角以外，使测区内所有点的坐标均为正值。如图 1-5 所示。

值得注意的是，为了定向方便，测量上的平面直角坐标系与数学上的平面直角坐标系的规定不同，x 轴与 y 轴互换，象限的顺序也相反。不过，因为轴与象限顺序同时都改变，测量坐标系的实质与数学上的坐标系是一致的，因此数学中的公式可以直接应用到测量计算中，不需作任何变更。

（二）地面点的高程

1. 绝对高程

地面点到大地水准面的铅垂距离，称为该点的绝对高程，简称高程，或称海拔，习惯用 H 表示。如图 1-6 所示，地面点 A、B 的高程分别为 H_A、H_B。数值越大表示地面点越高，当地面点在大地水准面的上方时，高程为正；反之，当地面点在大地水准面的下方时，高程为负。我国在青岛设立验潮站，长期观测和记录黄海海水面的高低变化，取其平均值作为大地水准面的位置（其高程为零），作为我国计算高程的基准面。为了便于观测和使用，在青岛建立了水准原点（其高程为 72.260 m），全国各地的高程都以它为基准进行测算，称为黄海高程系统。

2. 相对高程

当有些地区引用绝对高程有困难时，或者有时为了计算和使月上的方便，可采用相对高程系统。相对高程是采用假定的水准面作为起算高程的基准面，点到该水准面的铅垂距离。由于高程基准面是根据实际情况假定的，故相对高程有时也称为假定高程。如图 1-6，地面点 A、B 的相对高程分别为 H'_A 和 H'_B。

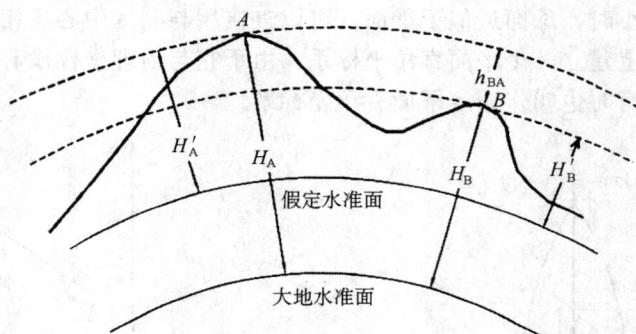

图 1-6

3. 高差

两个地面点之间的高程差称为高差，习惯用 h 来表示。高差有方向性和正负，但与高程基准无关。如图 1-6 所示，A 点至 B 点的高差为

$$h_{AB} = H_B - H_A = H'_B - H'_A$$

当 h_{AB} 为正时，B 点高于 A 点；当 h_{AB} 负时，B 点低于 A 点。同时不难证明，高差的方向相反时，其绝对值相等而符号相反，例如 $h_{AB} = -h_{BA}$。

三、确定地面点位的基本测量工作

地面点位可以用它在投影面上的坐标和高程来确定，但在实际工作中并不是直接测量坐标和高程，而往往是通过测量地面点的相互关系，经过计算间接地得到坐标和高程。

如图 1-7 所示，1 和 2 是已知坐标的点在水平面上的投影，地面点 A、B 投影在该水平面上的位置是 a、b，若观测了水平角 β_1、水平距离 D_1，可用三角函数计算出 a 点的坐标，同理，若又观测了水平角 β_2 和水平距离 D_2，则可计算出 b 点的坐标。

在测绘地形图时，也可不计算坐标，在图上直接用量角器根据水平角 β_1 作出 1 点至 a 点的方向线，在此方向线上根据距离 D_1 和一定的比例尺，即可定出 a 点的位置，同理可在图上定出 b 点的位置。

因此，水平角测量和水平距离测量是确定地面点坐标或平面位置的基本测量工作。

若 1 点的高程已知为 H_1，观测了高差 h_{1A}，则可利用高差计算公式转换后计算出 A 点的高程：

$$H_A = H_1 + h_{1A}$$

同理，若观测了高差 h_{AB}，可计算出 B 点的高

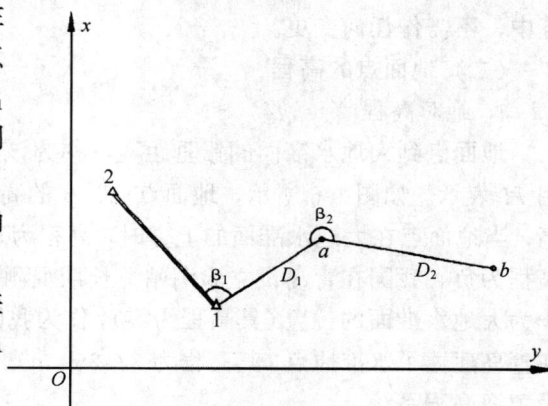

图 1-7

程。因此可以说高差测量是确定地面点高程的基本工作。

综上所述，地面点间的水平角、水平距离和高差是确定地面点位的三个基本要素。我们因此把水平角测量、水平距离测量和高程测量称为确定地面点位的三项基本测量工作。

第三节 房地产测绘的基本程序与原则

房地产测绘工作通过水平角测量、水平距离测量以及高程测量确定点的位置，这些点的组合，便表示出房屋及其用地的位置形状与大小。因此一幅图内要测量的点很多，一个测区内要测量的点更是不计其数，为了避免测量错误的出现和测量误差的积累，保证测区内一系列点位具有必要的精度，测量工作必须按照一定的程序，遵循一定的原则来进行。

一、测量工作的基本程序

测量工作的基本程序是"从整体到局部"、"由高级到低级"、"先控制后碎部"。下面以某测区的地形图测绘工作为例来说明这几句话的含义。

如图 1-8 所示，测区内有房屋、道路、河流、桥梁等地物，还有高低起伏的地貌。为了把这些地物和地貌测绘到图纸上，我们应选择一些能代表地物和地貌的几何形状的特征点（称为碎部点），测量出它们与已知点之间的水平角度、水平距离和高差，然后根据这些数据，按一定的比例在图纸上标出点的位置，最后将有关的点相连，描绘成图。由于测量工作中不可避免地存在误差，如果测绘出一个特征点后又以此点为准测绘另一个特征点，依此类推测完全图，则测量误差就会逐点传递和积累，最后导致图形变形，达不到应有的精度。

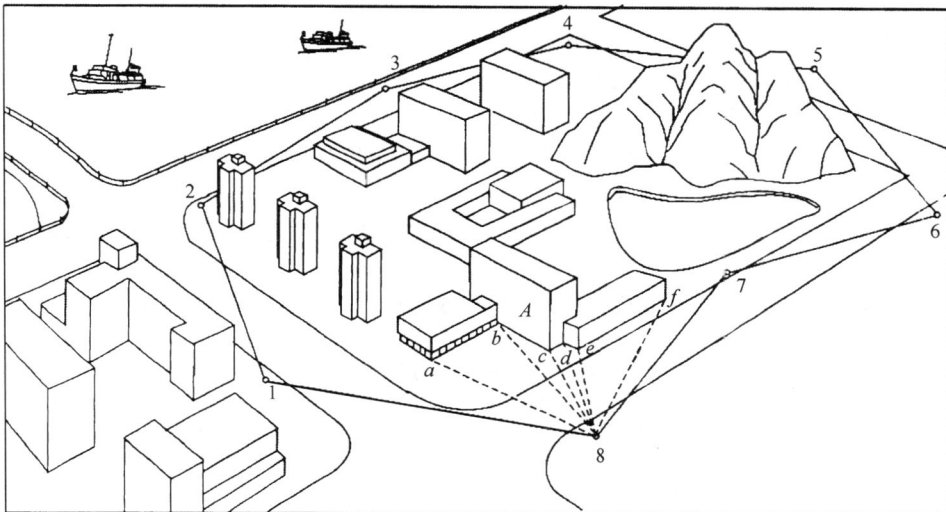

图 1-8

为了避免这种情况的出现，必须先在整个测区范围内内选择若干具有控制意义的点（称为控制点），例如图中的 1、2、…、8 点，以较精确的方法测量其平面位置和高程（称为控制测量）。然后以这些控制点为依据，测绘周围局部地区的碎部点（称为碎部测量）。例如，把仪器安置在 8 号点上，测量出建筑物 A 上所有能通视的转角点 a、b、c、d、e、f 的平面位置和高程，然后绘制在图纸上，其他转角点可在别的控制点上观测。当测定了主要转角点后，少数"死角"可丈量有关边长后用几何作图的方式绘出。

按照这种"从整体到局部"、"由高级到低级"、"先控制后碎部"的方法测图，不但可以保证成果的精度，而且由于先用少量精度较高的的点控制了整个测区，在测区内建立了统一的坐标系统和高程系统，使得我们可以安排多个测绘组同时在各个局部区域进行碎部测量工作，从而加快了工作的进程。此外，也可以根据实际的需要，先测某个局部区域，测区的其他部分留待以后再测。

当测区较大时，仅做一级控制便不能满足测图要求，可做多级控制。做多级控制时，上一级的精度应比下一级的精度高一个层次，由高级到低级逐级布设，才能保证最后一级控制点的精度达到要求。

二、测量工作的基本原则

从上述过程中可以看出，测量是一个多层次、多工序的复杂的工作，在测量过程中不但会有误差，有时还可能会出现错误。为了检查误差的大小并防止错误结果的出现，保证测量成果准确无误，我们在测量工作过程中还应遵循"边工作边检核"的基本原则，即在测量工作中，不管是观测、计算还是绘图，每一步工作均应进行检核，上一步工作未作检核前不进行下一步工作。做好检核工作，可大大减少返工重测的工作量，因此对提高测量工作的效率也很有意义。

思考题与习题

1. 测定与测设有什么区别？

2. 什么是房地产测绘？房地产测绘的主要任务与作用是什么？

3. 测量工作的基准面和基准线是什么？

4. 什么是水准面、大地水准面？它们有什么特性？

5. 测量中的平面直角坐标系和数学上的平面直角坐标系有哪些不同？

6. 什么是绝对高程、相对高程和高差？

7. 某地面点的相对高程为 -34.58m，其对应的假定水准面的绝对高程为 168.98m，则该点的绝对高程是多少？绘出示意图。

8. 已知 A、B、C 三点的高程分别为 156.328m、45.986m 和 451.215m，则 A 至 B、B 至 C、C 至 A 的高差分别是多少？

9. 已知 A 点的高程为 78.654m，B 点到 A 点的高差为 -12.325m，问 B 点高程为多少？

10. 确定地面点位的基本测量工作是什么？

11. 测量工作基本程序是什么？

12. 测量工作的基本原则是什么？如何理解？

第二章 水准测量

测量地面上各点高程的工作，称为高程测量。高程测量的方法有水准测量法、三角高程测量法和气压高程测量法等，其中水准测量是高程测量中最基本的和精度较高的一种方法。它具有操作简便，成果可靠的特点，在大地测量、普通测量和工程测量中被广泛采用。因此，本章主要介绍水准测量。

第一节 水准测量原理

水准测量是利用水准仪提供的水平视线，对地面上两点的水准尺分别读数，求取两点间的高差，然后由其中已知点的高程求出未知点的高程。

一、单测站水准测量原理

如图 2-1 所示，A 为已知点，其高程为 H_A；B 为未知点，其高程 H_B 待求。可在 A、B 两点上竖立水准尺，在两点之间安置水准仪，利用水准仪提供的水平视线先后在 A、B 点的水准尺上读取读数 a、b，则 A、B 点之间的高差 h_{AB} 为：

$$h_{AB} = a - b \tag{2-1}$$

B 点的高程为：

$$H_B = H_A + h_{AB} \tag{2-2}$$

如果测量是由 A 点向 B 点前进，我们称 A 点为后视点，B 点为前视点，a、b 分别为后视读数和前视读数。地面上两点间的高差等于后视读数减前视读数。

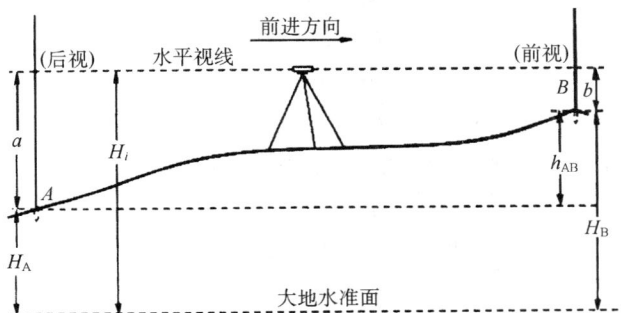

图 2-1

当要在一个测站上同时观测多个地面点的高程时，先观测后视读数，然后依次在待测点竖立水准尺，分别用水准仪读出其读数，再用上式计算各点高程。为简化计算，可把上式变换成

$$H_B = (H_A + a) - b \tag{2-3}$$

式中，H_A+a 实际上是水平视线的高程，称为仪器高。用上式计算高程的方法称为仪器高法，在实际测量工作中应用很广泛。

二、路线水准测量原理

当 A、B 两点距离较远或高差较大时，安置一次仪器便不能测得两点间的高差。此时必须逐站安置仪器，沿某条路线进行连续的水准测量，依次测出各站的高差，各站高差之和就是 A、B 两点间的高差，最后根据此高差和 A 点的已知高程求 B 点高程。

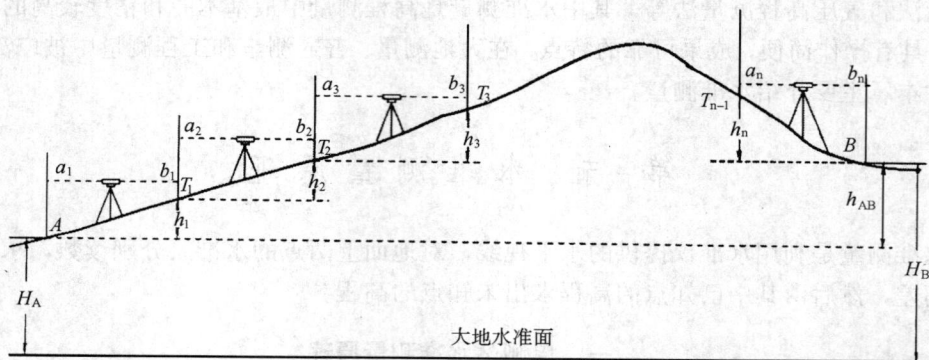

图 2-2

如图 2-2 所示，T_1、T_2、$\cdots$、T_{n-1} 是临时选定的作为传递高程的立尺点，称为"转点"，转点应选在坚实稳固的地面上或采用专门的尺垫。第一站观测得到后视读数 a_1 和前视读数 b_1，高差为 h_1；第一站观测结束后把后尺移到 T_2 点，前尺保持不动，水准仪移到两者之间，进行第二站观测，得到后视读数 a_2 和前视读数 b_2，高差为 h_2。用同样的方法依次进行各站的观测，至第 n 站时，后视读数为 a_n，前视读数 b_n，高差为 h_n。高差及高程的计算如下：

$$h_1 = a_1 - b_1$$
$$h_2 = a_2 - b_2$$
$$\cdots \quad \cdots \quad \cdots$$
$$h_n = a_n - b_n$$

将以上高差相加，得 A、B 点之间的高差 h_{AB} 为：

$$h_{AB} = h_1 + h_2 + \cdots + h_n = \Sigma h \tag{2-4}$$

或

$$h_{AB} = (a_1 - b_1) + (a_2 - b_2) + \cdots + (a_n - b_n) = \Sigma a - \Sigma b \tag{2-5}$$

B 点的高程为：

$$H_B = H_A + h_{AB}$$

从式(2-4)和式(2-5)可以看出，起点到终点的高差等于中间各测站高差的代数和，也等于各测站后视读数之和减前视读数之和。在计算时一般用这两种方法各算一次，看结果是否相等，利用这个等量关系可检核计算中是否有错误。

第二节　水准测量的仪器及工具

水准测量所使用的仪器为水准仪，工具为水准尺和尺垫。水准仪按精度分，有 DS_{10}、DS_3、DS_1、DS_{05} 等几种不同等级的仪器。"D"表示"大地测量仪器"，"S"表示"水准仪"，下标中的数字表示仪器能达到的观测精度——每千米往返测高差中误差（mm），例如，DS_3 型水准仪的精度为"±3mm"，DS_{05} 型水准仪的精度为"±0.5mm"。DS_{10} 和 DS_3 属普通水准仪，而 DS_1 和 DS_{05} 属精密水准仪。另外，从水准仪获得水平视线的方式来看，又可分为微倾式水准仪和自动安平水准仪。本章主要介绍常用的 DS_3 型微倾式水准仪，在本章的最后一节简单介绍精密水准仪、自动安平水准仪和数字式水准仪。

一、DS_3 型微倾式水准仪

根据水准测量的原理，水准仪的主要功能是提供一条水平视线，并能照准水准尺进行读数。因此，水准仪主要由望远镜、水准器及基座三部分构成。图 2-3 所示为常见的 DS_3 微倾式水准仪。

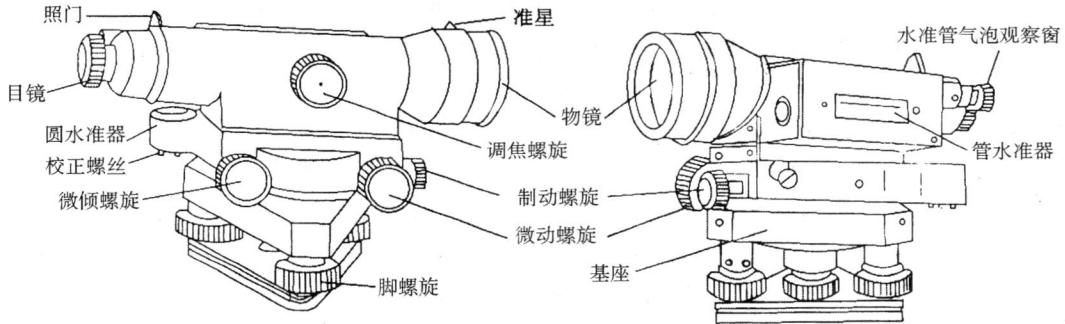

图 2-3

1. 望远镜

望远镜是瞄准目标并在水准尺上进行读数的部件，主要由物镜、目镜、调焦透镜和十字丝分划板组成。图 2-4 是 DS_3 型水准仪内对光望远镜构造图。

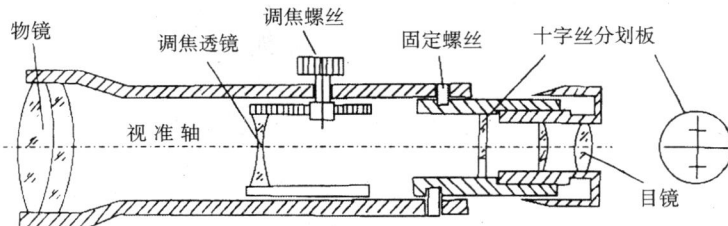

图 2-4

物镜是由几个光学透镜组成的复合透镜组，其作用是将远处的目标在十字丝分划板附近形成缩小而明亮的实像。

目镜也由复合透镜组组成，其作用是将物镜所成的实像与十字丝一起进行放大，它所

13

成的像是虚像。

十字丝分划板是一块圆形的刻有分划线的平板玻璃片，安装在金属环内。十字丝分划板上互相垂直的两条长丝，称为十字丝，是瞄准目标和读数的重要部件。其中纵丝亦称竖丝，横丝亦称中丝。另有上、下两条对称的短丝称为视距丝，用于在需要时以较低的精度测量距离。

调焦透镜是安装在物镜与十字丝分划板之间的凹透镜。当旋转调焦螺旋，前后移动凹透镜时，可以改变由物镜与调焦透镜组成的复合透镜的等效焦距，从而使目标的影像正好落在十字丝分划板平面上，再通过目镜的放大作用，就可以清晰地看到放大了的目标影像以及十字丝。

物镜的光心与十字丝交点的连线称为视准轴，用 CC 表示，是水准仪上重要的轴线之一，延长视准轴并使其水平，即得水准测量中所需的水平视线。

2. 水准器

水准器是水准仪的重要部件，借助于水准器才能使视准轴处于水平位置。水准器分为管水准器和圆水准器，管水准器又称为水准管。

(1) 水准管

如图 2-5 所示，水准管的构造是将玻璃管纵向内壁磨成圆弧，管内装酒精和乙醇的混合液加热熔封而成，冷却后在管内形成一个气泡，在重力作用下，气泡位于管内最高位置。水准管圆弧中心为水准管零点，过零点的水准管圆弧纵切线，称为水准管轴，用 LL 表示，水准管轴也是水准仪的重要轴线。当水准管零点与气泡中心重合时，称为气泡居中。气泡居中时，水准管轴 LL 处于水平位置，否则，LL 处于倾斜位置。由于水准管轴与水准仪的视准轴平行，便可以根据水准管气泡是否居中来判断视准轴是否处于水平状态。

为便于确定气泡居中，在水准管上刻有间距为 2mm 的分划线，分划线对称于零点，当气泡两端点距水准管两端刻划的格数相等时，即为水准管气泡居中。水准管上相邻两分划线间的圆弧（弧长 2mm）所对的圆心角，称为水准管分划值，用 τ 表示。τ 值的大小与水准管圆弧半径 R 成反比，半径愈大，τ 值愈小，灵敏度愈高。水准仪上水准管圆弧的半径一般为 7～20m，所对应的 τ 值为 20″～60″。水准管的 τ 值较小，因而用于精平视线。

为提高观察水准管气泡是否居中的精度，在水准管上方装有符合棱镜，见图 2-6 (a)。通过符合棱镜的反射作用，把气泡两端的半边影像反映到望远镜旁的观察窗内。当两端半边气泡影像符合在一起，构成"U"形时，则气泡居中，见图 2-6 (b)。若成错开状态，则气泡不居中，如图 2-6 (c)。这种设有符合棱镜的水准管，称为符合水准器。

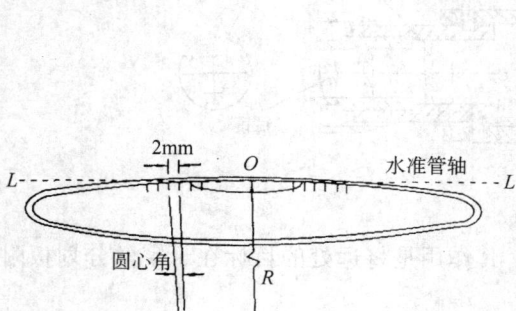

图 2-5

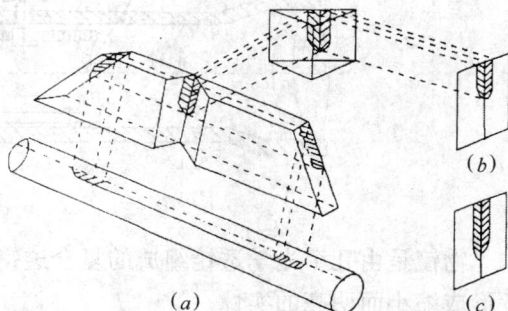

图 2-6

（2）圆水准器

如图 2-7 所示，圆水准器顶面内壁是球面，正中刻有一圆圈，圆圈中心为圆水准器零点。过零点的球面法线称为圆水准器轴，见图 2-7。当气泡居中时，圆水准器轴处于竖直位置。不居中时，气泡中心偏离零点 2mm 所对应的圆水准器轴倾斜角值称为圆水准器分划值，DS$_3$ 水准仪一般为 $8' \sim 10'$。由于它的精度较低，故只用于仪器的粗略整平。

3. 基座

基座由轴座、脚螺旋和底板等构成，其作用是支承仪器的上部并与三脚架相连。轴座用于仪器的竖轴在其内旋转，脚螺旋用于调整圆水准器气泡居中，底板用于整个仪器与下部三脚架连接。

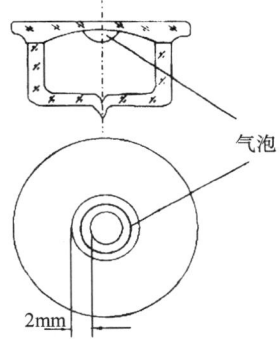

气泡

2mm

图 2-7

二、水 准 尺

水准尺是水准测量时使用的标尺。水准尺采用经过干燥处理且伸缩性较小的优质木材制成，现在也有用玻璃钢或铝合金制成的水准尺。从外形看，常见的有直尺和塔尺两种，见图 2-8。

1. 直尺

常用直尺为木质双面尺，尺长 3m，两根为一对，见图 2-8(a)。直尺的两面分别绘有黑白和红白相间的区格式厘米分划，黑白相间的一面称为黑面尺，亦称为主尺；红白相间的一面称为红面尺，亦称为辅尺。在每一分米处均有两个数字组成的注记，第一个表示米，第二个表示分米，例如"23"表示 2.3m。黑面尺底端起点为零，红面尺底端起点一根为 4.687，另一根为 4.787。设置两面起点不同的目的，是为了防止两面出现同样的读数错误。这种直尺适用于精度较高的水准测量中。

2. 塔尺

塔尺由两节或三节套接在一起，其长度有 3m、4m 和 5m 等，见图 2-8(b)。塔尺最小分划为 1cm 或 0.5cm，一般为黑白相间或红白相间，底端起点均为零。每分米处有由点和数字组成的注记，点数表示米，数字表示分米，例如"∴5"表示 3.5m。塔尺由于存在接头，故精度低于直尺，但使用、携带方便，适用于地形图测绘和低精度水准测量。

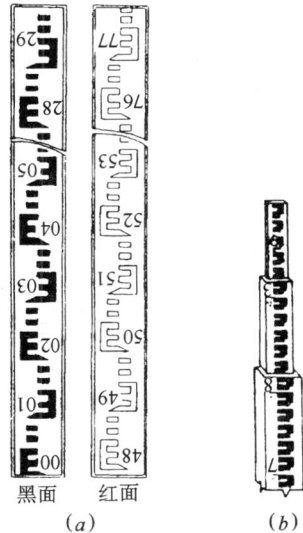

黑面　红面
(a)　　(b)

图 2-8

三、尺 垫

尺垫由生铁铸成，见图 2-9。其下部有三个支脚，上部中央有一凸起的半球体。尺垫用于进行多测站连续水准测量时，在转点上作为临时立尺点，以防止水准尺下沉和立尺点移动。使用时应将尺垫的支脚牢固地踩入地下，然后将水准尺立于其半球顶上。

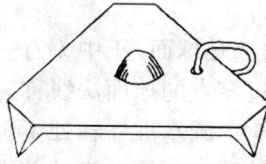

图 2-9

第三节 水准仪的使用

在每个测站上，水准仪的使用包括水准仪的安置、粗略整平、瞄准水准尺、精确整平和读数等基本操作步骤。

一、安 置 水 准 仪

打开三脚架，调节架腿长度，使其与观测者高度相适应，用目估法使架头大致水平并将三脚架腿尖踩入土中或使其与地面稳固接触，然后将水准仪从箱中取出，置放在三脚架头上，一手握住仪器，一手用连接螺旋将仪器固连在三脚架上。

二、粗 略 整 平

转动基座脚螺旋，使圆水准器气泡居中，此时仪器竖轴铅垂，视准轴粗略水平。整平方法如下，在图 2-10（a）中，设气泡未居中并位于 a 处，可按图中所示方向用两手同时相对转动脚螺旋①和②，使气泡从 a 处移至 b 处；然后用一只手转动另一脚螺旋③，如图 2-10（b），使气泡居中。

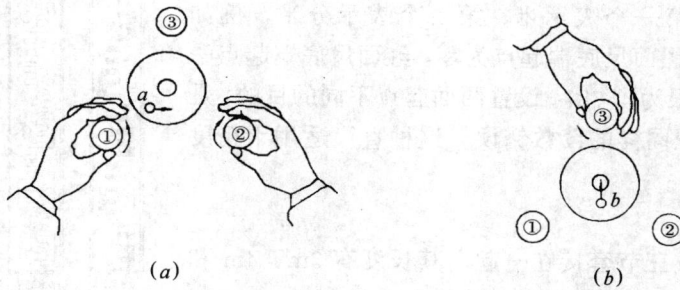

（a）　　　　　　　　　　　　（b）

图 2-10

在整平过程中，要根据气泡偏移的位置判断应该旋转哪个脚螺旋，同时还要注意两个规则：一是"气泡的移动方向与左手大拇指移动方向一致"；二是"右手旋转的方向与左手相反"。

三、瞄　　准

先进行目镜调焦，把望远镜对着明亮的背景，转动目镜调焦螺旋，使十字丝清晰。再进行初步瞄准，松开制动螺旋，旋转望远镜，用准星和照门瞄准水准尺，拧紧制动螺旋。最后精确瞄准，从望远镜中观察，转动物镜调焦螺旋，使水准尺分划清晰，再转动微动螺旋，使十字丝竖丝贴近水准尺边缘，如图 2-11。

瞄准目标后，眼睛在目镜端上下作少量移动，若发现目标影像和十字丝有相对运动，这种现象称为视差。产生视差的原因是目标的影像与十字丝分划板不重合。视差对读数的精度有较大影响，应认真对目镜和物镜进行调焦，直至消除视差。

四、精 确 整 平

如图 2-12，转动微倾螺旋，使符合水准器气泡两端影像对齐，成"U"形，此时，水准管轴水平，从而使得视准轴水平。在精确整平时，转动微倾螺旋的方向与符合水准器气泡左边影像移动的方向一致。

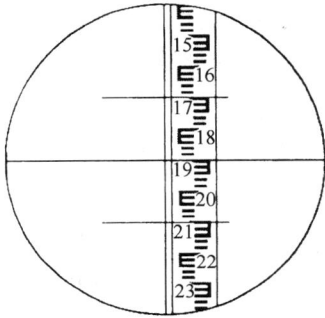

图 2-11

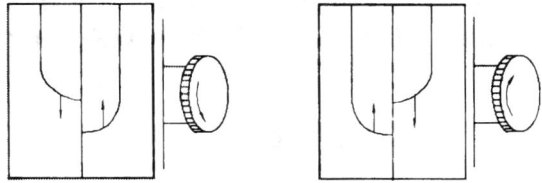

图 2-12

五、读　　数

精确整平后，应立即用中丝在水准尺上读数，直接读米、分米和厘米，估读毫米，共四位数，例如 2-11 中的读数为 1.903m。读数时，注意从小往大读，若望远镜是正像，即是由下往上读；若望远镜是倒像，则是由上往下读。读完数后，还应检查气泡是否居中，以确信视线水平。若不居中，应进行精确整平后重新读数。

第四节　水 准 测 量 方 法

一、水　准　点

为了统一全国的高程系统和满足各种测量的需要，测绘部门在全国各地埋设了很多高程标志，称为水准点，由专业测量单位按国家等级水准测量的要求观测其高程。这些水准点，按精度由高到低分为一、二、三、四等，称为国家等级水准点，埋设永久性标志。永久性水准点一般用混凝土制成，顶面嵌入不锈钢或不易锈蚀材料制成的半球状标志，标志的顶点代表水准点的点位。顶点高程，即为水准点高程，见图 2-13。永久性水准点也可用金属标志埋设于基础稳固的建筑物墙脚上，称为墙脚水准点。水准测量通常是从水准点开始，引测其他点的高程。

实际工作中常在国家等级水准点的基础上进行补充和加密，得到精度低于国家等级要求的水准点，这个测量工作称为等外水准测量或普通水准测量。根据具体情况，普通水准

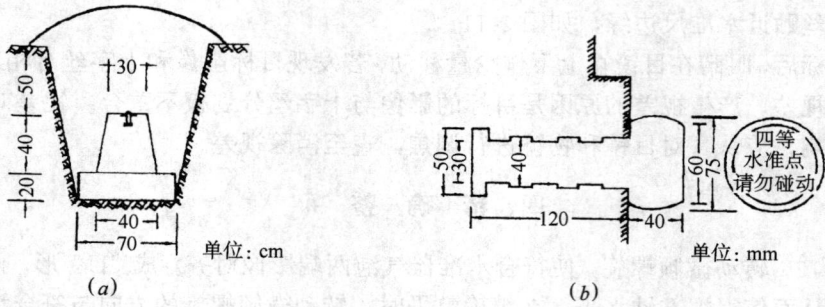

图 2-13

测量可按上述格式埋设永久性水准点，也可埋设临时性水准点。临时水准点可利用地面突出的坚硬稳固的岩石用红漆标记；也可用木桩打入地下，桩顶钉一半球形铁钉，如图 2-14 所示。

水准点埋设后，绘出水准点附近的草图，注明水准点编号，编号前通常加注 BM，以表示水准点。

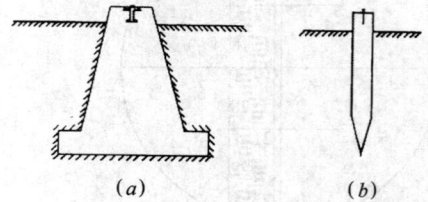

图 2-14

二、水准路线

水准测量所经过的路线，称为水准路线。为了避免观测、记录和计算中发生人为粗差，并保证测量成果能达到一定的精度要求，必须按某种形式布设水准路线。选择水准路线时，应考虑已知水准点、待定点的分布和实际地形情况，既要能包含所有待定点，又要能进行成果检核。水准路线的基本形式有：闭合水准路线、附合水准路线和支水准路线。

1. 闭合水准路线

如图 2-15 (a)，从已知水准点 A 出发，沿高程待定点 1，2，…等进行水准测量，最后再回到原已知水准点 A，这种形式的路线，称为闭合水准路线。闭合水准路线高差代数和的理论值等于零，利用这个特性可以检核观测成果是否正确。

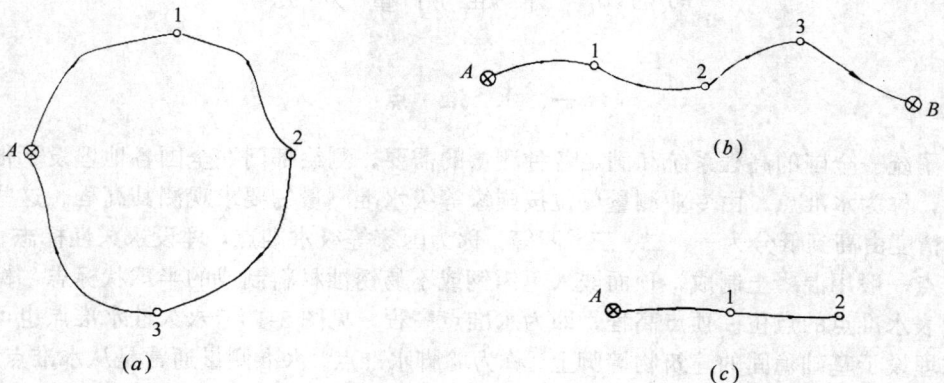

图 2-15

18

2. 附合水准路线

如图 2-15（b），从已知水准点 A 出发，沿高程待定点 1，2，…等进行水难测量，最后附合到另一已知水准点 B，这种形式的路线称为附合水准路线。附合水准路线高差代数和的理论值等于起点 A 至终点 B 的已知高差。利用这个特性也可以检核观测成果是否正确。

3. 支水准路线

如图 2-15（c），从已知水准点 A 出发，沿高程待定点 1，2，…等进行水准测量，既不闭合，也不附合到已知水准点的路线，称为支水准路线。支水准路线缺乏检核条件。一般要求进行往返观测，或者限制路线长度或点数。往返观测时，往测高差与返测高差之和的理论值等于零。

三、水准测量的方法

在用连续水准测量来确定相隔较远或高差较大的两点之间的高差时，应当按照规定的观测程序进行观测，按一定的格式进行记录和计算，同时，在观测中还应进行各种检核。这样才能避免观测结果出错并达到一定的精度要求。不同等级的水准测量有相应的观测程序和记录格式，检核方法也有所不同。下面主要介绍普通水准测量中的做法和要求。

1. 观测程序

如图 2-16 所示方法，在两待测高差的水准点 A 和 B 之间，设置若干个转点，经过连续多站水准测量，测出 A、B 两点间的高差。

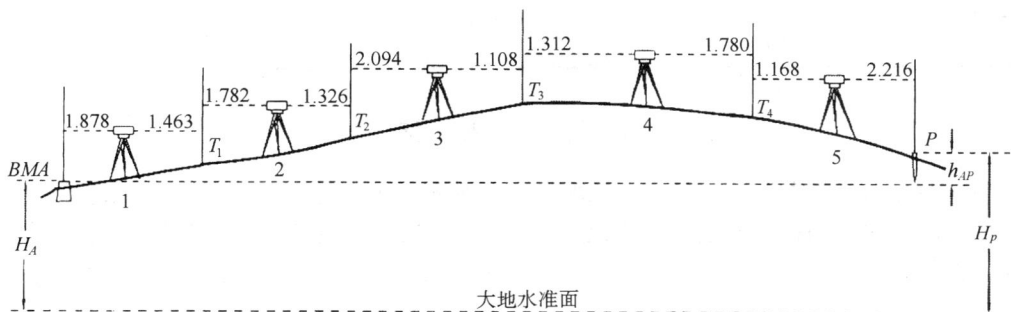

图 2-16

具体观测步骤是：

（1）在 A 点前方适当位置，选择转点 T_1，放上尺垫，在 A、T_1 点上分别立水准尺。在距 A 和 T_1 大致相等的 1 处安置水准仪，调节圆水准器，使水准仪粗平。

（2）照准后视点 A 上水准尺，精确整平、读数 a_1，记入表 2-1 中 A 点后视读数栏内。

（3）旋转望远镜，照准前视点 T_1 上水准尺，精平、读数 b_1，记入 1 点前视读数栏内。

（4）按式（2-1）计算 A 至 T_1 点高差 h_1，记入测站 1 的高差栏内。至此完成了第一个测站的观测。

（5）在 1 点前方适当位置，选择转点 T_2，放上尺垫，将 A 点水准尺移至 T_2 点，T_1 点水准尺不动，将水准仪由 1 处移至距 T_1 和 T_2 点大致相等的 2 处。将水准仪粗平后，按（2）～（4）所述步骤和方法，观测并计算出 T_1 至 T_2 点高差 h_2。同理连续设站，直至测出最后一个转点至水准点 B 之间的高差。

2. 高程计算

全部观测完成后，将各测站的高差相加，即得总高差，然后按式（2-2）计算待定点 B 的高程，计算过程和结果见表2-1。为了保证计算正确无误，对记录表中每一页所计算的高差和高程要进行计算检核。即后视读数总和减去前视读数总和、高差总和、待定点高程与 A 点高程的差值，这三个数字应当相等；否则，计算有错。例如表2-1中，三者结果均为 0.341，说明计算正确。在计算时，先检核高差计算是否正确，当高差计算正确后再进行高程的计算。表2-1中各转点的高程也可不逐一计算，用 A 点高程加上高差总和即为 P 点的高程。此外，计算检核只能检查计算是否正确，对读数不正确等观测过程中发生的错误，是不能通过计算检核检查出来的。

水 准 测 量 手 簿　　　　　　　　　　　　　　表 2-1

测　站	点　号	后视读数（m）	前视读数（m）	高　差（m）	高　程（m）	备　注
1	BMA	1.878			76.668	水准点
	T_1	1.782	1.463	0.415	77.083	
2	T_2	2.094	1.326	0.456	77.539	
3	T_3	1.312	1.108	0.986	78.525	
4	T_4	1.168	1.780	−0.468	78.057	
5	P		2.216	−1.048	77.009	
计算检核		$\Sigma = 8.234$ $8.234 - 7.893$ $= 0.341$	$\Sigma = 7.893$	$\Sigma = 0.341$	$77.009 - 76.668$ $= 0.341$	

四、测 站 检 核

结果按照上述观测方法，若任一测站上的后视读数或者前视读数不正确，或者观测质量太差，都将影响高程的正确性和精度。因此，必须在每个测站上进行测站检核，一旦发现错误或不满足精度要求，必须及时重测。测站检核主要采用双面尺法和变动仪器高度法。

1. 双面尺法

利用双面水准尺，在每一测站上，保持仪器高度不变，分别读取后视和前视的黑面与红面读数，按（2-1）式分别计算出黑面高差 $h_黑$ 和红面高差 $h_红$。由于两水准尺的黑面底端起点读数相同，而红面底端起点读数相差 100mm，应在红面高差 $h_红$ 中加或减 100mm 后，再与黑面高差 $h_黑$ 进行比较，两者之差不超过容许值（等外水准容许值为 6mm）时，说明满足要求，取黑、红面高差平均值作为两点之间的高差；否则，应立即重测。

2. 变动仪器高度法

在每个测站上，读后尺和前尺的读数，计算高差后，重新安置仪器（一般将仪器升高或降低 10cm 左右），再测一次高差，两次高差之差的容许值与双面尺法相同，满足要求时取平均值作为两点之间的高差；否则重测。

第五节　水准测量成果计算

水准测量成果计算的目的，是根据水准路线上已知水准点高程和各段观测高差，求出待定水准点高程。在计算时，要首先检查外业观测手簿，计算各段路线两点间高差。经检核无误后，检核整条水准路线的观测误差是否达到精度要求，若没有达到要求，要进行重测；若达到要求，可把观测误差按一定原则调整后，再求取待定水准点的高程。具体内容包括以下几个方面：计算高差闭合差；当高差闭合差满足限差要求时，调整闭合差；求改正后高差；计算待定点高程。

一、闭合水准路线成果计算

图 2-17 为一条闭合水准路线，由三段组成，各段的观测高差和测站数如图所示，箭头表示水准测量进行的方向，BMA 为水准点，高程为 86.365m；1、2、3 点为待定高程点。

水准路线成果计算一般在如表 2-2 所示的表格中进行，计算前先将有关的已知数据和观测数据填入表内相应栏目内，然后按以下步骤进行计算。

1. 计算高差闭合差

一条水准路线的实际观测高差与已知理论高差的差值称为高差闭合差，用 f_h 表示，即

$$f_h = 观测值 - 理论值 \tag{2-6}$$

对于闭合水准路线，高差闭合差观测值为路线高差代数和，即 $\Sigma h_测 = h_1 + h_2 + \cdots + h_n$，理论值 $\Sigma h_理 = 0$，按式 (2-6) 有：

$$f_h = \Sigma h_测 \tag{2-7}$$

图 2-17

将表 2-2 中的观测高差代入式 (2-7)，得高差闭合差为 $f_h = -0.050\text{m} = -50\text{mm}$。

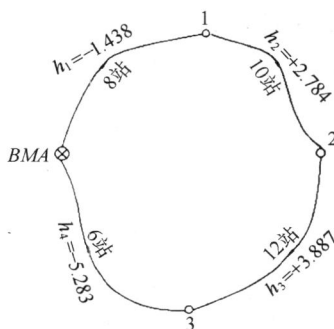

水准测量成果计算表　　　　　　　　　　　　　表 2-2

测段编号	点　　名	测 站 数	实测高差 (m)	改 正 数 (m)	改正后高差 (m)	高　　程 (m)	备　　注
1	BMA	8	−1.438	0.011	−1.427	86.365	水准点
2	1	10	2.784	0.014	2.798	84.938	
3	2	12	3.887	0.017	3.904	87.736	
4	3	6	−5.283	0.008	−5.275	91.640	
Σ	BMA	36	−0.050	0.050	0.000	86.365	

2. 高差闭合差的容许值

高差闭合差 f_h 被用于检核测量成果是否合格。如果 f_h 不超过高差闭合差容许值 $f_{h容}$，则成果合格。否则，应查明原因，重新观测。规范规定，在普通水准测量时，平地和山地的高差闭合差容许值分别为：

$$平地 \qquad f_{h容} = \pm 40\sqrt{L}\ \text{mm} \tag{2-8}$$

$$山地 \qquad f_{h容} = \pm 12\sqrt{n}\ \text{mm} \tag{2-9}$$

式中，L 为水准路线长度，以 km 计；n 为水准路线的测站数。当每 1km 水准路线中测站数超过 16 站时，可认为是山地，采用式 (2-9) 计算容许差。

将表 2-2 中的测站数累加，得总测站数 $n=36$，代入式（2-9）得高差闭合差的容许值为

$$f_{h容} = \pm 12 \sqrt{36} = \pm 72mm$$

由于 $|f_h| < |f_{h容}|$，精度符合要求。

3. 高差闭合差的调整

闭合差调整的目的，是将水准路线中的各段观测高差加上一个改正数，使得改正后高差总和与理论值相等。在同一条水准路线上，可认为观测条件相同，即每 1km（或测站）出现误差的可能性相等。因此，可将闭合差反号后，按与距离（或测站数）成比例分配原则，计算各段高差的改正数，然后进行相应的改正。计算过程如下：

（1）改正数

对于第 i 段观测高差（$i=l,2,\cdots,n$），其改正数 v_i 的计算公式为：

$$v_i = - \frac{f_h}{\Sigma L} \cdot L_i \tag{2-10}$$

或

$$v_i = - \frac{f_h}{\Sigma n} \cdot n_i \tag{2-11}$$

式中，ΣL 为水准路线总长度，L_i 为第 i 测段长度；Σn 为水准路线总测站数，n_i 为第 i 测段站数。将各段改正数均按上式求出后，记入改正数栏。高差改正数凑整后的总和，必须与高差闭合差绝对值相等，符号相反。

将表 2-2 中的数据代入式（2-11），得各段高差的改正数为

$$v_1 = - \frac{-0.050}{36} \times 8 = 0.011m$$

$$v_2 = - \frac{-0.050}{36} \times 10 = 0.014m$$

$$v_3 = - \frac{-0.050}{36} \times 12 = 0.017m$$

$$v_4 = - \frac{-0.050}{36} \times 6 = 0.008m$$

由于 $\Sigma v = 0.050m = -f_h$，说明改正数的计算正确，可以进行下一步的计算。

（2）求改正后的各段高差

将各观测高差与对应的改正数相加，可得各段改正后高差，计算公式为：

$$h_{i改} = h_i + v_i \tag{2-12}$$

式中，$h_{i改}$ 为改正后的高差，h_i 为原观测高差，v_i 为该高差的改正数。改正后高差总和应等于高差总和的理论值。

将表 2-2 中的观测高差与其改正数代入式（2-12），得各段改正后的高差为：

$$h_{1改} = -1.438 + 0.011 = -1.427m$$
$$h_{2改} = 2.784 + 0.014 = 2.798m$$
$$h_{3改} = 3.887 + 0.017 = 3.904m$$
$$h_{4改} = -5.283 + 0.008 = -5.275m$$

由于 $\Sigma h_{i改} = 0.000$，说明改正后高差计算正确。

22

4. 高程计算

根据改正后高差，从起点 A 开始，逐点推算出各待定水准点高程，直至终点 3，记入高程栏。为了检核高程计算是否正确，对闭合水准路线应继续推算到起点 A，A 的推算高程应等于已知高程。

根据表 2-2 的已知高程和改正后高差，得各点的高程为：

$$H_1 = 86.365 + (-1.427) = 84.938\text{m}$$

$$H_2 = 84.938 + 2.798 = 87.736\text{m}$$

$$H_3 = 87.736 + 3.904 = 91.640\text{m}$$

$$H_A = 91.640 + (-5.275) = 86.365\text{m}$$

上述计算中，A 的推算高程等于其已知高程，说明高程计算正确。

二、附合水准路线的成果计算

图 2-18 为一条符合水准路线，由四段组成，起点 A 的高程为 46.978m，终点 B 的高程为 47.733m，各段观测高差和路线长度如图所示，要计算 1、2、3 点的高程。

附合水准路线成果计算的步骤与闭合水准路线成果计算的方法与步骤基本一样，只是在闭合差计算公式有一点区别。这里着重介绍闭合差的计算方法，其他计算过程不再详述，计算结果见表 2-3。

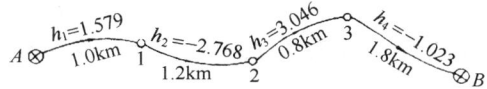

图 2-18

水准测量成果计算表　　　　　　　　　　　　　　　表 2-3

测段编号	点　　名	距　离 (km)	实测高差 (m)	改正数 (m)	改正后高差 (m)	高　程 (m)	备　注
1	A	1.0	1.579	−0.016	1.563	46.978	A、B 为已知点
2	1	1.2	−2.768	−0.020	−2.788	48.541	闭合差＝0.079m
3	2	0.8	3.046	−0.013	3.033	45.753	容许差＝±0.088m
4	3	1.8	−1.023	−0.030	−1.053	48.786	
Σ	B	4.8	0.834	−0.079	0.755	47.733	

1. 闭合差计算

在计算附合水准路线闭合差时，观测值为路线高差代数和，即 $\Sigma h_{测} = h_1 + h_2 + \cdots + h_n$，理论值 $\Sigma h_{理} = H_{终} - H_{起}$，按式（2-6）有：

$$f_h = \Sigma h_{测} - (H_{终} - H_{起}) \tag{2-13}$$

将表 2-3 的观测高差总和以及 A、B 两点的已知高程代入上式得闭合差为

$$f_h = 0.834 - (47.733 - 46.978) = 0.079\text{m}$$

2. 高差闭合差的容许值

由于只有路线长度数据，因此按式（2-8）计算高差闭合差的容许值，即：

$$f_{h容} = \pm 40\sqrt{L} = \pm 40\sqrt{4.8} = \pm 88\text{mm}$$

由于 $|f_h| < |f_{h容}|$，精度符合要求。

3. 高差闭合差的调整

本例中高差闭合差的调整，是将闭合差反号后，按与距离成比例分配原则，计算各段高差的改正数，然后进行相应的改正。其中，改正数用式（2-10）计算，改正后高差用式（2-12）计算，计算结果填在表2-3的相应栏目内。

4. 高程计算

根据改正后高差，从起点 A 开始，逐点推算出各待定水准点高程，直至 B 点，记入高程栏。若 B 点的推算高程等于其已知高程，则说明高程计算正确。本例计算结果见表2-3。

三、支水准路线成果计算

设某水准路线的已知点 A 的高程 $H_A=167.573m$，从 A 点到 P 点的往测高差和返测高差分别为 $h_{往}=-2.458m$、$h_{返}=+2.476m$，往返测总测站数 $n=9$。

1. 求往、返测高差闭合差

支水准路线往返观测时，往测高差与返测高差代数和的观测值为 $h_{往}+h_{返}$，理论值为零。按式（2-6）有：

$$f_h = h_{往} + h_{返} \qquad\qquad (2\text{-}14)$$

因此这里的闭合差为 $f_h=-2.458+2.476=+0.018m$

2. 容许差

支水准路线高差闭合差的容许值与闭合路线及附合路线一样，这里将测站数代入式（2-9）得

$$f_{h容} = \pm 12\sqrt{n} = \pm 12\sqrt{9} = \pm 36mm$$

由于 $|f_h| < |f_{h容}|$，精度符合要求。

3. 求改正后高差

支水准路线往返测高差的平均值即为改正后高差，符号以往测为准，因此计算公式为

$$h = \frac{h_{往} - h_{返}}{2} \qquad\qquad (2\text{-}15)$$

这里改正后的高差为：

$$h = \frac{-2.458 - 2.476}{2} = -2.467m$$

4. 计算高程

待定点 P 的高程为：

$$H_P = H_A + h = 167.573 - 2.467 = 165.106m$$

第六节　水准仪的检验与校正

水准测量前，应对所使用的水准仪进行检验校正。检验较正时，先做一般性检查，内容包括：制动、微动螺旋和目镜、物镜调焦螺旋是否有效；微倾螺旋、脚螺旋是否灵活；连接螺旋与三脚架头连接是否可靠；架脚有无松动。

水准仪的检验与校正，主要是检验仪器各主要轴线之间的几何条件是否满足；若不满足，则应校正。

一、水准仪应满足的几何条件

如图 2-19，水准仪的主要轴线有：视准轴 CC、水准管轴 LL、圆水准器轴 $L'L'$ 和竖轴（仪器旋转轴）VV。此外，还有读取水准尺上读数的十字丝横丝。

水准测量中，通过调水准管使气泡居中（水准管轴水平），实现视准轴水平，从而正确测定两点之间的高差。因此，水准管轴必须平行于视准轴，这是水准仪应满足的主要条件；通过调圆水准器使气泡居中（圆水准器轴铅垂），实现竖轴铅垂，从而使水准仪旋转到任意方向上，都易于调水准管气泡居中，因此，圆水准器轴应平行于竖轴；另外，竖轴铅垂时，十字丝横丝应水平，以便于在水准尺上读数，因此，十字丝横丝应垂直于竖轴。综上所述，水准仪应满足下列条件：

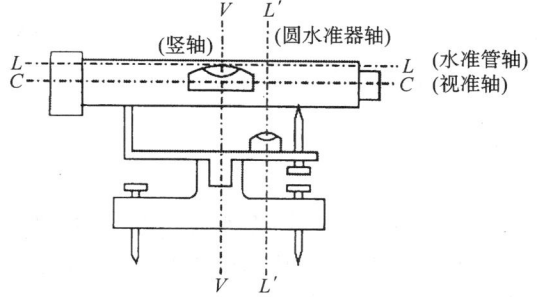

图 2-19

1）圆水准器轴平行于竖轴（$L'L'$ ∥ VV）；

2）十字丝横丝垂直于竖轴；

3）水准管轴平行于视准轴（LL ∥ CC）。

上述条件在仪器出厂时一般能够满足，但由于仪器在运输、使用中会受到震动、磨损，轴线间的几何条件可能有些变化，因此，在水准测量前，应对所使用的仪器按上述顺序进行检验与校正。

二、检 验 与 校 正

（一）圆水准器轴平行于竖轴的检验与校正

1. 检验

转动基座脚螺旋使圆水准器气泡居中，则圆水准器轴处于铅垂位置。若圆水准器轴不平行于竖轴，如图 2-20（a），设两轴的夹角为 α，则竖轴则偏离铅垂方向 α。将望远镜绕竖轴旋转 180°后，竖轴位置不变，而圆水准器轴移到图 2-20（b）位置，此时，圆水准器轴与铅垂线之间的夹角为 2α。此角值的大小由气泡偏离圆水准器零点的弧长表现出来。因此，检验时，只要将水准仪旋转 180°后发现气泡不居中，就说明圆水准器轴与竖轴不平行，需要校正，而且校正时只要使气泡向零点方向返回一半，就能达到圆水准器轴平行于竖轴。

2. 校正

用拨针调节圆水准器下面的三个校正螺丝，见图 2-21。先使气泡向零点方向返回一半，见图 2-20（c），此时气泡虽不居中，但圆水准器轴已平行于竖轴。再用脚螺旋调气泡居中，则圆水准器轴与竖轴同时处于铅垂位置，见图 2-20（d）。这时仪器无论转到任何位置，气泡都将居中。校正工作一般需反复多次，直至气泡不偏出圆圈为止。

（二）十字丝横丝垂直于竖轴的检验与校正

1. 检验

安置和整平仪器后，用横丝的一端瞄准远处的一个明显点 M，如图 2-22（a），拧紧制动螺旋，慢慢转动微动螺旋，并进行观察。若 M 点不离开横丝，如图 2-22（b），说明横丝

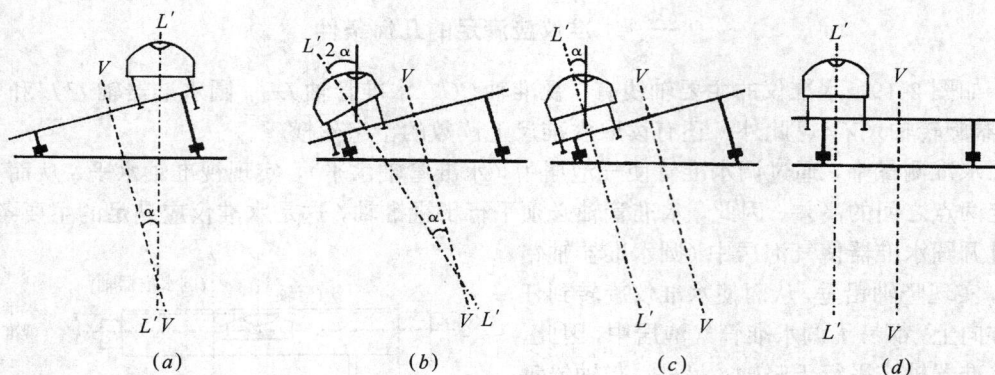

图 2-20

垂直于竖轴;若 M 点逐渐离开横丝,在另一端产生一个偏移量,如图 2-22 (c),则横丝不垂直于竖轴。

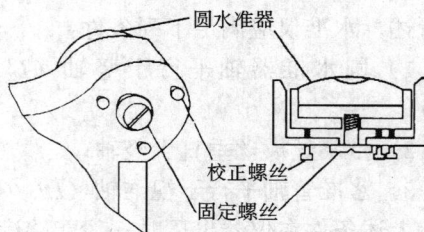

图 2-21

2. 校正

旋下目镜处的护盖,松开十字丝分划板座的固定螺丝,见图 2-23,微微旋转十字丝分划板座,使 M 点往十字丝横丝方向移动偏移量的一半,最后拧紧分划板座固定螺丝,上好护盖。此项校正要反复几次,直到满足条件为止。

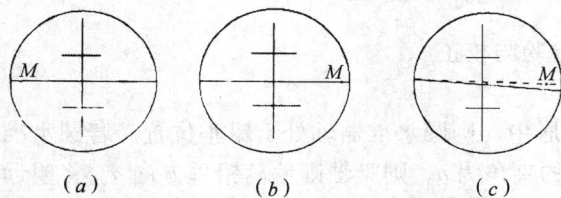

图 2-22

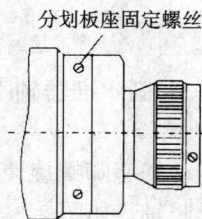

图 2-23

(三)水准管轴平行于视准轴的检验与校正

1. 检验

若水准管轴不平行于视准轴,它们之间的夹角用 i 表示,亦称 i 角。当水准管气泡居中时,视准轴相对于水平线将倾斜 i 角,从而使读数产生偏差 x。如图 2-24,读数偏差与水准仪至水准尺的距离成正比,距离愈远,读数偏差愈大。若前后视距相等,则 i 角在两水准尺上引起的读数偏差相等,从而由后视读数减前视读数所得高差不受影响。

(1)在平坦地面上选定相距约 80m 的 A、B 两点,打入木桩或放尺垫后立水准尺。先在与 A、B 之间距离严格相等的 O_1 点安置水准仪,分别读取 A、B 两点水准尺的读数 a_1 和 b_1,得 A、B 点之间的高差 h_1

$$h_1 = a_1 - b_1$$

由于距离相等,视准轴与水准管轴即使不平行,产生的读数偏差也可以抵消,因此 h_1 可以

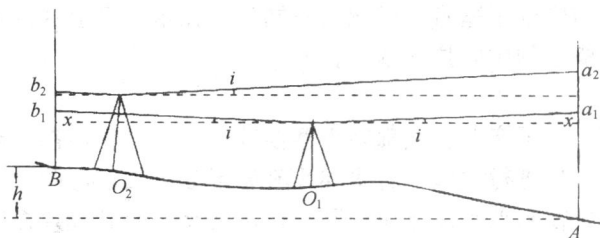

图 2-24

认为是 A、B 点之间的正确高差。为确保此高差的准确，一般用双面尺法或变动仪器高度法进行两次观测，若两高差之差不超过 3mm，则取两高差平均值作为 A、B 两点的高差。

（2）把水准仪安置在距 B 点约 3m 的 O_2 点，读出 B 点尺上读数 b_2，因水准仪至 B 点尺很近，其 i 角引起的读数偏差可近似为零，即认为读数 b_2 正确。由此，可计算出水平视线在 A 点尺上的读数应为

$$a_2 = h_1 + b_2$$

然后，瞄准 A 点水准尺，调水准管气泡居中，读出水准尺上实际读数 a'_2，若 $a'_2 = a_2$，说明两轴平行；若 $a'_2 \neq a_2$，则两轴之间存在 i 角，其值为：

$$i = \frac{a_2 - a'_2}{D_{AB}} \cdot \rho''$$

式中，D_{AB} 为 A、B 两点平距，$\rho'' = 206265''$。对于 DS$_3$ 型水准仪，i 角值大于 $20''$ 时，需要进行校正。

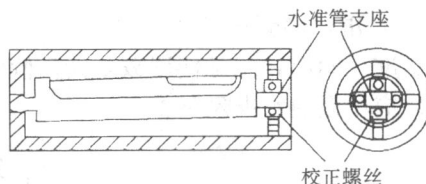

图 2-25

2. 校正

转动微倾螺旋，使十字横丝对准 A 点水准尺上的读数 a_2，此时视准轴水平，但水准管气泡偏离中点。如图 2-25，用拨针先稍松水准管左边或右边的校正螺丝，再按先松后紧原则，分别拨动上下两个校正螺丝，将水准管一端升高或降低，使气泡居中。这时水准管轴与视准轴互相平行，且都处于水平位置。此项校正需反复进行，直到 i 角小于 $20''$ 为止。

第七节　水准测量误差及注意事项

水准测量误差来源于仪器误差、观测误差和外界条件的影响三个方面。在水准测量作业中，应注意根据产生误差的原因，采取相应措施，尽量消除或减弱其影响。

一、仪　器　误　差

1. 水准管轴与视准轴不平行

水准管轴不平行于视准轴的 i 角误差虽经校正，但仍然存在少量残余误差，使读数产生误差。在观测时应使前、后视距尽量相等，便可消除或减弱此项误差的影响。

2. 十字丝横丝与竖轴不垂直

由于十字丝横丝与竖轴不垂直，横丝的不同位置在水准尺上的读数不同，从而产生误差。观测时应尽量用横丝的中间位置读数。

3. 水准尺误差

水准尺刻划不准、尺子弯曲、底部零点磨损等误差的存在，都会影响读数精度，因此水准测量前必须用标准尺进行检验。若水准尺刻划不准、尺子弯曲，则该尺不能使用；若是尺底零点不准，则应在起点和终点使用同一根水准尺，使其误差在计算中抵消。

二、观测误差

1. 水准管气泡居中误差

水准测量时，视线水平是通过水准管气泡居中来实现的。由于气泡居中存在误差，会使视线偏离水平位置，从而带来读数误差。气泡居中误差对读数所引起的误差与视线长度有关，距离越远误差越大。水准测量时，每次读数时要注意使气泡严格居中，而且距离不宜太远。

2. 估读水准尺误差

在水准尺上估读毫米时，由于人眼分辨力以及望远镜放大倍率是有限的，会使读数产生误差。估读误差与望远镜放大倍率以及视线长度有关。在水准测量时，应遵循不同等级的测量对望远镜放大倍率和最大视线长度的规定，以保证估读精度。同时，视差对读数影响很大，观测时要仔细进行目镜和物镜的调焦，严格消除视差。

3. 水准尺倾斜误差

水准尺倾斜，总是使读数增大。倾斜角越大，造成的读数误差就越大。所以，水准测量时，应尽量使水准尺竖直。

三、外界条件的影响

1. 仪器下沉

仪器下沉将使视线降低，从而引起高差误差，在测站上采用"后、前、前、后"观测程序，可以减弱仪器下沉对高差的影响。

2. 尺垫下沉

在土质松软地带，尺垫往往下沉，引起下站后视读数增大。采用往返观测取高差平均值，可减弱此项误差影响。

3. 地球曲率及大气折光的影响

由于地球曲率和大气折光的影响，测站上水准仪的水平视线，相对与之对应的水准面，会在水准尺上产生读数误差，视线越长误差越大。前、后视距相等，则地球曲率与大气折光对高差的影响将得到消除或大大减弱。

4. 温度的影响

温度变化不仅引起大气折光的变化，当烈日照射水准管时，还使水准管本身和管内液体温度升高，气泡向着温度高的方向移动，影响视线水平。因此，水准测量时，应选择有利观测时间，阳光较强时，应撑伞遮阳。

第八节 其他水准仪简介

一、精密水准仪

1. 精密水准仪与水准尺

精密水准仪是一种能精密确定水平视线，精密照准与读数的水准仪，主要用于国家一、二等水准测量和其他高精度水准测量。精密水准仪的构造与普通 DS_3 型水准仪基本相同。但精密水准仪的望远镜性能好，放大倍率不低于 40 倍，物镜孔径大于 40mm，为便于准确读数，十字丝横丝的一半为楔形丝；水准管灵敏度很高，分划值一般为（6″～10″）/2mm；水准管轴与视准轴关系稳定，受温度变化影响小。

为了提高读数精度，精密水准仪上设有光学测微器。如图 2-26，它由平行玻璃板 P、传动杆、测微轮和测微尺等部件组成。平行玻璃板设置在望远镜物镜前，其旋转轴 A 与平行玻璃板的两个平面平行，并与视准轴正交。平行玻璃板通过传动杆与测微尺相连，并通过测微轮旋转。测微尺上有 100 个分格，它与水准尺上一个整分划间隔（1cm 或 5mm）相对应，从而能直接读到 0.1 或 0.05mm。由几何光学原理可知，平行玻璃板视准轴正交时，视准轴经过平行玻璃板后不会产生位移，对应于水准尺上的读数为整分划值132＋a，为了精确确定 a 值，转动测微轮使平行玻璃板绕 A 轴旋转，视准轴经倾斜平行玻璃板后产生平移。视准轴下移对准水准尺上整分划线 132 时，便可从测微尺上读出 a 值。

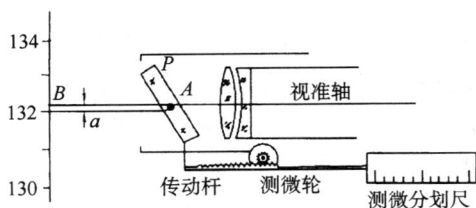

图 2-26

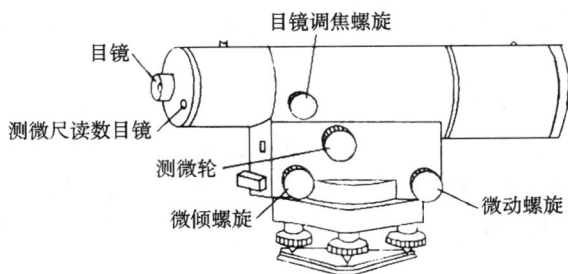

图 2-27

图 2-27 为国产 DS_1 级水准仪，光学测微器最小读数为 0.05mm。

精密水准尺在木质尺身的槽内张一根因瓦合金带，带上标有刻划，数字注在木尺上。靖江 DS_1 级水准仪的水准尺分划值为 5mm，如图 2-28，该尺只有基本分划，左边一排分划为奇数值。右面一排分划为偶数值。右边的注记为米，左边的注记为分米。小三角形表示半分米处，长三角形表示分米的起始线，厘米分划的实际间隔为 5mm，尺面值为实际长度的两倍。所以，用此尺观测时，其高差须除以 2 才是实际高差。

2. 精密水准仪的使用

精密水准仪的使用方法，包括安置仪器、粗平、瞄准水准尺、精平和读数。前四步与普通水准仪的操作方法相同，下面仅介绍精密水准仪的读数方法。视准轴精平后，十字丝横丝并不是正好对准水准尺上某一整分划线，此时，转动测微轮，使十字丝的楔形丝正好夹住一个整分划线，读出整分划值和对应的测微尺读数，两者相加即得所求读数。

在图 2-29 中，被夹住的分划线读数为 2.07m，目镜右下方的测微尺读数为 2.5mm，所以水准尺上的全读数为 2.0725m。而其实际读数是全读数除以 2，即 1.0362m。

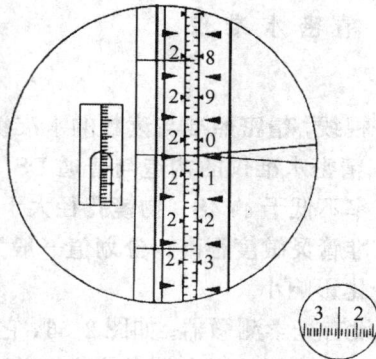

图 2-29

图 2-28

二、自动安平水准仪

自动安平水准仪是利用自动安平补偿器代替水准管，自动获得视线水平时水准尺读数的一种水准仪。使用这种水准仪时，只要使圆水准器气泡居中，即可瞄准水准尺读数。因此，既简化操作，提高速度，又可避免由于外界温度变化导致水准管与视准轴不平行带来的误差，从而提高观测成果的精度。

1. 自动安平原理

如图 2-30 所示，当望远镜视准轴倾斜了一个小角 α 时，由水准尺的 a_0 点过物镜光心 O 所形成的水平光线，不再通过十字丝中心 B，而通过偏离 B 点的 A 点处。若在十字丝分划板前面，安装一个补偿器，使水平光线偏转 β 角，并恰好通过十字丝中心 B，则在视准轴有微小倾斜时，十字丝中心 B 仍能读出视线水平时的读数，从而达到自动补偿目的。

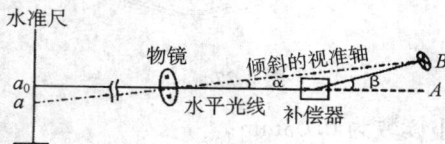

图 2-30

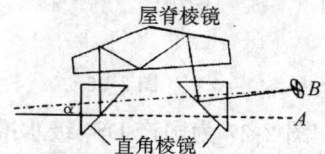

图 2-31

图 2-31 是一般自动安平水准仪采用的补偿器，补偿器的构造是把屋脊棱镜固定在望远镜内，在屋脊棱镜的下方，用交叉的金属片吊挂两个直角棱镜，当望远镜倾斜时，直角棱镜在重力作用下与望远镜作相反的偏转，并借助阻尼器的作用很快地静止下来。当视准轴倾斜 α 时，实际上直角棱镜在重力作用下并不产生倾斜，水平光线进入补偿器后，沿实线所示方向行进，使水平视线恰好通过十字丝中心 A，达到补偿目的。

图 2-32 所示，为苏州第一光学仪器厂生产的 DSZ2 自动安平水准仪，补偿器工作范围为 $\pm 14'$，自动安平精度 $\leqslant \pm 0.3''$，自动安平时间小于 2s，精度指标是每 1km 往返测高差中误差 ± 1.5mm。可用于国家三、四等水准测量以及其他场合的水准测量。

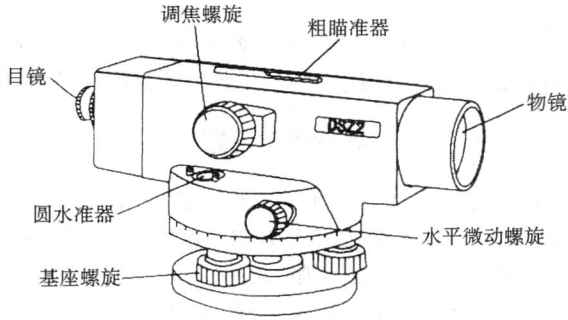

图 2-32

2. 自动安平水准仪的使用

自动安平水准仪的使用非常简便。在观测时，只需用脚螺旋将圆水准器气泡调至居中，打开补偿器开关，照准标尺即可读取读数。搬站时或观测完后应关上补偿器开关。

自动安平水准仪在使用前也要进行检验及校正，方法与微倾式水准仪的检验与校正相同。同时，还要检验补偿器的性能，其方法是先在水准尺上读数，然后少许转动物镜或目镜下面的一个脚螺旋，人为地使视线倾斜，再次读数，若两次读数相等说明补偿器性能良好，否则需专业人员修理。

三、数字水准仪

近年来，随着光电技术的发展，出现了数字式水准仪，数字水准仪具有自动安平和自动读数功能，进一步提高了水准测量的工作效率。若与电子手簿连接，还可实现观测和数据记录的自动化。数字水准仪代表了水准测量发展的方向。图 2-33 所示是日本索佳 SDL30 数字水准仪，图 2-34 是其配套的条型码玻璃钢水准尺。

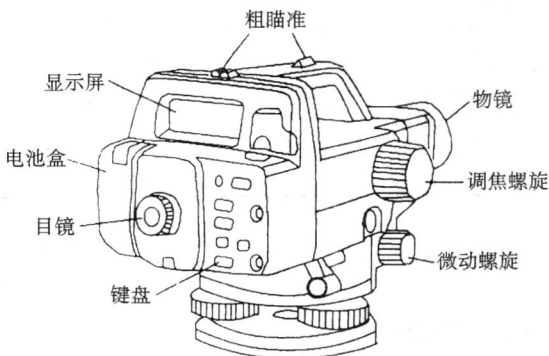

图 2-33

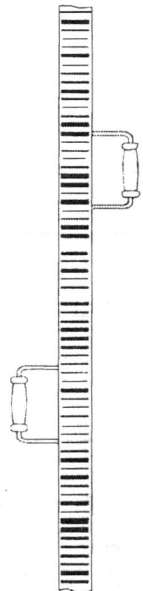

图 2-34

SDL30 数字水准仪采用光电感应技术读取水准尺上的条型码，将信号交由微处理器处理和识别，观测值用数字形式在显示屏上显示出来，也可同时记录在电子手簿内。条型码玻璃钢水准尺的反面是普通刻划的水准尺。在需要时，SDL30 数字水准仪也可象普通水准仪一样进行人工读数。

SDL30 数字水准仪测程为 1.6～100m，高程测量精度为每 1km 往返测中误差 ±1.0mm。SDL30数字水准仪还具有自动计算功能，可自动计算出高差和高程。

思考题与习题

1. 设 A 为后视点，B 为前视点，A 点的高程为 60.716m，若后视读数为 1.124m，前视读数为 1.428m，问 A、B 两点的高差是多少？B 点比 A 点高还是低？B 点高程是多少？并请绘图说明。

2. 何谓视差？产生视差的原因是什么？怎样消除视差？

3. 水准仪上的圆水准器和管水准器作用有何不同？调气泡居中时各使用什么螺旋？调节螺旋时有什么规律？

4. 什么叫水准点？什么叫转点？转点在水准测量中起什么作用？

5. 水准测量时，前后视距相等可消除或减弱哪些误差的影响？

6. 测站检核的目的是什么？有哪些检核方法？

7. 将图 2-35 中水准测量观测数据按表 2-1 格式填入记录手簿中，计算各测站的高差和 B 点的高程，并进行计算检核。

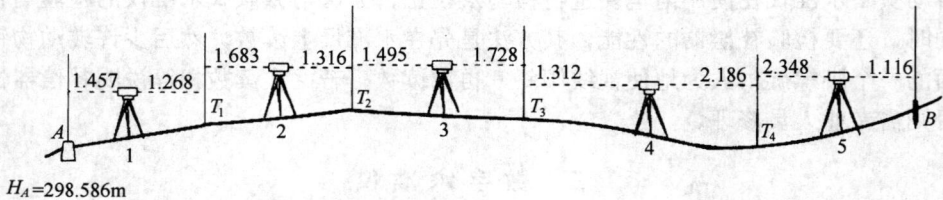

图 2-35

8. 表 2-4 为等外附合水准路线观测成果，请进行闭合差检核和分配后，求出各待定点的高程。

表 2-4

测段编号	点　名	测　站	实测高差 (m)	改正数 (m)	改正后高差 (m)	高　程 (m)	备　注
1	BMA	10	4.786			197.865	已知点
2	1	12	2.137				
3	2	6	−3.658				
4	3	18	10.024				
Σ	BMB					211.198	已知点

9. 图 2-36 为一条等外水准路线，已知数据及观测数据如图所示，请列表进行成果计算。

10. 图 2-37 为一条等外支水准路线，已知数据及观测数据如图所示，往返测路线总长度为 2.6km，试进行闭合差检核并计算 1 点的高程。

11. 水准仪有哪些轴线？它们之间应满足哪些条件？

12. 安置水准仪在 A、B 两点之间，并使水准仪

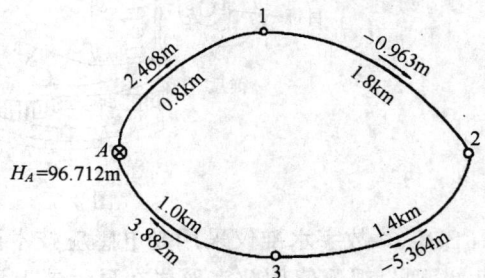

图 2-36

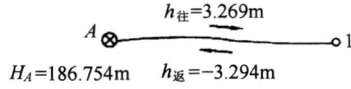

$$h_{往}=3.269\text{m}$$

$A\otimes$ ———————————— $\circ 1$

$H_A=186.754\text{m}$ $\qquad h_{返}=-3.294\text{m}$

图 2-37

至 A、B 两点的距离相等，各为 40m，测得 A、B 两点的高差 $h_{AB}=0.224\text{m}$。再把仪器搬至 B 点近处，B 尺读数 $b_2=1.446\text{m}$，A 尺读数 $a_2=1.695$，试问水准管轴是否平行于视准轴？如果不平行视准轴，是向上倾斜还是向下倾斜？如何进行校正？

第三章　角　度　测　量

角度测量是测量工作的基本内容之一。它分为水平角测量和竖直角测量。水平角测量是为了确定地面点的平面位置，竖直角测量是为了利用三角原理间接地确定地面点的高程。常用的角度测量仪器是经纬仪，它不但可以测量水平角和竖直角，还可以间接地测量距离和高差，是测量工作中最常用的仪器之一。

第一节　角　度　测　量　原　理

一、水平角测量原理

为了测定地面点的平面位置，需要观测水平角。空间相交的两条直线在水平面上的投影所构成的夹角称为水平角，用 β 表示，其数值为 $0°\sim360°$。如图 3-1，将地面上高程不同的三点 A、O、B 沿铅垂线方向投影到同一水平面 H 上，得到 a、o、b 三点，则水平线 oa、ob 之间的夹角 β，就是地面上 OA、OB 两方向线之间的水平角。

由图 3-1 可以看出，水平角 β 就是过 OA、OB 两直线所作竖直面之间的二面角。为了测出水平角的大小，可以设想在两竖直面的交线上任选一点 o' 处，水平放置一个按顺时针方向刻划的圆盘（称为水平度盘），使其圆心与 O 重合。过 OA、OB 的竖直面与水平度盘的交线的读数分别为 a'、b'，于是地面上 OA、OB 两方向线之间的水平角 β 可按下式求得：

$$\beta = b' - a' \tag{3-1}$$

综上所述，用于测量水平角的仪器，必须具备一个能安置成水平的带有刻划的度盘，并且能使圆盘中心位于角顶点的铅垂线上。还要有一个能照准不同方向，不同高度目标的望远镜，它不仅能在水平方向旋转，而且能在竖直方向旋转而形成一个竖直面。经纬仪就是根据上述要求设计制造的测角仪器。

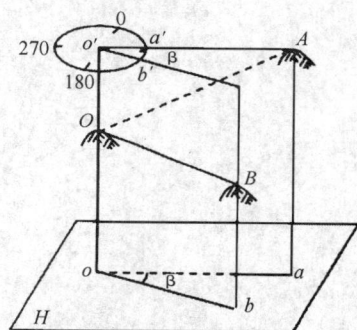

图 3-1

二、竖直角测量原理

竖直角是同一竖直面内倾斜视线与水平线之间的夹角，角值范围为 $-90°\sim+90°$。如图 3-2 所示，当倾斜视线位于水平线之上时，竖直角为仰角，符号为正；当倾斜视线位于水平线之下时，竖直角为俯角，符号为负。

竖直角与水平角一样，其角值也是度盘上两方向读数之差，所不同的是该度盘是竖直放置的，因此称为竖直度盘。另外，两方向中有一个是水平线方向。为了观测方便，任何

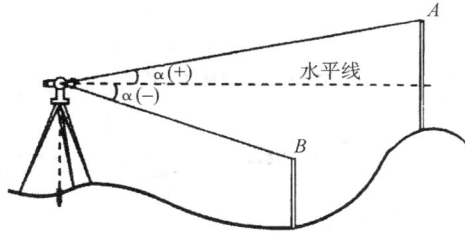

图 3-2

类型的经纬仪，当视线水平时，其竖盘读数都是一个常数（一般为 90°或 270°）。这样，在测量竖直角时，只需用望远镜瞄准目标点，读取倾斜视线的竖盘读数，即可根据读数与常数的差值计算出竖直角。

第二节　经纬仪的构造

经纬仪的种类很多，如光学经纬仪、电子经纬仪、激光经纬仪、陀螺经纬仪、摄影经纬仪等。光学经纬仪是测量工作中最普遍采用的测角仪器。国产光学经纬仪按精度划分为 DJ_1、DJ_2、DJ_6、DJ_{15} 等不同等级。D、J 分别是大地测量、经纬仪两词汉语拼音的第一个字母；下标是精度指标，表示用该等级经纬仪进行水平角观测时，一测回方向值的中误差，以秒为单位，数值越大则精度越低。在普通测量中，常用的是 DJ_6 级和 DJ_2 级光学经纬仪，其中 DJ_6 级经纬仪属普通经纬仪，而 DJ_2 级经纬仪属精密经纬仪。本节将以 DJ_6 级经纬仪为主介绍光学经纬仪的构造。

一、光学经纬仪的构造

各种光学经纬仪，由于生产厂家的不同，仪器的部件和结构不尽一样，但是其基本构造则大致相同，主要由基座、水平度盘、照准部三大部分组成。如图 3-3 所示是北京光学仪器厂生产的 DJ6 光学经纬仪，现以此为例将各部件名称和作用分述如下。

1. 基座

基座用来支承仪器，并通过连接螺旋将基座与脚架相连。基座上的轴座固定螺丝用来连接基座和照准部，脚螺旋用来整平仪器。连接螺旋下方备有挂垂球的挂钩，以便悬挂垂球，利用它使仪器中心与被测角的顶点位于同一铅垂线上，称为垂球对中。现代的经纬仪一般还可利用光学对中器来实现仪器对中，这种经纬仪的连接螺旋的中心是空的，以便仪器上光学对中器的视线能穿过连接螺旋看见地面点标志。

2. 水平度盘

水平度盘是用光学玻璃制成的圆盘，其上刻有 0°～360°顺时针注记的分划线，用来测量水平角。水平度盘是固定在空心的外轴上，并套在筒状的轴座外面，绕竖轴旋转。而竖轴则插入基座的轴套内，用轴座固定螺丝与基座连接在一起。

水平度盘可根据测角时的需要，用一个复测扳钮来实现度盘的变换。复测扳钮又称度盘离合器，复测扳钮往上扳时，是正常状态，水平度盘与照准部分离，照准部旋转时，水平度盘不动，指标所指读数随照准部的转动而变化；复测扳钮往下扳时，水平度盘与照准

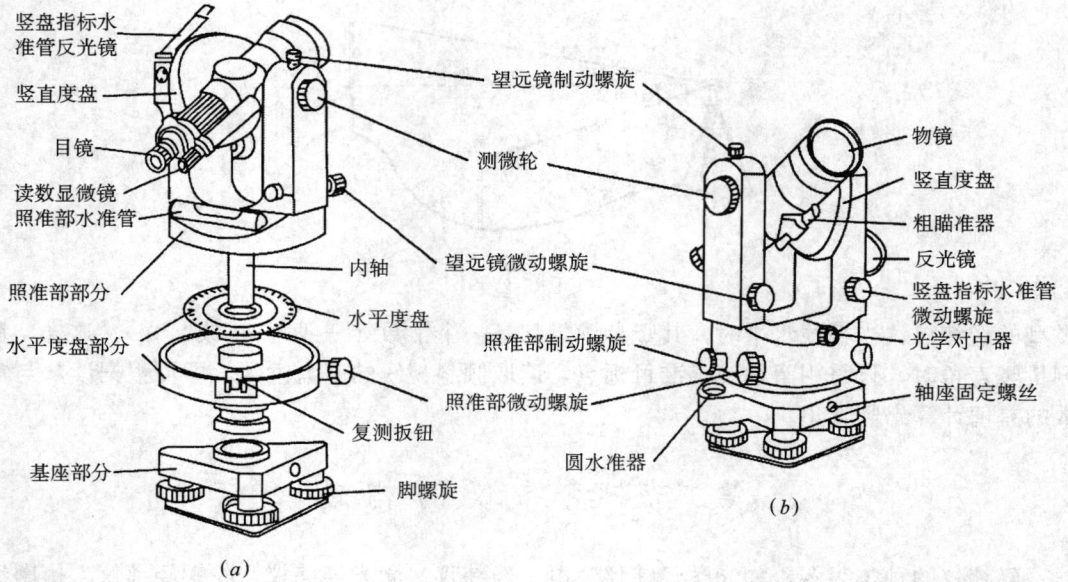

竖盘指标水
准管反光镜

竖直度盘

目镜

读数显微镜

照准部水准管

照准部部分

水平度盘部分

基座部分

内轴

水平度盘

复测扳钮

脚螺旋

望远镜制动螺旋

测微轮

望远镜微动螺旋

照准部制动螺旋

照准部微动螺旋

圆水准器

物镜

竖直度盘

粗瞄准器

反光镜

竖盘指标水准管
微动螺旋

光学对中器

轴座固定螺丝

(a)

(b)

图 3-3

部扣合，照准部旋转时，水平度盘随着一起转动，读数不变。操作时，先使读数指标线对准预定的读数，扳下复测扳钮，再转动照准部瞄准目标，然后松开复测扳钮。

如图 3-4 所示，有的经纬仪没有这种复测扳钮，而是使用水平度盘变换手轮来改变度盘上的读数。操作时，先瞄准目标，再打开手轮的护盖或保护扳手，拨动手轮，直至预定的度盘读数对准读数指标线，然后关上护盖或保护扳手。

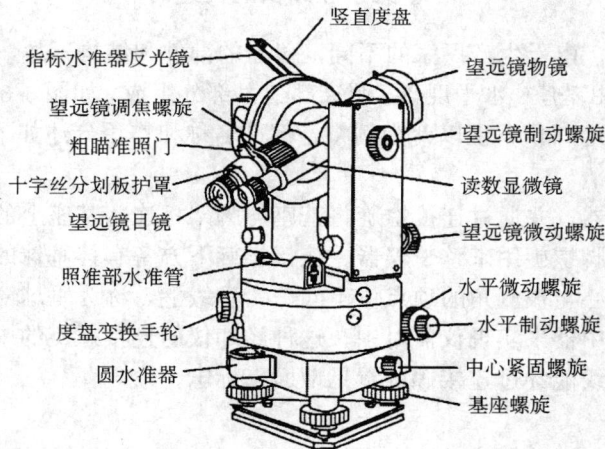

竖直度盘

指标水准器反光镜

望远镜调焦螺旋

粗瞄准照门

十字丝分划板护罩

望远镜目镜

照准部水准管

度盘变换手轮

圆水准器

望远镜物镜

望远镜制动螺旋

读数显微镜

望远镜微动螺旋

水平微动螺旋

水平制动螺旋

中心紧固螺旋

基座螺旋

图 3-4

3. 照准部

照准部是指水平度盘以上能绕竖轴转动的部分，主要包括望远镜、照准部水准管、圆水准器、光学光路系统、读数测微器以及用于竖直角观测的竖直度盘和竖盘指标水准管等。

望远镜构造与水准仪望远镜相同，它与横轴连在一起，当望远镜绕横轴旋转时，视线可扫出一个竖直面。望远镜制动螺旋用来控制望远镜在竖直方向上的转动，望远镜微动螺旋是当望远镜制动螺旋拧紧后，用此螺旋使望远镜在竖直方向上作微小转动，以便精确对准目标。照准部制动螺旋控制照准部在水平方向的转动。照准部微动螺旋当照准部制动螺旋拧紧后，可利用此螺旋使照准部在水平方向上作微小转动，以便精确对准目标。利用这两对制动与微动螺旋，可以方便准确地瞄准任何方向的目标。

照准部水准管亦称管水准器，用来精确整平仪器。圆水准器则用来粗略整平仪器。

竖直度盘和水平度盘一样，是光学玻璃制成的带刻划的圆盘，读数为0°～360°，它固定在横轴的一端，随望远镜一起绕横轴转动，用来测量竖直角。竖盘指标水准管用来正确安置竖盘读数指标的位置。竖直指标水准管微动螺旋用来调节竖盘指标水准管气泡居中。

照准部还有反光镜、内部光路系统和读数显微镜等光学部件，用来精确地读取水平度盘和竖直度盘的读数。有些经纬仪还带有测微轮，换像手轮等部件。

二、读数装置和读数方法

光学经纬仪上的水平度盘和竖直度盘都是用光学玻璃制成的圆盘，整个圆周划分为360°，每度都有注记。DJ$_6$级经纬仪一般每隔1°或30′有一分划线，DJ$_2$级经纬仪一般每隔20′有一分划线。度盘分划线通过一系列棱镜和透镜成像于望远镜旁的读数显微镜内，观测者用显微镜读取度盘的读数。各种光学经纬仪因读数设备不同，读数方法也不一样。

1. 分微尺测微器及其读数方法

分微尺测微器读数装置结构简单，读数方便、迅速。如图3-5，在读数显微镜中可以看到两个读数窗：注有"H"（或"水平"）的是水平度盘读数窗；注有"V"（或"竖直"）的是竖直度盘读数窗。每个读数窗上刻有分成60小格的分微尺，其长度等于度盘间隔1°的两分划线之间的放大后的影像宽度，因此分微尺上一小格的分划值为1′，可估读到0.1′，即最小读数为6″。

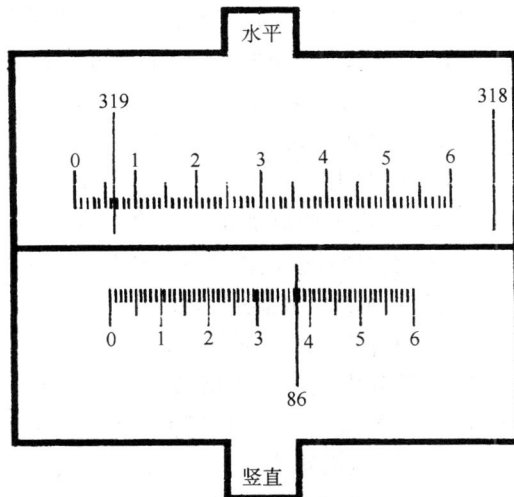

图 3-5

读数时，先调节进光窗反光镜的方向，使读数窗光线充足，然后调节读数显微镜的目镜，便能清晰地看到读数窗内度盘的影像。先读出位于分微尺中的度盘分划线的注记度数，再以度盘分划线为指标，在分微尺上读取分数，最后估读秒数，三者相加即得度盘读数。图3-5中，水平度盘读数为319°06′30″，竖直度盘读数为86°37′24″。

2. 单平板玻璃测微器及其读数方法

单平板玻璃测微器读数装置，是利用转动平板玻璃使通过它的光线产生平行位移的特点而制成的。由读数显微镜的目镜处看到的度盘影像如图3-6所示。下面为水平度盘分划影像，中间为竖直度盘分划影像，上面为两个度盘合用的测微尺分划。水平度盘和竖直度盘的分划值均为30′。测微尺共分为30大格，一大格又分为三个小格，当度盘分划线影像移动30′间隔时，测微尺转动30大格。因此测微尺上每一大格为1′，每一小格为20″，估读到2″（0.1小格）。

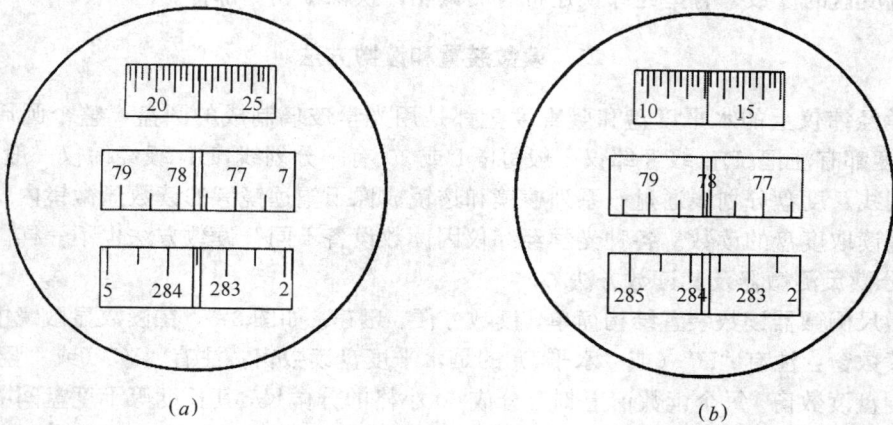

图 3-6

每次读数时，要先转动测微轮，使度盘分划线精确地移动到双指标线的中间，然后读出该分划线的度数，再利用测微尺上的单指标线读出分数和秒数，二者相加即得度盘读数。水平度盘读数和竖直度盘读数，须分别转动测微轮后读取。图3-6（a）中的水平度盘读数为283°52′20″，图3-6（b）中竖直度盘读数为78°13′10″。

3. 对径分划线测微器及其读数方法

DJ₂级光学经纬仪的精度较高，用于控制测量等精度要求高的测量工作中。图3-7是苏州第一光学仪器厂生产的DJ₂级光学经纬仪的外形图，其各部件的名称如图所注。在DJ₂级光学经纬仪中，一般都采用对径分划线测微器来读数。

对径分划线测微器是将度盘上相对180°的两组分划线，经过一系列棱镜的反射与折射，同时反映在读数显微镜中，并分别位于一条横线的上、下方，成为正像和倒像。这种装置利用度盘对径相差180°的两处位置读数，可消除度盘偏心误差的影响。

这种类型的光学经纬仪，在读数显微镜中，只能看到水平度盘或竖直度盘一种影像，通过转动换像手轮（图3-7中9），使读数显微镜中出现需要读的度盘的影像。

近年来生产的DJ₂级光学经纬仪，一般采用数字化读数装置，使读数方法较为简便。如图3-8所示为读数显微镜中的影像，上部读数窗中数字为度数，突出小方框中所注数字为整

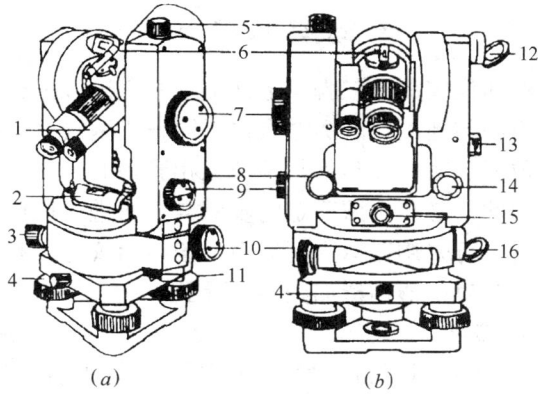

图 3-7

1—读数显微镜；2—照准部水准管；3—照准部制动螺旋；4—轴座固定螺旋；5—望远镜制动螺旋；

6—光学瞄准器；7—测微手轮；8—望远镜微动手轮；9—度盘像变换手轮；

10—照准部微动手轮；11—水平度盘变换手轮；12—竖盘照明镜；

13—竖盘指标水准管观察镜；14—竖盘指标水准管微动手轮；

15—光学对中器；16—水平度盘照明镜

10′数。左下方为测微尺读数窗，右下方为分划线重合窗。读数时先转动测微轮，使分划线重合窗中的上下分划线重合，然后在上部读数窗中读出度数，在小方框中读出整10′数，在测微尺读数窗内读出分、秒数，三者相加即为度盘读数。图 3-8 的读数为 $227°53'14.8''$。

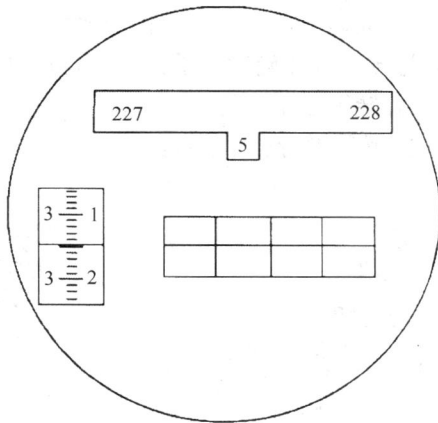

图 3-8

第三节　经纬仪的使用

经纬仪的使用包括对中、整平、瞄准和读数四项基本操作。对中和整平是仪器的安置工作，瞄准和读数是观测工作。

一、经纬仪的安置

经纬仪的安置是把经纬仪安放在三脚架上并上紧中心连接螺旋，然后进行仪器的对中和整平。对中是使仪器中心与地面上的测站点位于同一铅垂线上；整平是使仪器的竖轴竖直，水平度盘处于水平位置。对中和整平是两项互相影响的工作，尤其在不平坦地面上安置仪器时，影响更大。因此，必须按照一定的步骤与方法进行操作，才能准确、快速地安置好仪器。安置经纬仪时，可采用锤球进行对中，若经纬仪上装有光学对中器，一般采用光学对中器进行对中。光学对中器构造如图3-9所示。

1. 锤球对中法安置经纬仪

（1）打开三脚架，调节脚架腿长度，使其高度适中，以便观测，并使架头中心粗略对准测站点的标志中心，同时使架头大致水平。

（2）在基座连接螺旋小钩上挂垂球。如果垂球尖偏离标志中心较远，则需将三脚架同时平移，或者固定一脚移动另外两脚，使垂球尖大致对准测站标志。然后，将脚架尖踩入土中，装上仪器，旋上基座连接螺旋（不必拧紧）。

（3）在架头上移动仪器，使垂球尖精确对准标志中心，最后再旋紧基座连接螺旋。

（4）调节三个基座螺旋，精确整平仪器，操作步骤如下：先转动照准部，使照准部水准管平行于任意两个脚螺旋的连线方向，如图3-10（a）所示，两手同时向内或向外旋转这两个脚螺旋，使气泡居中（气泡移动的方向与转动脚螺旋时左手大拇指运动方向相同）；再将照准部旋转90°，旋转第三个脚螺旋使气泡居中，如图3-10（b）所示。按这两个步骤反复进行整平，直至水准管在任何方向气泡均居中时为止。

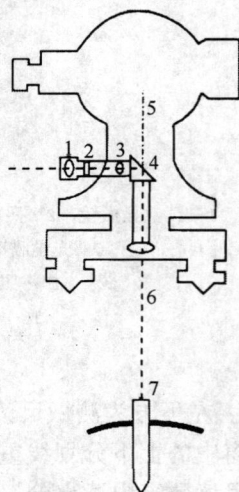

图 3-9

1—目镜；2—分划板；3—物镜；
4—反光棱镜 5—竖轴轴线；
6—对中器轴线；
7—测站点

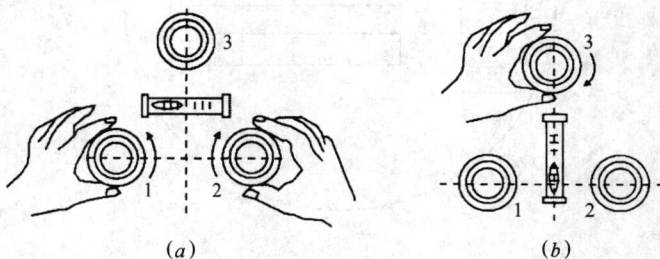

(a)　　　　　　　　(b)

图 3-10

（5）检查锤球中心是否偏移测站标志点，如有偏移，重复第（3）、第（4）步操作。直至对中偏差要求小于3mm，整平后气泡偏离中央最大不超过一格。

2. 光学对中器对中法安置经纬仪

打开三脚架，使架头大致水平并大致对中，安放经纬仪并拧紧中心螺丝。先转动光学对中器螺旋使对中器分划清晰，伸缩光学对中器使地面点影像清晰，然后按下面步骤对中整平：

（1）手持两个架腿（第三个架腿不动），前后左右移动经纬仪（尽量不要转动），同时观察光学对中器分划中心与地面标志点是否对上；当分划中心与地面标志接近时，慢慢放下脚架，踏稳三个脚架，然后转动基座脚螺旋使对中器分划中心对准地面标志中心。

（2）通过伸缩三脚架，使圆水准器气泡居中，此时经纬仪粗略水平。注意这步操作中不能使脚架位置移动，因此在伸缩脚架时，最好用脚轻轻踏住脚架。检查地面标志点是否还与对中器分划中心对准，若偏离较大，转动基座脚螺旋使对中器分划中心重新对准地面标志，然后重复第（2）步操作；若偏离不大，进行下一步操作。

（3）松开基座与脚架之间的中心螺旋，在脚架头上平移仪器，使光学对中器分划中心精确对准地面标志点，然后旋紧中心螺旋。

（4）通过转动基座脚螺旋精确整平，使照准部水准管气泡在各个方向均居中，具体操作方法与垂球对中法安置经纬仪的第（4）步相同。检查对中器分划中心是否偏离地面标志点，如偏离量大于规定的值（一般为1mm），重复第（3）、第（4）步操作。

二、瞄　准

观测水平角时，瞄准是指用十字丝的纵丝精确照准目标的中心。当目标成像较小时，为了便于观察和判断，一般用双丝夹住目标，使目标在中间位置。为了避免因目标在地面点上不竖直引起的偏心误差，瞄准时尽量照准目标的底部，如图3-11（a）所示。

观测竖直角时，瞄准是指用十字的横丝精确地切准目标的顶部。为了减小十字丝横丝不水平引起的误差，瞄准时尽量用横丝的中部照准目标，如图3-11（b）。

瞄准的操作步骤如下：

（1）调节目镜调焦螺旋，使十字丝清晰。

（2）松开望远镜制动螺旋和照准部制动螺旋，利用望远镜上的照门和准星（或瞄准器）瞄准目标，使在望远镜内能够看到目标物像，然后旋紧上述两个制动螺旋。

（3）转动物镜调焦螺旋，使目标影像清晰，并注意消除视差。

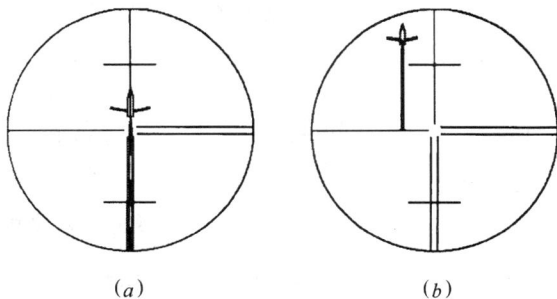

（a）　　　　　　（b）

图 3-11

（4）旋转望远镜和照准部微动螺旋，精确地照准目标。如是测水平角，用十字丝的纵丝精确照准目标的中心；如是测竖直角，用十字的横丝精确地切准目标的顶部。

三、读　数

照准目标后，打开反光镜，并调整其位置，使读数窗内进光明亮均匀；然后进行读数显微镜调焦，使读数窗分划清晰，并消除视差。如是观测水平角，此时即可按上节所述方法进行读数；如是观测竖直角，则还要调竖盘指标水准管气泡居中后再读数。

第四节 水平角观测方法

水平角的观测方法，一般根据观测目标的多少，测角精度的要求和施测时所用的仪器来确定。常用的观测方法有测回法和方向法两种。

一、测 回 法

测回法适用于观测两个方向之间的单角。如图 3-12，欲测量 $\angle AOB$ 对应的水平角，先在观测点 A、B 上设置观测目标，观测目标视距离的远近，可选择垂直竖立的标杆或测钎，或者悬挂垂球。然后在测站点 O 安置仪器，使仪器对中、整平后，按下述步骤进行观测。

1. 盘左观测

"盘左"指竖盘处于望远镜左侧时的位置，也称正镜，在这种状态下进行观测称为盘左观测，也称上半测回观测，方法如下：

先瞄准左边目标 A，读取水平度盘读数 a_1（例如为 $0°01'30''$），记入观测手簿（表 3-1）中相应的位置。再顺时针旋转照准部，瞄准右边目标 B，读取水平度盘读数 b_1（例如为 $65°08'12''$），记入手簿。然后计算盘左观测的水平角 $\beta_左$，得到上半测回角值：

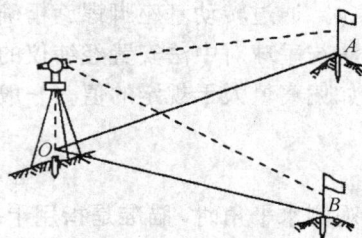

图 3-12

$$\beta_左 = b_1 - a_1 = 65°06'42''$$

2. 盘右观测

"盘右"指竖盘处于望远镜右侧时的位置，也称倒镜，在这种状态下进行观测称为盘右观测，也称下半测回观测，其观测顺序与盘左观测相反，方法如下：

先瞄准右边目标 B，读取水平度盘读数 b_2（例如为 $245°08'30''$），记入观测手簿。再逆时针旋转照准部，瞄准左边目标 A，读取水平度盘读数 a_2（为 $180°01'42''$），记入手簿。然后计算盘右位置观测的水平角 $\beta_右$，得到下半测回角值：

测回法水平角观测手簿　　　　　　　　　　　　　　　　　表 3-1

测 站	测 回	竖盘位置	目 标	水平度盘读数			半测回角值			一测回角值			各测回平均角值			备 注
				°	′	″	°	′	″	°	′	″	°	′	″	
O	1	盘左	A	0	01	30	65	06	42							
			B	65	08	12				65	06	45				
		盘右	A	180	01	42	65	06	48							
			B	245	08	30							65	06	57	
	2	盘左	A	90	04	24	65	07	24							
			B	155	11	48				65	07	09				
		盘右	A	270	04	12	65	06	54							
			B	335	11	06										

$$\beta_{右} = b_2 - a_2 = 65°06'48''$$

3. 检核与计算

盘左和盘右两个半测回合起来称为一个测回。对于 DJ$_6$ 级经纬仪，两个半测回测得的角值之差 $\Delta\beta$ 应不大于 $40''$，否则要重测；若观测成果合格，则取上、下两个半测回角值的平均值，作为一测回的角值 β。即当：

$$|\Delta\beta| = |\beta_{左} - \beta_{右}| \leqslant 40'' \text{ 时}$$

$$\beta = \frac{1}{2}(\beta_{左} + \beta_{右})$$

必须注意，水平度盘是按顺时针方向注记的，因此半测回角值必须是右目标读数减左目标读数，当不够减时则将右目标读数加上 360° 以后再减。通常瞄准起始方向时，把水平度盘读数配置在稍大于 0° 的位置，以便于计算。

当测角精度要求较高时，往往需要观测几个测回，然后取各测回角值的平均值为最后成果。为了减小度盘分划误差的影响，各测回应改变起始方向读数，递增值为 $180/n$，n 为测回数。例如测回数 $n = 4$ 时，各测回起始方向读数应等于或略大于 0°、45°、90°、135°。用 DJ$_6$ 级光学经纬仪进行观测时，各测回角值之差不得超过 $40''$，否则需重测。

二、方　向　法

方向法适用于观测两个以上的方向。规范规定当方向数多于三个时，每半测回瞄准所需观测目标和读数后，应再次瞄准起始方向并读数，因此称为全圆方向法。而三个方向以下（包括三个方向）的方向法测角，可以不用再次瞄准起始方向。

我们把再次瞄准起始方向称为"归零"，起始方向的第二次读数与第一次读数之差称为"半测回归零差"。不同等级的经纬仪对归零差有不同的限差有求（见表 3-2）。若归零差超限，则说明在观测过程中，仪器的水平度盘、基座或脚架可能有变动，它会导致观测误差大或者观测有错误，此半测回应重新观测。

水平角方向观测法技术要求　表 3-2

仪　　器	半测回归零差	一测回内 2C 互差	同一方向值各测回互差
DJ$_2$	$8''$	$13''$	$9''$
DJ$_6$	$18''$	$30''$	$24''$

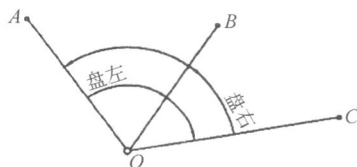

图 3-13

下面以三个方向的水平角观测为例，如图 3-13，介绍方向法观测的步骤，

1. 将仪器安置于 O 点，以盘左位置，瞄准起始方向 A（又称为零方向，应选择最清晰、最稳定的目标作为起始方向），读取水平度盘读数 a（$0°02'36''$），记入方向法水平角观测手簿（表 3-3）。

2. 顺时针方向转动照准部，依次瞄准方向 B、C，分别读取读数 b（$51°23'36''$）、c（$97°19'24''$），并记入手簿。至此，完成了上半测回的观测工作。

3. 倒转望远镜成盘右位置，从方向 C 开始，逆时针方向转动照准部，依次瞄准 C、B、A 各方向，将读数记入手簿。至此完成了下半测回的观测工作。上、下半测回合称一个测回。

如需观测 n 个测回，仍按 $180°/n$ 的递增变化，在每个测回配置水平度盘的起始位置。这里观测了 2 个测回，观测数据见表 3-3。

方向法水平角观测手簿 表 3-3

测站	测回	目标	水平度盘读数 盘 左			水平度盘读数 盘 右			2C	平均读数			归零后方向值			各测回归零后方向均值			备 注
			°	′	″	°	′	″	″	°	′	″	°	′	″	°	′	″	
O	1	A	0	02	36	180	02	36	0	0	02	36	0	00	00	0	00	00	
		B	51	23	36	231	23	42	−6	51	23	39	51	21	03	51	21	00	
		C	97	19	24	277	19	30	−6	97	19	27	97	16	51	97	16	52	
	2	A	90	03	12	270	02	54	18	90	03	03	0	00	00				
		B	141	24	06	321	23	54	12	141	24	00	51	20	57				
		C	187	20	06	7	19	48	18	187	19	57	97	16	54				

4. 检核与计算

方向观测法记录手簿中的几项检核与计算如下：

（1）同一方向盘左观测与盘右观测的误差，称为两倍照准差，其差值用 2C 表示。

$$2C = 盘左读数 − （盘右读数 ± 180°） \tag{3-2}$$

例如：OB 方向的 2C 为：

$$2C = 51°23′36″ − （231°23′42″ − 180°） = −6″$$

C 值是视准轴与横轴不正交而产生的微小偏角，一般来讲，对于同一台经纬仪在同一测站，一个测回内测得各个方向的 2C 值应当是一个常数，因此 2C 值的变化大小可以在一定程度上用来衡量观测时照准的准确性。规范规定（见表 3-2），使用 DJ_2 级经纬仪时，一测回内 2C 互差不得大于 13″，使用 DJ_6 级经纬仪时，2C 互差的不得大于 30″。

（2）计算各方向的平均读数

$$平均读数 = \frac{1}{2}[盘左读数 + （盘右读数 ± 180°）] \tag{3-3}$$

例如：OB 方向的平均读数应为

$$\frac{1}{2}[51°23′36″ + （231°23′42″ − 180°）] = 51°23′39″$$

（3）计算归零后方向值

将各方向（包括起始方向）的平均读数分别减去起始方向的平均读数，即得各方向的"归零后方向值"。

例如：OB 方向第一测回归零后的方向值为：

$$51°23′39″ − 0°02′36″ = 51°21′03″$$

（4）计算各测回归零后方向值的平均值

若观测了两个以上测回，则应检查同一方向各测回的归零后方向值之间的互差，如符合表 3-2 中的限差要求，即可计算各测回归零后方向值的平均值，作为该方向的最后结果。

例如：OB 方向的各测回归零后方向值的平均值为 51°21′00″。

（5）计算各水平角值

将所需两方向的平均值相减，即可求得该两方向之间所夹的水平角值。例如：

$$\angle BOC = 97°16'52'' - 51°21'00'' = 45°55'52''$$

第五节　竖直角观测

一、竖直度盘的构造

DJ₆级光学经纬仪的竖直度盘结构如图3-14所示，主要部件包括竖直度盘（简称竖盘）、竖盘读数指标、竖盘指标水准管和竖盘指标水准管微动螺旋。

竖盘固定在望远镜旋转轴的一端，随望远镜在竖直面内转动，而用来读取竖盘读数的指标，并不随望远镜转动，因此，当望远镜照准不同目标时可读出不同的竖盘读数。竖盘是一个玻璃圆盘，按0°～360°的分划全圆注记，注记方向一般为顺时针，但也有一些为逆时针注记。不论何种注记形式，竖盘装置应满足下述条件：当竖盘指标水准管气泡居中，且望远镜视线水平时，竖盘读数应为某一整度数，如90°或270°。

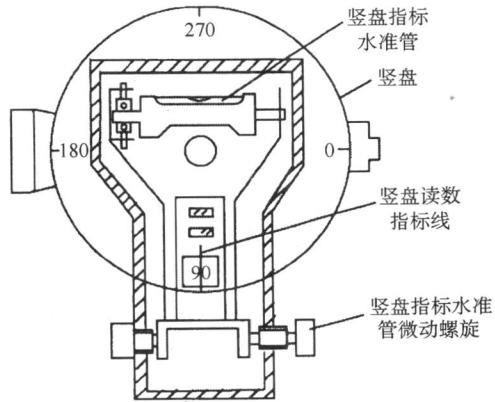

竖盘读数指标与竖盘指标水准管连接在一个微动架上，转动竖盘指标水准管微动螺旋，可使指标在竖直面内作微小移动。当竖盘指标水准管气泡居中时，竖盘读数指标就处于正确位置。

图 3-14

二、竖直角计算公式

由竖直角测量原理可知，竖直角等于视线倾斜时的目标读数与视线水平时的整读数之差。至于在竖直角计算公式中，哪个是减数，哪个是被减数，应根据所用仪器的竖盘注记形式确定。根据竖直角的定义，视线上倾时，其竖直角值为正，由此，先将望远镜大致水平，观察并确定水平整读数是90°还是270°，然后将望远镜上仰，若读数增大，则竖直角等于目标读数减水平整读数；若读数减小，则竖直角等于水平整读数减目标读数。根据这个规律，可以分析出经纬仪的竖直角计算公式。对于图3-15所示全圆顺时针注记竖盘，其竖直角计算公式分析如下：

盘左位置：如图3-15（a），水平整读数为90°，视线上仰时，盘左目标读数 L 小于90°，即读数减小，则盘左竖直角 α_L 为：

$$\alpha_L = 90° - L \tag{3-4}$$

盘右位置：如图3-15（b），水平整读数为270°，视线上仰时，盘右目标读数 R 大于270°，即读数增大，则盘右竖直角 α_R 为：

$$\alpha_R = R - 270° \tag{3-5}$$

盘左盘右平均竖直角值 α 为：

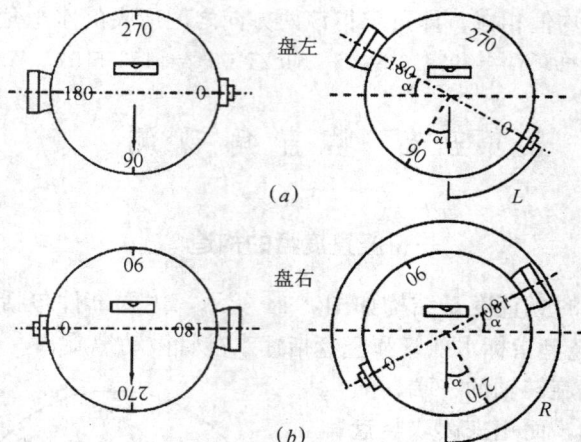

图 3-15

$$a = \frac{1}{2}(\alpha_L + \alpha_R) \tag{3-6}$$

视线下倾时，上述计算公式同样适用。同理，对于全圆逆时针注记竖盘，用上述方法推导出竖直角计算公式如下：

$$\alpha_L = L - 90°$$

$$\alpha_R = 270° - R$$

$$\alpha = \frac{1}{2}(\alpha_L + \alpha_R)$$

三、竖盘指标差

上述竖直角计算公式的推导，是依据竖盘装置应满足的条件，即当竖盘指标水准管气泡居中，且望远镜视线水平时，竖盘读数应为整读数（90°或270°）。但是，实际上这一条件往往不能完全满足，即当竖盘指标水准管气泡居中，且望远镜视线水平时，竖盘指标不是正好指在整读数上，而是与整读数相差一个小角度 x，该角值称为竖盘指标差，简称指标差。

设指标偏离方向与竖盘注记方向相同时 x 为正，相反时 x 为负。如图 3-16 所示全圆顺时针注记的竖盘，盘左位置时，视线水平时读数应为 $90° + x$，则正确竖直角为：

$$\alpha = (90° + x) - L = \alpha_L + x \tag{3-7}$$

同理，盘右位置时，视线水平时读数应为 $270 - x$，则正确竖直角为：

$$\alpha = R - (270° + x) = \alpha_R - x \tag{3-8}$$

（3-7）式和（3-8）式相加并除以 2 得：

$$\alpha = \frac{1}{2}(\alpha_L + \alpha_R) \tag{3-9}$$

（3-9）与（3-6）式完全相同，说明盘左、盘右取平均，可消除指标差对竖直角的影响。由（3-7）式和（3-8）式，经整理后得计算 x 的二种形式如下：

$$x = \frac{1}{2}(L + R - 360°)$$

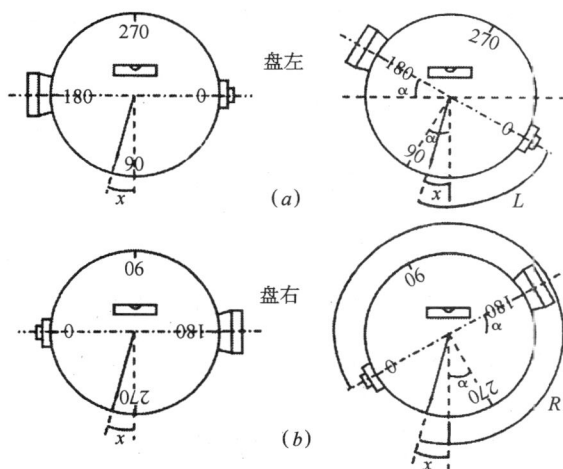

图 3-16

$$x = \frac{1}{2}(\alpha_R - \alpha_L) \tag{3-10}$$

指标差的互差,能反映观测成果的质量。对于 DJ₆ 级经纬仪,规范规定,同一测站上不同目标的指标差互差,不应超过 25″。当允许只用半个测回测定竖直角时,可先测定指标差 x,然后用(3-7)式或(3-8)式计算竖直角,可消除指标差的影响。

对于全圆逆时针注记竖盘,可仿上述方法推导出计算 x 的公式。

四、竖直角观测方法

1. 安置仪器

如图 3-17,在测站点 O 安置好经纬仪,并在目标点 A 竖立观测标志(如标杆)。

2. 盘左观测

以盘左位置瞄准目标,使十字丝中丝精确地切准 A 点标杆的顶端,调节竖盘指标水准管微动螺旋,使竖盘指标水准管气泡居中,并读取竖盘读数 L,记入手簿(表 3-4)。

3. 盘右观测

以盘右位置同上法瞄准原目标相同部位,调竖盘指标水准管气泡居中,并读取竖盘读数 R,记入手簿。

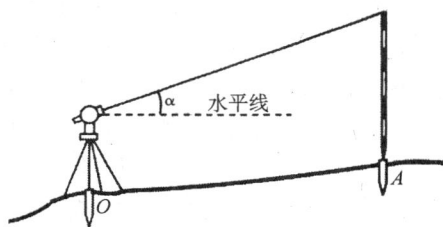

图 3-17

4. 计算竖直角

根据公式(3-7)、(3-8)、(3-9)式计算 α_L、α_R 及平均值 α,(该仪器竖盘为顺时针注记),计算结果填在表中。

5. 指标差计算与检核

按公式(3-10)计算指标差,计算结果填在表中。

至此,完成了目标 A 的一个测回的竖直角观测。目标 B 的观测与目标 A 的观测与计算

47

相同,见表 3-4。A、B 两目标的指标差互差为 9″,小于规范规定的 25″,成果合格。

竖 直 角 观 测 手 簿　　　　　　　　　表 3-4

测　站	目　标	竖盘位置	竖盘读数			半测回竖直角			指标差	一测回竖直角			备　注
			°	′	″	°	′	″	″	°	′	″	
O	A	左	81	12	36	8	47	24	−45	8	46	39	
		右	278	45	54	8	45	54					
O	B	左	95	22	00	−5	22	00	−36	−5	22	36	
		右	264	36	48	−5	23	12					

注:盘左望远镜水平时读数为 90°,望远镜抬高时读数减小。

　　观测竖直角时,只有在竖盘指标水准管气泡居中的条件下,指标才处于正确位置,否则读数就有错误。然而每次读数都必须使竖盘指标水准管气泡居中很费事,因此,有些光学经纬仪,采用竖盘指标自动归零装置。当经纬仪整平后,竖盘指标即自动居于正确位置,这样就简化了操作程序,可提高竖直角观测的速度和精度。

<h1 style="text-align:center">第六节　经纬仪的检验与校正</h1>

<h2 style="text-align:center">一、经纬仪应满足的几何条件</h2>

　　经纬仪上的几条主要轴线如图 3-18 所示,VV 为仪器旋转轴,亦称竖轴或纵轴;LL 为照准部水准管轴;HH 为望远镜横轴,也叫望远镜旋转轴;CC 为望远镜视准轴。

　　根据测角原理,为了能精确地测量出水平角,经纬仪应满足的要求是:仪器的水平度盘必须水平,竖轴必须能铅垂地安置在角度的顶点上,望远镜绕横轴旋转时,视准轴能扫出一个竖直面。此外,为了精确地测量竖直角,竖盘指标应处于正确位置。

　　一般情况下,仪器加工,装配时能保证水平度盘垂直于竖轴。因此,只要竖轴垂直,水平度盘也就处于水平位置。竖轴竖直是靠照准部水准管气泡居中来实现的,因此,照准部水准管轴应垂直于竖轴。此外,若视准轴能垂直于横轴,则视准轴绕横轴旋转将扫出一个平面,此时,若竖轴竖直,且横轴垂直于竖轴,则视准轴必定能扫出一个竖直面。另外,为了能在望远镜中检查目标是否竖直和测角时便于照准,还要求十字丝的竖丝应在垂直于横轴的平面内。

　　综上所述,经纬仪各轴线之间应满足下列几何条件:

　　(1) 照准部水准管轴垂直于仪器竖轴 ($LL \perp VV$);

　　(2) 十字丝的竖丝垂直于横轴;

　　(3) 望远镜视准轴垂直于横轴 ($CC \perp HH$);

　　(4) 横轴垂直于竖轴 ($HH \perp VV$);

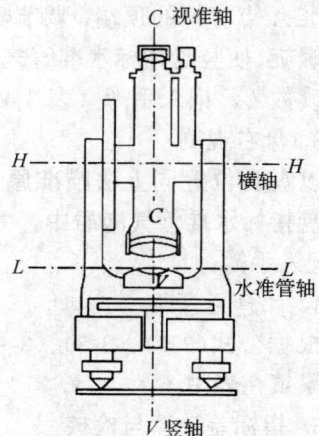

图 3-18

（5）竖盘指标应处于正确位置。

二、经纬仪检验与校正

上述这些条件在仪器出厂时一般是能满足精度要求的，但由于长期使用或受碰撞、震动等影响，可能发生变动。因此，要经常对仪器进行检验与校正。

1. 水准管轴垂直于竖轴的检验与校正

（1）检验　将仪器大致整平，转动照准部，使水准管平行于一对脚螺旋的连线，调节脚螺旋使水准管气泡居中，如图 3-19（a）。然后将照准部旋转 180°，若水准管气泡不居中，如图 3-19（b），则说明此条件不满足，应进行校正。

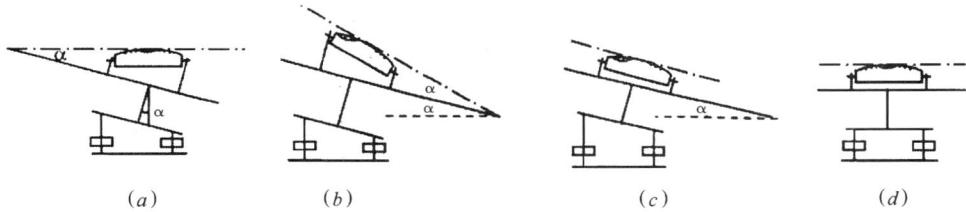

(a)　　　　　(b)　　　　　(c)　　　　　(d)

图 3-19

（2）校正　先用校正针拨动水准管校正螺丝，使气泡返回偏离值的一半，如图 3-19（c）所示，此时水准管轴与竖轴垂直。再旋转脚螺旋使气泡居中，使竖轴处于竖直位置，如图 3-19（d）所示，此时水准管轴水平并垂直于竖轴。

此项检验与校正应反复进行，直到照准部转动到任何位置，气泡偏离零点不超过半格为止。

2. 十字丝的竖丝垂直于横轴的检校

（1）检验　如图 3-20 所示，整平仪器后，用十字丝竖丝的任意一端，精确瞄准远处一清晰固定的目标点，然后固定照准部和望远镜，再慢慢转动望远镜微动螺旋，使望远镜上仰或下俯，若目标点始终在竖丝上移动，则说明此条件满足。否则，需进行校正。

（2）校正　旋下目镜分划板护盖，松开 4 个压环螺丝，慢慢转动十字丝分划板座。然后再作检验，待条件满足后再拧紧压环螺丝，旋上护盖。

3. 望远镜视准轴垂直于横轴的检校

望远镜视准轴不垂直于横轴所偏离的角度 C 称为视准轴误差。它是由于十字丝分划板平面左右移动，使十字丝交点位置不正确而产生的。有视准轴误差的望远镜绕横轴旋转时，视准轴扫出的面不是一个竖直平面，而是一个圆锥面。因此，当望远镜瞄准同一竖直面内不同高度的点，它们的水平度盘读数各不相同，从而产生测量水平角的误差。当目标的竖直角相同时，盘左观测与盘右观测中，此项误差大小相等，符号相反。利用这个规律进行检验与校正。

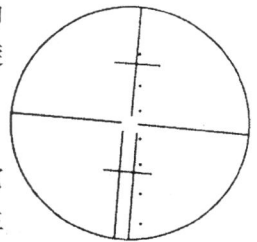

图 3-20

（1）检验　如图 3-21，在一平坦场地上，选择相距约 100m 的 A、B 两点，在 AB 的中点 O 安置经纬仪。在 A 点设置一观测目标，在 B 点横放一把有毫米分划的小尺，使其垂直于 OB，且与仪器大致同高。以盘左位置瞄准 A 点，固定照准部，倒转望远镜，在 B 点尺

49

上读数为 B_1；再以盘右位置瞄准 A 点，倒转望远镜在 B 尺上读数为 B_2。若 B_1、B_2 两点重合，则此项条件满足，否则需要校正。

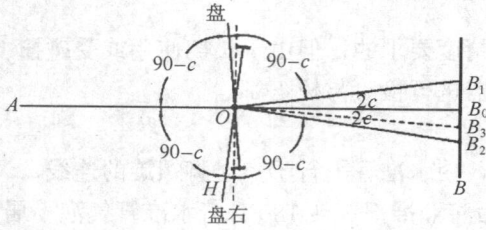

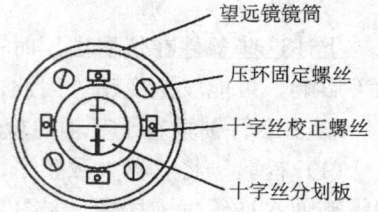

图 3-21

图 3-22

（2）校正　设视准轴误差为 C，在盘左位置时，视准轴 OA 与其延长线与 OB_1 之间的夹角为 $2C$。同理，OA 延长线与 OB_2 之间的夹角也是 $2C$，所以 $\angle B_1OB_2=4C$。校正时只需校正一个 C 角。在尺上定出 B_3 点，使 $B_3=B_1B_2/4$，此时 OB_3 垂直于横轴 OH。然后松开望远镜目镜端护盖，用校正针先稍微拨松上、下的十字丝校正螺丝后，拨动左右两个校正螺丝（图 3-22），一松一紧，左右移动十字丝分划板，使十字丝交点对准 B_3 点。

此项检验校正要反复进行。由于盘左、盘右观测时，视准轴误差为大小相等、方向相反，故取盘左和盘右观测值的平均值，可以消除视准轴误差的影响。

两倍照准差 $2C$ 可用来检查测角质量，如果观测中 $2C$ 变动较大，则可能是视准轴在观测过程中发生变化或观测误差太大。为了保证测角精度，$2C$ 的变化值不能超过一定限度，如表 3-2 所示规定，用 DJ$_6$ 级光学经纬仪测量水平角一测回，其 $2C$ 变动范围不能超过 30″。

4. 横轴垂直于竖轴的检验与校正

横轴不垂直于竖轴所产生的偏差角值，称为横轴误差。产生横轴误差的原因，是由于横轴两端在支架上不等高。由于有横轴误差，望远镜绕横轴旋转时，视准轴扫出的面将是一倾斜面，而不是竖直面。因此，在瞄准同一竖直面内高度不同的目标时，将会得到不同的水平度盘读数，从而影响测角精度。

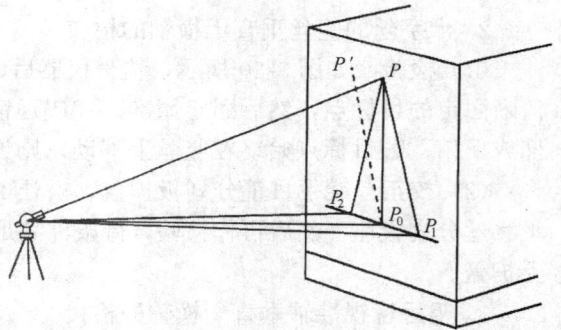

（1）检验　如图 3-23，在距一垂直墙面 20～30m 处，安置好经纬仪。以盘左位置瞄准墙上高处的 P 点，（仰角宜大于 30″），固

图 3-23

定照准部，然后将望远镜大致放平，根据十字丝交点在墙上定出 P_1 点。倒转望远镜成盘右位置，瞄准原目标 P 点后，再将望远镜放平，在 P_1 点同样高度上定出 P_2 点。如果 P_1 与 P_2 点重合，则仪器满足此几何条件，否则需要核正。

（2）校正　取 P_1、P_2 的中点 P_0，将十字丝交点对准 P_0 点，固定照准部，然后抬高望远镜至 P 点附近。此时十字丝交点偏离 P 点，而位于 P' 处。打开仪器没有竖盘一侧的盖板，拨动横轴一端的偏心轴承，使横轴的一端升高或降低，直至十字丝交点照准 P 点为止。最后把盖板合上。

对于近代质量较好的光学经纬仪，横轴是密封的，此项条件一般能够满足，使用时通常只作检验，若要校正，须由仪器检修人员进行。

由图 3-23 可知，当用盘左和盘右观测一目标时，横轴倾斜误差大小相等，方向相反。因此，同样可以采用盘左和盘右观测取平均值的方法，消除它对观测结果的影响。

5. 竖盘指标差的检校

(1) 检验　安置经纬仪，以盘左、盘右位置瞄准同一目标 P，分别调竖盘指标水准管气泡居中后，读取竖盘读数 L 和 R，然后按 (3-10) 式计算竖盘指标差 x。若 $x>40''$，说明存在指标差；当 $x>60''$ 时，则应进行校正。

(2) 校正　保持望远镜盘右位置瞄准目标 P 不变，计算盘右的正确读数 $R_0=R-x$，转动竖盘指标水准管微动螺旋使竖盘读数为 R_0，此时竖盘指标水准管气泡必定不居中。用校正针拨动竖盘指标水准管一端的校正螺丝，使气泡居中即可。

此项校正需反复进行，直至指标差 x 的绝对值小于 $30''$ 为止。

第七节　水平角测量误差与注意事项

在水平角测量中影响测角精度的因素很多，主要有仪器误差、观测误差以及外界条件的影响。

一、仪　器　误　差

仪器误差的来源主要有两个方面：一是由于仪器加工装配不完善而引起的误差，如度盘刻划误差、度盘中心和照准部旋转中心不重合而引起的度盘偏心误差等。这些误差不能通过检校来消除或减小，只能用适当的观测方法予以消除或减弱。如度盘刻划误差，可通过在不同的度盘位置测角来减小它的影响。度盘偏心误差可采用盘左、盘右观测取平均值的方法来消除或减弱。

二是由于仪器检校不完善而引起的误差，如视准轴不完全垂直于横轴，横轴不完全垂直于竖轴等。这些误差经检校后的残余误差影响，可采用盘左、盘右观测取平均值的方法予以消除或减弱。

二、观　测　误　差

1. 仪器对中误差

仪器存在对中误差时，仪器中心偏离目标的距离称为偏心距。对中误差使正确角值与实测角值之间存在误差。测角误差与偏心距成正比，即偏心距愈大，误差愈大；与测站到测点的距离成反比，即距离愈短，误差愈大。因此在进行水平角观测时，为保证测角精度，仪器对中误差不应超出相应规范的规定，特别是当测站到测点的距离较短时，更要严格对中。

2. 仪器整平误差

仪器整平误差是指安置仪器时没有将其严格整平，或在观测中照准部水准管气泡中心偏离零点，以致仪器竖轴不竖直，从而引起横轴倾斜的误差。整平误差是不能用观测方法消除其影响的，因此，在观测过程中，若发现水准管气泡偏离零点在一格以上，通常应在下一测回开始之前重新整平仪器。

整平误差与观测目标的竖直角有关,当观测目标的竖直角很小时,整平误差对测角的影响较小;随着竖直角增大,尤其当目标间的高差较大时,其影响亦随之增大。因此,在山区进行水平角测量时,更要注意仪器的整平。

3. 目标偏心误差

测量水平角时,所瞄准的目标偏斜或目标没有准确安放在地面标志中心,因而产生目标偏心误差,偏差的大小称为偏心距,它对水平角的影响与仪器对中误差类似,即误差与目标偏心距成正比,与边长成反比。因此,在测角时,应使观测目标中心和地面标志中心在一条铅垂线上。当用标杆作为观测目标时,应尽量瞄准标杆的底部。

4. 照准误差

影响望远镜照准精度的因素主要有人眼的分辨能力,望远镜的放大倍率,目标的形状、大小、颜色以及大气的温度、透明度等。为了减弱照准误差的影响,除了选择合适的经纬仪测角外,还应尽量选择适宜的标志,有利的气候条件和合适的观测时间,在瞄准目标时必须仔细对光并消除视差。

5. 读数误差

读数误差主要取决于仪器的读数设备,同时也与照明情况和观测者的经验有关。DJ$_6$级光学经纬仪的读数误差,对于读数设备为单平板玻璃测微器的仪器,主要有估读和平分双指标线两项误差;若是分微尺测微器读数设备,则只有估读误差一项。一般认为 DJ$_6$ 级经纬仪的极限估读误差可以不超过分微尺最小格值的十分之一,即可以不超过 $6''$。如果反光镜进光情况不佳,读数显微镜调焦不恰当以及观测者的技术不熟练,则估读的极限误差会远远超过上述数值。为保证读数的准确,必须仔细调节读数显微镜目镜,使度盘与测微尺分划影像清晰;对小数的估读一定要细心;使用测微轮时,一定要使双指标线夹准度盘分划线。

三、外界条件的影响

外界条件的影响很多,如大风、松软的土质会影响仪器的稳定;大气透明度会影响照准精度;温度的变化会影响仪器的整平;受地面辐射热的影响,物像会跳动等等。在观测中完全避免这些影响是不可能的,只能选择有利的观测时间和条件,尽量避开不利因素,使其对观测的影响降低到最小程度。例如,安置仪器时要踩实三脚架腿;晴天观测时要撑伞,不让阳光直照仪器;观测视线应避免从建筑物旁、冒烟的烟囱上面和靠近水面的空间通过。这些地方都会因局部气温变化而使光线产生不规则的折光,使观测成果受到影响。

第八节 电子经纬仪简介

电子经纬仪是在光学经纬仪的基础上发展起来的新一代测角仪器,故仍然保留着许多光学经纬仪的特征。这种仪器采用的电子测角方法,不但可以消除人为影响,提高测量精度,更重要的是能使测角过程自动化,从而大大地减轻了测量工作的劳动强度,提高了工作效率。

一、电子经纬仪测角原理

电子测角仪器仍然采用度盘来进行测角,但电子测角的度盘不是在度盘上按某一个角度单位刻上刻划线,然后根据刻划线来读取角值,而是从特殊格式的度盘上取得电信号,根据电信号再转换成角度,并且自动地以数字方式输出,显示在显示器上或记录在贮存器,需要时可将贮存器中的信息输入到电子计算机内,实现自动数据处理。

电子测角度盘按取得电信号的方式不同,分为编码度盘和光栅度盘等。图 3-24(a)为编码度盘示意图,图 3-24(b)为光栅度盘示意图。

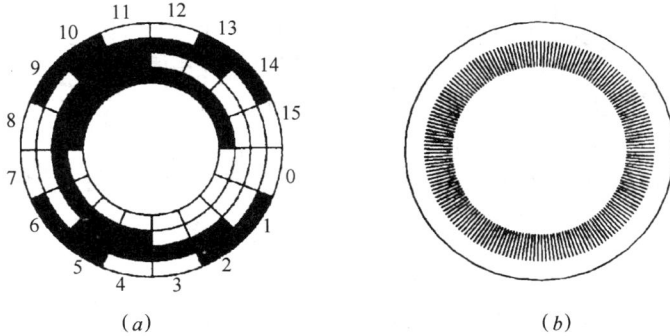

图 3-24

编码度盘为绝对式光电扫描度盘,即在编码度盘的每一个位置上都可以直接读出度、分、秒的数值。编码盘上透光和不透光的两种状态分别表示二进制的"0"和"1"。在编码盘的上方,沿径向在各条码道相应的位置上分别安装 4 个照明器,一般采用发光二极管作照明光源。同样,在码盘下方相应的位置上安装 4 个接收光电二极管作接收器。光源发出的光经过码盘,就产生了透光与不透光信号,被光电二极管接收。由此,光信号转变为电信号,4 位组合起来就是码盘某一径向的读数,再经过译码器,将二进制数转换成十进制数显示输出。测角时码盘不动,而发光管和接收管(统称传感器或读数头)随照准部转动,并可在任何位置读出码盘径向的二进制读数,并显示十进制读数。

光栅度盘上均匀地刻有许多一定间隔的细线。光栅的基本参数是刻线的密度和栅距(相邻两刻线之间的距离)。栅线为不透光区,缝隙为透光区,它们都对应一角度值。在光栅盘的上下对应位置上装有光源、指示光栅和接收器(光电二极管),称为读数头,可随照准部相对于光栅盘转动。由计数器累计读数头所转动的栅距数,从而求得所转动的角度值。因为光栅盘上没有绝对度数,只是累计移动光栅的条数计数,故称为增量式光栅度盘,其读数系统为增量式读数系统。

电子经纬仪内部不但装有自动扫描读数系统,还装有单片微处理机及竖轴倾斜补偿器等,可以更加完善地对轴系误差自动加以改正与补偿。在一般的电子经纬仪中都具有仪器误差自动改正的功能,不仅提高了仪器的精度,同时也简化了角度测量的作业步骤,减轻了劳动强度,节约了作业时间,这些正是电子经纬仪的优越性。目前一些较高精度的电子经纬仪都装有双轴液体补偿器,以补偿(自动改正)竖轴倾斜对水平角和竖直角的影响。精确的双轴液体补偿器,仪器整平到 3′ 范围以内时,其自动补偿精度可达 $0.1''$。

二、电子经纬仪的使用

下面以南方测绘仪器公司生产的 ET-02/05 电子经纬仪(图 3-25 所示)为例,介绍电子经纬仪的使用方法。

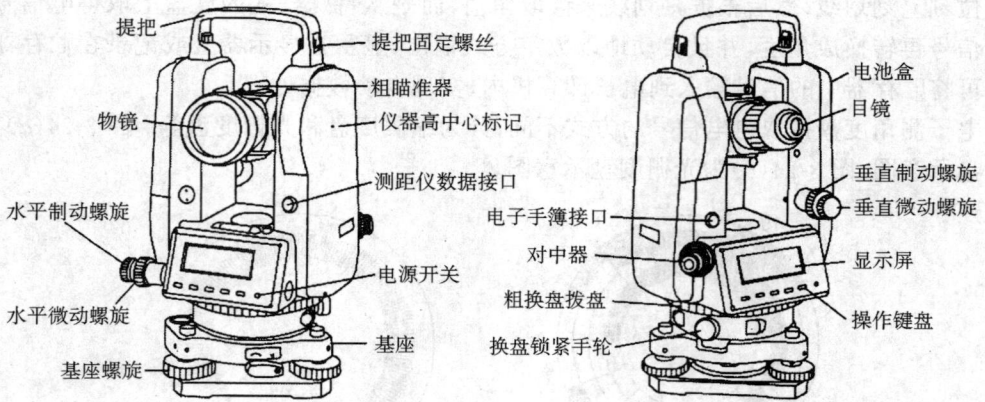

图 3-25

ET-02/05 电子经纬仪采用增量式光栅度盘读数系统,配有自动垂直补偿装置,最小读数为 $1''$,测角精度为 $2''$(ET-02 型)和 $5''$(ET-05 型)。ET-02/05 电子经纬仪上有数据输入和输出接口,可与光电测距仪和电子记录手簿连接。该仪器使用可充镍—氢电池,连续工作时间约 10h;望远镜十字丝和显示屏有照明光源,便于在黑暗环境中操作。

ET-02/05 电子经纬仪使用时,首先要对中整平,然后瞄准目标,最后在操作键盘上按测角键,显示角度的读数值。对中整平以及瞄准目标的操作方法与普通光学经纬仪完全一样,在此不再叙述,这里主要介绍操作键盘上各按键的功能与使用。

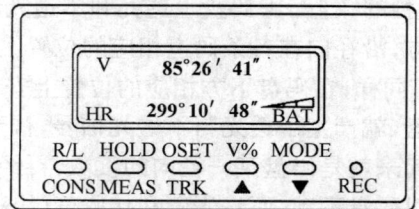

图 3-26

图 3-26 是 ET-02/05 电子经纬仪的操作键盘及显示屏。每个按键具有一键两用的双重功能,按键上方所标示的功能为第一功能,直接按此键时执行第一功能,当按下"MODE"键后再按此键时执行第二功能。下面分别介绍各功能键的作用:

"R/L"——显示右旋/左旋水平角选择键,连续按此键两种角值交替显示;

"CONS"——专项特种功能模式键;

"HOLD"——水平角锁定键。按此键两次,水平角锁定,再按一次则解除;

"MEAS"——测距键,按此键连续精确测距(在此无效)。

"0SET"——水平角置零键,按此键两次,水平角置零;

"TRK"——跟踪测距键,按此键每秒跟踪测距一次(在此无效)。

"V%"——竖直角和斜率百分比显示转换键。连续按键交替显示。

"▲"——增量键,在特种功能模式中按此键,显示屏中的光标可上下移动或数字向上增加。

"MODE"——测角、测距模式转换键。连续按键,仪器交替进入一种模式,分别执行键上或键下标示的功能。

"PWR"——电源开关键,按键开机;按键大于 2s 则关机。

在角度测量时,根据需要按键,即可方便地读取有关的角度数据,图 3-26 中显示屏的上方是竖直角读数,下方是水平角读数。必要时,还可把数据记录在电子手簿中,然后将电子手簿与计算机连接,把数据输入到计算机中进行处理。

思考题与习题

1. 何谓水平角?若某测站与两个不同高度的目标点位于同一竖直面内,那么测站与这两个目标构成的水平角是多少?

2. 经纬仪由哪几大部分组成?各有何作用?

3. DJ$_6$ 级光学经纬仪的分微尺型测微器与单平板玻璃型测微器的读数方法有何不同?

4. 观测水平角时,对中整平的目的是什么?试述经纬仪用光学对中器法对中整平的步骤与方法。

5. 观测水平角时,若测三个测回,各测回起始方向读数应是多少?

6. 何谓竖直角?如何推断经纬仪的竖直角计算公式?

7. 什么是竖盘指标差?观测竖直角时如何消除竖盘指标差的影响?

8. 整理表 3-5 所示的用测回法观测水平角的记录,并在备注栏内绘出测角示意图。

表 3-5

测 站	测 回	竖盘位置	目 标	水平度盘读数			半测回角值			一测回角值			各测回平均			备 注
				°	′	″	°	′	″	°	′	″	°	′	″	
A	1	盘左	1	0	12	00										
			2	91	45	30										
		盘右	1	180	11	24										
			2	271	45	12										
	2	盘左	1	90	11	48										
			2	181	44	54										
		盘右	1	270	12	12										
			2	1	45	18										

9. 完成表 3-6 所示的方向法观测水平角记录手簿的计算。并在备注栏内绘出测角示意图。

表 3-6

测站	测回	目标	水平度盘读数						2C	平均读数			归零后方向值			各测回归零后方向均值			备 注
			盘 左			盘 右													
			°	′	″	°	′	″	″	°	′	″	°	′	″	°	′	″	
A	1	B	0	02	36	180	02	12											
		C	37	44	18	217	44	06											
		D	110	29	06	290	28	54											
	2	B	90	03	12	270	03	24											
		C	127	45	36	307	45	24											
		D	200	30	24	20	30	06											

10. 整理表 3-7 所示的竖直角观测记录。

表 3-7

测 站	目 标	竖盘位置	竖盘读数			半测回竖直角			指标差		一测回竖直角			备 注
			°	′	″	°	′	″	′	″	°	′	″	
A	1	盘左	84	12	42									
		盘右	275	46	54									
A	2	盘左	115	21	06									
		盘右	244	38	48									

注：盘左望远镜水平时读数为 90°，望远镜抬高时读数减小。

11. 经纬仪上有哪些主要轴线？它们之间应满足什么条件？

12. 观测水平角时，为什么要用盘左、盘右观测？盘左、盘右观测是否能消除因竖轴倾斜引起的水平角测量误差？

13. 水平角观测时，应注意哪些事项？

14. 电子经纬仪的主要特点是什么？

第四章　距离测量与直线定向

　　距离测量是测量的基本工作之一。所谓距离，通常是指地面两点的连线铅垂投影到水平面上的长度，亦称水平距离，简称平距。地面上高程不同的两点的连线长度称为倾斜距离，简称斜距。测量时要注意把斜距换算为平距。如果不加特别说明，"距离"即指水平距离。距离测量的常用方法有：钢尺量距、视距测量和光电测距等。

　　直线定向是指确定地面两点铅垂投影到水平面上的连线的方向，一般用方位角表示直线的方向，直线定向也是测量中经常遇到的问题。本章先介绍距离测量的三种主要方法，然后介绍直线定向。

第一节　钢　尺　量　距

一、钢尺量距工具

　　钢尺量距用到的工具有钢尺、标杆、测钎及垂球等，有时还用到温度计和弹簧秤。

　　(1) 钢尺　指钢制带状尺，尺宽 10～15mm，厚约 0.4mm，长度有 20m、30m 和 50m等。钢尺卷放在圆形盒内的称为盒装钢卷尺，如图 4-1 (a)；卷放在金属架或塑料架内的称为摇把式钢卷尺，如图 4-1 (b)。钢尺的基本分划为厘米，在米和分米处有数字注记，零至 10cm 内有毫米刻划。有的钢尺整个尺长均有毫米刻划。钢尺由于变形小，精度较高，在测量中应用广泛。

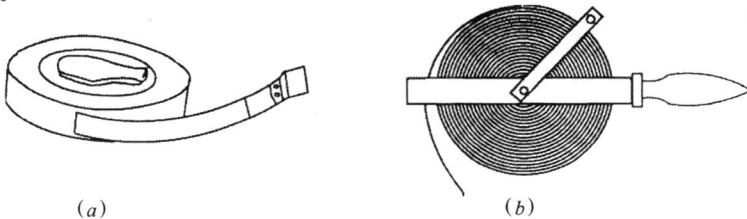

(a)　　　　　　　　　　　　　　(b)

图 4-1

　　钢尺按零点位置不同有端点尺和刻线尺之分。端点尺是以尺的最外端作为尺的零点，如图 4-2 (a)；刻线尺是在尺的起点一端的某位置刻一横线作为尺的零点，如图 4-2 (b) 所示。

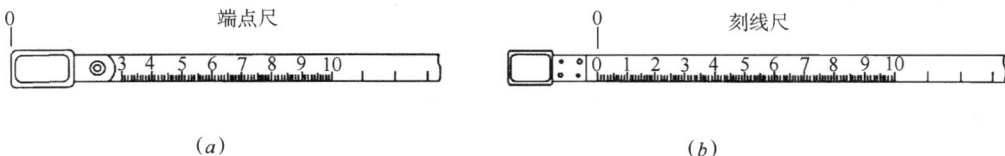

(a)　　　　　　　　　　　　　　(b)

图 4-2

量距时要十分注意钢尺零点位置，以免出错。

（2）标杆　又名花杆，直径约 3cm，长 2～3m，杆身用油漆涂成红白相间，每节 20cm，如图 4-3(a) 所示。在距离丈量中，标杆主要用于两标点间分段点的定线。

（3）测钎　由粗铁丝或细钢筋加工制成，长 30～40cm，一般 6 根或 11 根为一组，如图 4-3(b) 所示。测钎用于分段丈量时，标定每段尺端点位置和记录整尺段数。

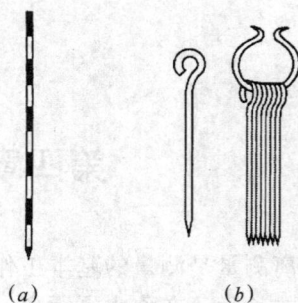

图 4-3

（4）垂球　用于在不平坦的地面直接量水平距离时，将平拉的钢尺端点投影到地面上。

（5）弹簧秤　用于对钢尺施加规定的拉力，避免因拉力太小或太大造成的量距误差。

（6）温度计　用于钢尺量距时测定温度，以便对钢尺长度进行温度改正，消除或减小因温度变化使尺长改变而造成的量距误差。

二、直 线 定 线

当地面两点间距离较远或起伏较大时，在距离丈量之前，需在地面两点连线的方向上定出若干分段点的位置，以便分段量取，这项工作称为直线定线。

1. 目估定线

在一般量距中，通常采用目估法定线。如图 4-4，A、B 为地面上待测距离的两个端点，现要在 AB 直线上定出几个分段点。先在 A、B 点各立一根花杆，甲在 A 点花杆后通过同一侧的 A、B 花杆边缘，指挥乙左右移动 1 点附近的花杆，直到 A、1、B 三杆在同一竖直面内时，定出 1 点；同法定出其他各分段点。定线也可与距离丈量同时进行。

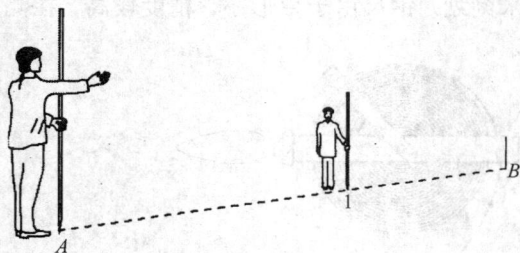

图 4-4

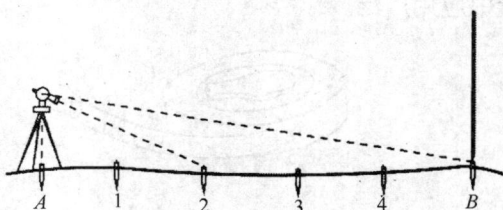

图 4-5

2. 经纬仪定线

当直线定线精度要求较高时，可用经纬仪定线。如图 4-5 所示，欲在 AB 线内精确定出 1、2 等点的位置。可由甲将经纬仪安置于 A 点，用望远镜照准 B 点，固定照准部制动螺旋。然后将望远镜向下俯视，用手势指挥乙移动标杆，当标杆与十字丝纵丝重合时，便在标杆的位置打下木桩，再根据十字丝在木桩上钉下铁钉，准确定出 1 点的位置。同理定出 2 点和其他各点的位置。

三、钢尺量距的一般方法

1. 平坦地面的距离丈量

在平坦地面上，可直接沿地面丈量水平距离。如图 4-6，欲测 A、B 两点之间的水平距

离 D，其丈量工作可由后尺手、前尺手两人进行。后尺手先在直线起点 A 插一测钎，并将钢尺零点一端放在 A 点。前尺手持钢尺末端和一束测钎沿 AB 线行至一尺段距离后停下。后尺手以手势指挥前尺手将钢尺拉在 AB 直线上，待钢尺拉平、拉紧、拉稳后，前尺手喊"预备"，后尺手将钢尺零点对准 A 点后说"好"，前尺手立即将测钎对准钢尺末端分划插入地下，得第一尺段距离。后尺手拔出 A 点测钎，二人持尺前进，待后尺手到达 1 点时，再用同样方法丈量第二段后，后尺手又拔出 1 点测钎同法继续丈量。每量完一段，后尺手增加一根测钎，因此，后尺手手中的测钎数为所量整尺段数。最后不足一整尺段的长度称为余长，用 q 表示，则 A、B 两点间的水平距离 D 为：

$$D = n \cdot l + q \tag{4-1}$$

式中，n 为整尺段数，l 为钢尺长度。如测量场地为硬地面，可在分段点上用笔或油漆作记号，此时要注意记录整尺段数。

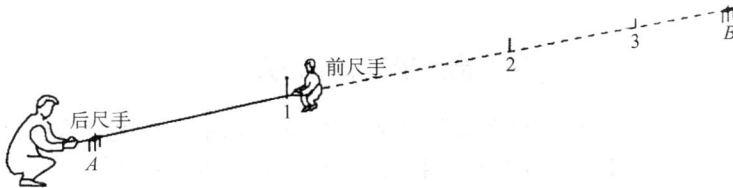

图 4-6

为了检核丈量错误和提高成果精度，通常采用往返丈量进行比较，符合精度要求时，取往返丈量平均值作为丈量结果。即

$$D = \frac{1}{2}(D_{往} + D_{返}) \tag{4-2}$$

距离丈量的精度，一般用相对误差 K 表示：

$$K = \frac{|D_{往} - D_{返}|}{D} \tag{4-3}$$

相对误差通常化为分子为 1 的分式。如丈量某直线，$D_{往} = 248.12$m，$D_{返} = 248.18$m，则

$$K = \frac{|248.12 - 248.18|}{248.15} \approx \frac{1}{4100}$$

相对误差分母愈大，则量距精度愈高。平坦地面钢尺量距精度不应低于 1/3000，困难地区不低于 1/2000。

2. 倾斜地面量距

(1) 平量法 当地势不平坦但起伏不大时，为了直接量取 A、B 两点间的水平距离，可目估拉钢尺水平，由高处往低处丈量两次。如图 4-7，甲在 A 点指挥乙将钢尺拉在 AB 线上，甲将钢尺零点对准 A 点，乙将钢尺抬高，并目估使钢尺水平，然后用垂球线紧贴钢尺上某一整刻划线，将垂球尖投入地面上，用测钎插在垂球尖所指的 1 点处，此时尺上垂球线对应读数即为 A-1 的水平距离 d_1，同法丈量其余各段，直至 B 点。则有

$$D = \Sigma d \tag{4-4}$$

用同样的方法对该段进行两次丈量，若符合精度要求，则取其平均值作为最后结果。

(2) 斜量法 如图 4-8，当地面倾斜坡度较大时，可用钢尺量出 AB 的斜距 L，然后用

水准测量或其他方法测出 A、B 两点的高差 h，则

$$D = \sqrt{L^2 - h^2}$$ (4-5)

斜量法也需测量两次，符合精度要求时，取平均值作为最后结果。

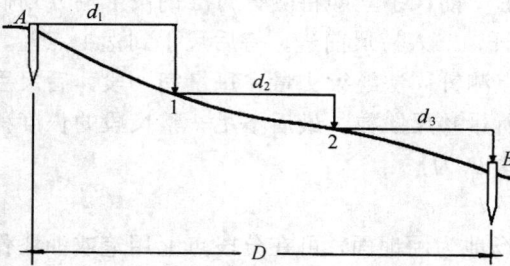
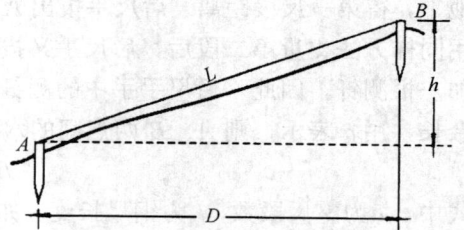

图 4-7 　　　　　　　　　　　　　　　　图 4-8

四、钢尺量距的精密方法

钢尺量距的一般方法，精度最多只能达到 1/5000。当量距精度要求较高时，例如：要求量距精度达到 1/10000 以上，则应采用精密量距方法，并对有关误差进行改正。

（一）钢尺检定

钢尺由于材料质量、制造误差、长期使用的变形以及丈量时温度和拉力不同的影响，其实际长度一般不等于名义长度。因此，量距前对钢尺进行检定，求得钢尺在标准温度（20℃）和标准拉力（30m 钢尺的标准拉力为 100N，50m 钢尺为 150N）下的实际长度，以及尺长随温度变化的膨胀系数，以便对所量距离进行改正。钢尺检定后可得到尺长方程式，其一般形式为：

$$l_t = l_0 + \Delta l + \alpha l_0 (t - t_0)$$ (4-6)

式中　l_t——钢尺在温度 t℃时的长度；

　　　l_0——钢尺名义长度；

　　　Δl——钢尺尺长改正数；

　　　α——钢尺膨胀系数；

　　　t_0——钢尺检定时的温度；

　　　t——钢尺量距时的温度。

钢尺检定的方法主要有两种：

1. 与标准尺进行比较

利用一根检定过的已知尺长方程式的钢尺作为标准尺，将被检定钢尺与它进行比较。检定时，将标准钢尺和被检定钢尺并排放在平坦地面上。在每根钢尺的起始端加上规定拉力，将两钢尺末端刻划比齐，在零分划端读出两尺的差数，读记此时温度，则可求出被检定钢尺尺长方程式。检定时最好在阴天或荫凉地方进行，以便保持温度基本不变。

例如设某标准钢尺的尺长方程式为

$$l = 30 - 0.006 + 0.000012 \times 30 (t - 20℃) \text{m}$$

被检定钢尺为 30m，钢尺膨胀系数与标准钢尺相同，比长时温度为 t℃，当两钢尺末端对齐，并施加标准拉力后，标准钢尺零刻划线对准被检钢尺 0.005m 处，即被检钢尺比标准

钢尺长 0.005m，则被检钢尺的尺长改正数为

$$\Delta l = -0.006 + 0.005 = -0.001 \text{m}$$

则被检钢尺的尺长方程式为

$$l = 30 - 0.001 + 0.000012 \times 30(t - 20℃) \text{m}$$

2. 利用两固定点已知长度检定钢尺

在平坦地面上选相距约 120m 的 A、B 两点，各埋设具有十字标志的混凝土桩，用已检定的标准钢尺或其他方法精密量出 AB 长度 D，作为检定钢尺的标准长度。

例如，设 AB 两标志间的标准长度 120.1224m，被检定钢尺名义长度为 30m，用此尺丈量 AB 两标志间距离为 120.1548m，检定时的温度为 13℃。则被检定钢尺的此时的尺长改正数为

$$\frac{120.1224 - 120.1548}{120.1548} \times 30 = -0.008 \text{m}$$

钢尺在标准温度下的尺长与检定温度下的尺长也不同，若已知被检定钢尺的膨胀系数为 0.000012，则尺长变化量为

$$0.000012 \times 30 \times (20 - 13) = 0.003 \text{m}$$

即钢尺在标准温度时的尺长改正数为

$$\Delta l = -0.008 + 0.003 = -0.005 \text{m}$$

则被检定钢尺的尺长方程式为

$$l = 30 - 0.005 + 0.000012 \times 30(t - 20℃) \text{m}$$

（二）精密量距

1. 定线

用钢尺进行精密量距，必须采用经纬仪进行定线，如图 4-9，在分段点打下木桩，桩顶高出地面 3～5cm。桩顶上沿经纬仪所定 AB 方向刻一直线，并作该直线垂线，其交点即为分段点点位标志。

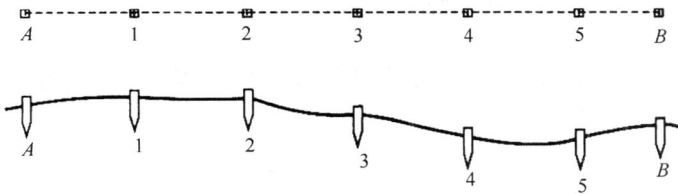

图 4-9

2. 量距

量距组由五人组成。用检定过的钢尺分段丈量相邻桩点之间的斜距。其中两人拉尺，两人读数，一人记录和读温度。

丈量时，拉伸钢尺置于相邻两木桩顶上，并使钢尺有刻划线的一侧贴靠点位标志。后尺手将弹簧秤挂在钢尺的零端，以便施加标准拉力。钢尺拉紧后，前尺手以钢尺某一整分划对准十字线交点，发出读数口令"预备"，后尺手回答"好"时，两端读尺员同时在十字丝交点处读取读数，估读到 0.5mm，记入表 4-1 所示的手簿。

精密量距记录计算表 表 4-1

钢尺号码：98012　　　尺长方程式：$l=50-0.016+0.000012\times50\,(t-20℃)$ m　　　标准拉力：150N（15kg）

读数者：　　　　　　　　　记录计算者：　　　　　　　　日期：

尺段编号	读数次数	前尺读数（m）	后尺读数（m）	尺段长度（m）	温度（℃）	高差（m）	尺长改正数（mm）	温度改正数（mm）	倾斜改正数（mm）	改正后尺段长（m）
P～1	1	49.9360	0.0700	49.8660	28.8	−0.328	−16.0	5.3	−1.1	49.8534
	2	400	755	645						
	3	500	850	650						
	平均			49.8652						
1～2	1	49.9230	0.0175	49.9055	30.6	−0.694	−16.0	6.3	−4.8	49.8912
	2	300	250	050						
	3	380	315	065						
	平均			49.9057						
2～Q	1	38.9750	0.0750	38.9000	30.5	+0.386	−12.4	4.9	−1.9	38.8901
	2	540	545	8995						
	3	800	810	8990						
	平均			38.8995						
总和										138.6047

往前或往后移动钢尺 2～3cm 后再次丈量，每尺段应丈量三次，三次丈量结果的较差视不同要求而定，一般不得超过 2～3mm。符合精度要求后，取其平均值作为此尺段观测成果。每尺段读一次温度，估读到 0.5℃。同法量取其余各尺段。从起点丈量到终点，作为往测；从终点原路丈量至起点，作为返测，一般至少应往返测各一次。

3. 测量桩顶高差

丈量所得距离是相邻两桩顶间的倾斜距离，为将其改算成水平距离，用水准测量法往返测定各相邻桩顶间的高差，若往返高差较差在 ±10mm 内，取其平均值作为观测结果。

4. 成果计算

精密量距应先按尺段进行尺长改正、温度改正和倾斜改正，求出各段改正后的水平距离，然后计算直线全长。

（1）尺长改正

$$\Delta l_{d} = \frac{\Delta l}{l_{0}} \times l \tag{4-7}$$

式中　Δl_{d}——尺段的尺长改正数；

　　　l_{0}——钢尺名义长度；

　　　l——尺段的斜距。

例如，在表 4-1 中，$l_{0}=50$m，$\Delta l=-0.016$m，第一段（P～1）的 $l=49.8652$，则第一段的尺长改正数为：

$$\Delta l_{d} = \frac{-0.016}{50} \times 49.8652 = -0.016\text{m}$$

（2）温度改正

$$\Delta l_t = \alpha(t - t_0)l \qquad\qquad (4\text{-}8)$$

式中　Δl_t——尺段的温度改正数；

　　　t——为量距时的温度；

　　　α——钢尺膨胀系数；

　　　l——尺段的斜距。

例如，在表 4-1 中，$\alpha = 0.000012$，第一段（P～1）的 $l = 49.8652\text{m}$，$t = 28.8℃$，则第一段的温度改正数为：

$$\Delta l_t = 0.000012 \times (28.8 - 20) \times 49.8652 = 0.0053\text{m}$$

（3）倾斜改正

如图 4-10 所示，l、h 分别为两点间的斜距和高差，d 为水平距离，则倾斜改正数 Δl_h 为

$$\Delta l_h = -\frac{h^2}{2l} \qquad\qquad (4\text{-}9)$$

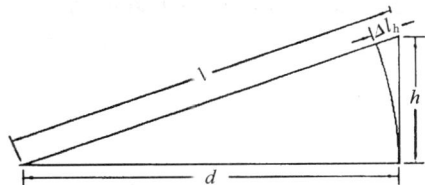

图 4-10

式中　Δl_h——尺段的倾斜改正数；

　　　h——该尺段的高差；

　　　l——尺段的斜距，公式推导从略。

例如，在表 4-1 中，第一段的 $l = 49.8652$，$h = -0.328\text{m}$，则第一段的高差改正数为：

$$\Delta l_h = -\frac{(-0.328)^2}{2 \times 49.8652} = -0.0011\text{m}$$

（4）求改正后的水平距离

$$d = l + \Delta l_d + \Delta l_t + \Delta l_h \qquad\qquad (4\text{-}10)$$

例如，在表 4—1 中，第一段改正后的水平距离为：

$$d = 49.8652 - 0.0160 + 0.0053 - 0.0011 = 49.8534\text{m}$$

（5）计算直线全长

计算各段改正后的水平距离后，将它们累加起来便可得到直线的全长。设往测总长为 $D_{往}$，返测总长为 $D_{返}$，则平均值 D 为：

$$D = \frac{1}{2}(D_{往} + D_{返}) \qquad\qquad (4\text{-}11)$$

其相对精度为：

$$K = \frac{|D_{往} - D_{返}|}{D} \qquad\qquad (4\text{-}12)$$

相对精度符合要求时，取其平均值作为最后成果；超过限差要求时，则重新测量。

五、钢尺量距注意事项

利用钢尺进行直线丈量时，产生误差的可能性很多，主要有：尺长误差、拉力误差、温度变化的误差、尺身不水平的误差、直线定线误差、钢尺垂曲误差、对点误差、读数误差等等。因此，在量距时应按规定操作并注意检核。此外还应注意以下几个事项：

（1）钢尺须检定后才能使用，精度要求高时进行尺长改正和温度改正。

（2）量距时拉钢尺要既平又稳，拉力要符合要求，采用斜拉法时要进行倾斜改正。

（3）注意钢尺零刻划线位置，即是端点尺还是刻线尺，以免量错。

（4）读数应准确，记录要清晰，严禁涂改数据，要防止 6 与 9 误读、10 和 4 误听。

（5）钢尺在路面上丈量时，应防止人踩、车碾。钢尺卷结时不能硬拉，必须解除卷结后再拉，以免钢尺折断。

（6）量距结束后，用软布擦去钢尺上的泥土和水，涂上机油，以防止生锈。

第二节　视　距　测　量

视距测量是用经纬仪、水准仪等测量仪器的望远镜内的视距装置，根据几何光学和三角学原理，同时测定水平距离和高差的方法。这种方法操作简便、迅速，不受地面起伏的限制。虽然精度比较低（约 1/300），但可广泛应用于地形图碎部测量等精度要求不很高的场合。

一、视距测量原理

1. 视线水平时的水平距离与高差公式

（1）水平距离公式

如图 4-11 所示，在 A 点上安置经纬仪，B 点处竖立标尺，置望远镜视线水平，瞄准 B 点标尺，此时视线垂直于标尺。尺上 M、N 点成像在视距丝上的 m、n 处，MN 的长度可由上、下视距丝读数之差求得。上、下视距丝读数之差称为尺间隔。

在图 4-11 中，l 为尺间隔；p 为视距丝间

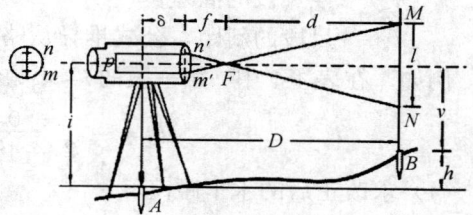

图 4-11

距；f 为物镜焦距；δ 为物镜至仪器中心的距离。由相似三角形 MNF 与 $m'n'F$ 可得

$$\frac{d}{l} = \frac{f}{p}$$

则

$$d = \frac{f}{p}l$$

由图看出

$$D = d + f + \delta$$

则

$$D = \frac{f}{p}l + f + \delta$$

令 $f/p = K$，$f + \delta = C$，则有

$$D = Kl + C$$

式中，K 为视距乘常数，C 为视距加常数。目前使用的内对光望远镜的视距常数，设计时已使 $K=100$，C 接近于零，故水平距离公式可写为：

$$D = Kl \tag{4-13}$$

（2）高差公式

在图 4-11 中，i 为地面标志到仪器望远镜中心线的高度，可用尺子量取；v 为十字丝中丝在标尺上的读数，称为瞄准高，h 为 A、B 两点间的高差。从图中可以看出高差公式为：

$$h = i - v \tag{4-14}$$

2. 视线倾斜时的水平距离和高差公式

（1）水平距离公式

当地面起伏较大或通视条件较差时，必须使视线倾斜才能读取尺间隔。这时视距尺仍是竖直的，但视线与尺面不垂直，如图 4-12 所示，因而不能直接应用上述视距公式。需根据竖直角 α 和三角函数进行换算。

由于图 4-12 中所示上下丝视线所夹的角度很小，可以将 $\angle GM'M$ 和 $\angle GN'N$ 近似地看成直角，并且可以证明 $\angle MGM'$ 和 $\angle NGN'$ 均等于 α，则可以进行下列推导：

$$M'N' = M'G + GN'$$
$$= MG\cos\alpha + GN\cos\alpha$$
$$= MN\cos\alpha$$

即

$$l' = l\cos\alpha$$

代入式（4-13）可推出斜距为

$$L = Kl\cos\alpha$$

再将斜距化算为水平距离得公式：

$$D = Kl\cos^2\alpha \qquad (4-15)$$

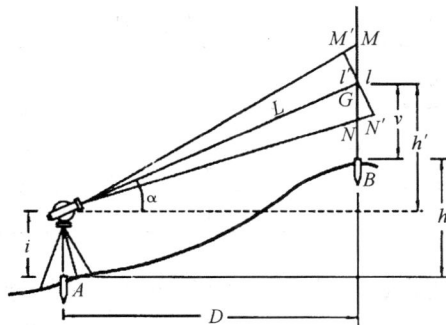

图 4-12

式中，D 为水平距离，K 为常数（100），l 为视距间隔，α 为竖直角。

（2）高差公式

由图 4-12 可以看出，A、B 两点的高差 h 为

$$h = h' + i - v$$

式中 h' 为初算高差，由图中可以看出

$$h' = D \cdot \text{tg}a$$

故得高差计算公式为

$$h = D \cdot \text{tg}a + i - v \qquad (4-16)$$

二、视距测量的观测与计算

欲测定 A、B 两点间的平距和高差，已知 A 点高程求 B 点高程。观测和计算步骤如下：

1. 安置经纬仪于测站 A 点上，对中、整平、量取仪器高 i，置望远镜于盘左位置。

2. 瞄准立于测点上的标尺，读取下、上丝读数（读到毫米）求出视距间隔 l，或将上丝瞄准某整分米处下丝直接读出视距 Kl 之值。

3. 调竖盘指标水准管气泡居中，读取标尺上的中丝读数 v（读到毫米）和竖盘读数 L（读到分）。

4. 计算

（1）尺间隔　$l = $ 下丝读数 $-$ 上丝读数

（2）视距　$Kl = 100l$

（3）竖直角　$\alpha = 90° - L$

（4）水平距离　$D = Kl\cos^2\alpha$

（5）高差　$h = D \cdot \text{tg}\alpha + i - v$

（6）测点高程　$H_B = H_A + h$

以上各项，可用电子计算器计算，当在一个测站上观测多个点的距离和高程时，可列表（见表 4-2）记录读数和计算结果。

【例】 表 4-2 中，测站 A 点的高程为 $H_A=312.673m$，仪器高 $i=1.46m$，1 点的上、下丝读数分别为 2.317m 和 2.643m，中丝读数 $v=2.48m$，竖盘读数 $L=87°42'$，求 1 点的水平距离和高程。

视 距 测 量 手 簿

表 4-2

测站：A　　　　　　测站高程：312.673m　　　　　　仪器高：1.46m

点 号	视距（Kl）(m)	中丝读数 (m)	竖盘读数	竖直角	水平距离 (m)	高 差 (m)	高 程 (m)	备 注
1	32.6	2.48	87°42′	2°18′	32.5	0.28	312.953	
2	58.7	1.69	96°15′	−6°15′	58.0	−6.58	306.093	
3	89.4	2.17	88°51′	1°09′	89.4	1.08	313.753	

【解】 根据上述计算方法，具体计算过程如下：

尺间隔　$l=2.643-2.317=0.326m$

视距　$Kl=100×0.326=32.6m$

竖直角　$α=90°-87°42'=2°18'$

水平距离　$D=32.6×\cos^2 2°18'=32.5m$

高差　$h=32.5×\mathrm{tg}2°18'+1.46-2.48=0.28m$

测点高程　$H_1=312.673+0.28=312.953m$

三、视距测量误差及注意事项

1. 读数误差

由于人眼分辨力和望远镜放大率的限制，再加上视距丝本身具有一定宽度，它将遮盖尺上分划的一部分，因此会有估读误差。它使尺间隔 l 产生误差，该误差与距离远近成正比。由视距公式可知，如果尺间隔有 1mm 误差，将使视距产生 0.1m 误差。因此，有关测量规范对视线长度有限制要求。另外，由上丝对准整分米数，由下丝直接读出视距间隔可减小读数误差。

2. 视距乘常数 K 的误差

由于温度变化，改变了物镜焦距和视距丝的间隔，因此乘常数 K 不完全等于 100。通过测定求出 K，若 K 值在 $100±0.1$ 时，便可视其为 100。

3. 视距尺倾斜误差

视距尺倾斜对水平距离的影响较大，当视线倾角大时，影响更大，因此在山区观测时此项误差较严重。为减少此项误差影响，应在尺上安置水准器，严格使尺竖直。

4. 外界条件影响

主要是垂直折光影响，由于大气密度不均匀，越靠近地面，密度越大。视线越靠近地面，其受到的垂直折光影响越大，且上、下丝受到的影响不同。其次是空气对流使视距尺成像不清晰稳定。这种影响也是视线接近地面时较为明显，在烈日暴晒下尤为突出。一般要求在烈日下作业时，应使视线高出地面 1m 以上。

第三节　光电测距仪简介

光电测距仪是以光电波作为载波的精密测距仪器。在其测程范围内，能测量任何可通视两点间的距离，如高山之间，大河两岸。与传统的钢尺量距相比，具有精度高、速度快、灵活方便、受气候和地形影响小等特点，是目前精密量距的主要方法。

光电测距仪按其测程可分为短程光电测距仪（3km以内）、中程光电测距仪（3～15km）和远程光电测距仪（大于15km）；按其采用的光源可分为激光测距仪和红外光测距仪等。本节以普通测量工作中广泛应用的短程红外光电测距仪为例，介绍光电测距仪的工作原理和测距方法。

一、光　电　测　距　原　理

如图4-13，欲测定 A、B 两点间的距离 D，在 A 点安置能发射和接收光波的光电测距仪，B 点安置反射棱镜，光电测距的基本原理是：测定光波在待测距离两端点间往返传播一次的时间 t，根据光波在大气中的传播速度 c，按下式计算距离 D：

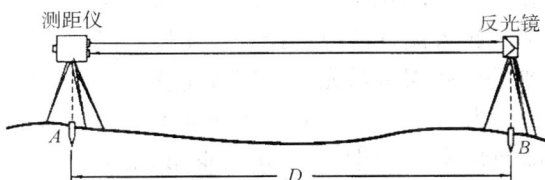

图 4-13

$$D = \frac{1}{2}ct \tag{4-17}$$

光电测距仪根据测定时间 t 的方式，分为直接测定时间的脉冲测距法和间接测定时间的相位测距法。高精度的短程测距仪，一般采用相位测距法，即直接测定测距信号的发射波与回波之间的相位差，间接测得传播时间 t，按式（4-17）求出距离 D。

相位测距法的大致工作过程是：给光源（如砷化镓发光二极管）注入频率为 f 的高频交变电流，使光源发出光的光强成为按同样频率变化的调制光，这种光射向测线另一端，经棱镜反射后原路返回，被接收器接收。由相位计将发射信号与接收信号进行相位比较，获得调制光在测线上往返传播引起的相位差 φ，从而求出传播时间 t。为说明方便，将棱镜返回的光波沿测线方向展开，如图4-14。

由物理学可知，调制光在传播过程中产生的相位差 φ 等于调制光的角频率 ω 乘以传播时间 t，即 $\varphi = \omega t$，又因 $\omega = 2\pi f$，则传播时间为：

$$t = \frac{\varphi}{\omega} = \frac{\varphi}{2\pi f}$$

由图4-14还可看出：

$$\varphi = N \cdot 2\pi + \Delta\varphi = 2\pi(N + \Delta N)$$

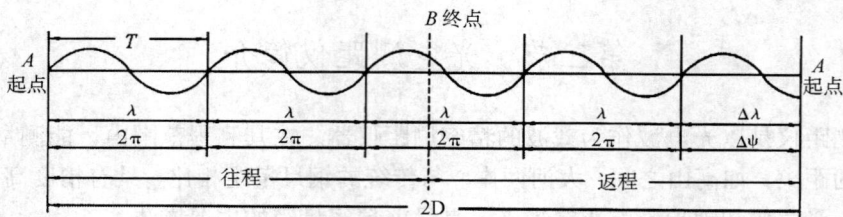

图 4-14

式中，N 为零或正整数，表示相位差中的整周期数；$\Delta N = \Delta \varphi / 2\pi$ 为不足整周期的相位差尾数。将上列各式整理得

$$D = u(N + \Delta N) \qquad (4\text{-}18)$$

式中，$u = c/2f = \lambda/2$，λ 为调制光波长。

式 (4-18) 为相位法测距基本公式。将此式与钢尺量距公式 (4-1) 比较，若把 u 当作整尺长，则 N 为整尺数，$u \cdot \Delta N$ 为余长，所以，相位法测距相当于用"光尺"代替钢尺量距，而 u 为光尺长度。

相位式测距仪中，相位计只能测出相位差的尾数 ΔN，测不出整周期数 N，因此对大于光尺的距离无法测定。为了扩大测程，应选择较长光尺。但由于仪器存在测相误差，一般为 1/1000，测相误差带来的测距误差与光尺长度成正比，光尺愈长，测距精度愈低，例如：1000m 的光尺，其测距精度为 1m。为了解决扩大测程与保证精度的矛盾，短程测距仪上一般采用两个调制频率，即两种光尺。例如：$f_1 = 150\text{kHz}$，$u = 1000\text{m}$（称为粗尺），用于扩大测程，测定百米、十米和米；$f_2 = 15\text{MHz}$，$u = 10\text{m}$（称为精尺）用于保证精度，测定米、分米、厘米和毫米。这两种尺联合使用，可以准确到毫米的精度测定 1km 以内的距离。

二、光电测距仪的使用方法

下面以常州大地测距仪厂生产的 D2000 短程红外光测距仪为例，介绍光电测距仪的结构与使用方法。其他型号的光电测距仪的结构与使用方法与此大致相同，具体可参见各仪器的使用说明书。

1. 仪器结构

D2000 型短程红外测距仪如图 4-15，主机通过连接器安置在经纬仪上部，经纬仪可以是普通光学经纬仪，也可以是电子经纬仪。利用光轴调节螺旋，可使主机的发射—接收器光轴与经纬仪视准轴位于同一竖直面内，且主机照准棱镜中心时的光轴与经纬仪照准觇板中心时的视准轴相互平行。

配合主机测距的反射棱镜如图 4-16 所示，根据距离远近，可选用单棱镜（1500m 内）或三棱镜（2500m 内），棱镜安置在三脚架上，根据光学对中器和长水准管对中整平。为工作方便，有时也可用如图 4-17 所示的对中杆棱镜，对中杆与两条铝脚架一起构成简便三脚架系统，操作灵活方便。在精度要求不很高时，还可拆去其两条铝脚架，单独使用一根对中杆，携带更加方便。

2. 仪器主要技术指标及功能

D3000 红外测距仪的最大测程为 2500m，测距精度为 $\pm(5\text{mm} + 5 \times 10^{-6} \times D)$（其中 D

68

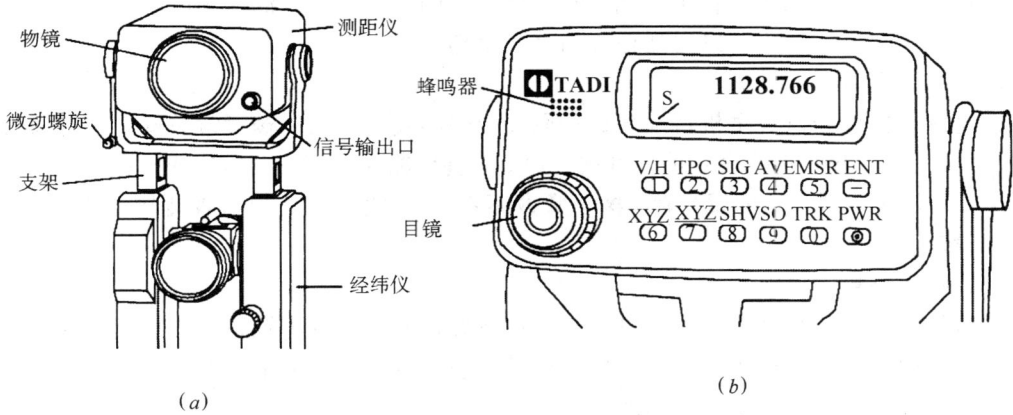

（a）

（b）

图 4-15

为测距）。最小读数 1mm；仪器设有自动光强调节装置，在复杂环境下测量时也可人工调整光强。可输入温度、气压和棱镜常数自动对结果进行改正；可输入竖直角自动计算出水平距离和高差；若输入测站坐标和高程，可自动计算观测点的坐标和高程。测距方式有正常测量和跟踪测量，其中正常测量所需时间为 3s，还能显示数次测量的平均值；跟踪测量所需时间为 0.8s，每隔一定时间间隔自动重复测距。

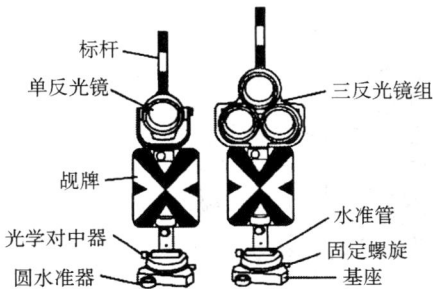

图 4-16

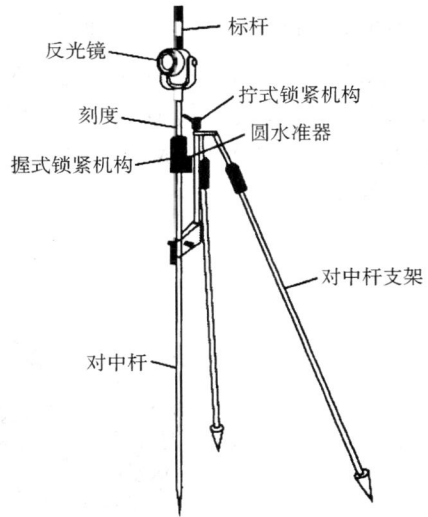

图 4-17

3. 仪器操作与使用

（1）安置仪器

先在测站上安置好经纬仪，对中整平，再将主机安置在经纬仪支架上，用连接器固定螺丝锁紧。在目标点安置反射棱镜，对中、整平，并使镜面朝向主机。

（2）观测竖直角、气温和气压

用经纬仪十字横丝照准觇板中心，读竖盘读数后求出竖直角。同时，观测和记录温度和气压计上的读数。观测竖直角、气温和气压，目的是对测距仪测量出的斜距进行倾斜改正、温度改正和气压改正，以得到正确的水平距离。

（3）测距准备

按电源开关键开机，主机自检并显示原设定的温度、气压和棱镜常数值，自检通过后将显示"good"。若修正原设定值，可按"TPC"键后输入温度、气压值或棱镜常数。一般情况下，只要使用同一类的反光镜，棱镜常数不变，而温度、气压每次观测均可能不同，需要重新设定。

（4）距离测量

调节经纬仪水平微动螺旋和主机竖向微动螺旋，使测距仪光轴精确瞄准反光镜。精确瞄准也可根据蜂鸣器声音的大小来判断，信号越强声音越大，上下左右微动测距仪，使蜂鸣器的声音最大，便完成了精确瞄准。

精确瞄准后，按"MSR"键，主机将测定并显示经温度、气压和棱镜常数改正后的斜距。根据观测的竖直角，通过倾斜改正计算（式4-9）可求得水平距离。斜距到平距的改算，也可在现场用测距仪进行，方法是：按"V/H"键后输入竖盘读数，再按"SHV"键显示水平距离。连续按"SHV"键可依次显示斜距、平距和高差。

D2000测距仪的其他功能、按键操作及使用注意事项，详见有关使用说明书。

三、手持式激光测距仪

近年来，随着光电技术的进一步发展，出现了更轻便的激光测距仪，可以持在手上进行距离测量，因此称为手持式激光测距仪。手持式激光测距仪的测程较短（约为100m），测距误差小于1cm，是替代钢尺进行短距离量距的理想产品，尤其适用于房屋测量。下面以日本索佳公司生产的MiNi Meter MM30R手持式激光测距仪为例，介绍这种仪器的结构、功能与使用方法。

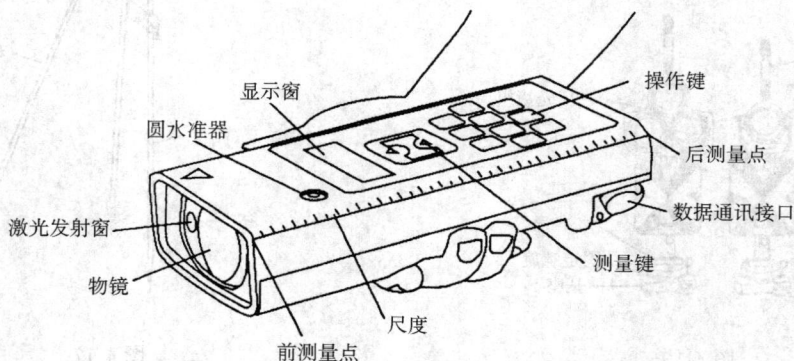

图 4-18

MiNi Meter MM30R手持式激光测距仪如图4-18所示，使用标牌作反光面时测程为100m，无标牌时测程为30m，测距精度指标为$\pm(5mm+5\times10^{-6}\times D)$，其中$D$为测距。仪器采用可见的红色激光进行测距，便于快速照准观测点位；仪器上还配有圆水准器，当水准器气泡居中时，所测距离即为水平距离；测量数据可记录于仪器的内存中，通过接口电缆可将仪器中的测量数据传输到计算机。

MiNi Meter MM30R 手持式激光测距仪使用内置式镍镉可充电电池，充足电后可测距约 850 次；在距离较远且能见度不高时，可连接专用的望远镜进行瞄准；为了提高测量时仪器的稳定性，必要时，仪器也可安置在摄像机或照相机的三脚架上使用。此外，该仪器还可根据所测距离，计算有关面积和体积。

为满足距离测量时不同情况的需要，仪器提供三个起点供选择：仪器的前端、末端和中部。手持时一般用前端或末端作起点，安置在三脚架时一般用中部作起点。使用时，将仪器的起点对准所测距离的起点，按面板（图 4-19）上的"ON"键，约 1s 后显示屏上出现"0"，表示可以开始距离测量。将红色光斑对准待测距离的终点，再按"ON"键开始距离测量，约 1s 后显示屏上显示出距离值。

图 4-19

测量时，若待测距离的终点是白色或灰白色的平滑物体表面，可不用标牌，但距离不能大于 30m；反之则应使用与仪器配套的标牌作反光面。标牌两面分别为白色和红色，白色面测程为 30m，红色面测程为 100m。按"ON"键测距时，若以前端为起点则按上方的"ON"键，若以末端为起点则按下方的"ON"键。如要测量水平距离，应使圆水准器气泡居中后再开始测距。

MiNi Meter MM30R 手持式激光测距仪其他功能的使用方法在此从略。

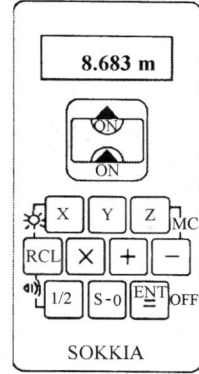

第四节 直 线 定 向

确定地面两点在平面上的相对位置，除了测定两点之间的距离外，还应确定两点所连直线的方向。一条直线的方向，是根据某一标准方向来确定的。确定直线与标准方向之间的关系，称为直线定向。

一、标 准 方 向

1. 真北方向

包含地球北南极的平面与地球表面的交线称为真子午线。过地面点的真子午线切线方向，指向北方的一端，称为该点的真北方向，如图 4-20（a）。真北方向用天文观测方法或陀螺经纬仪测定。

2. 磁北方向

包含地球磁北南极的平面与地球表面的交线称为磁子午线。过地面点的磁子午线切线方向，指向北方的一端称为该点的磁北方向，如图 4-20（a）。磁北方向用罗盘仪测定。

3. 坐标北方向

平面直角坐标系中，通过某点且平行于坐标纵轴（X 轴）的方向，指向北方的一端称为坐标北方向，如图 4-20（b）。高斯平面直角坐标系中的坐标纵轴，是高斯投影带中的中央子午线的平行线；独立平面直角坐标系中的坐标纵轴，可以由假定获得。

上述三种北方向的关系如图 4-20（c）所示。过一点的磁北方向与真北方向之间的夹角称为磁偏角，用 δ 表示；过一点的坐标北方向与真北方向之间的夹角称为子午线收敛角，用 γ 表示。磁北方向或坐标北方向偏在真北方向东侧时，δ 或 γ 为正；偏在真北方向西侧时，

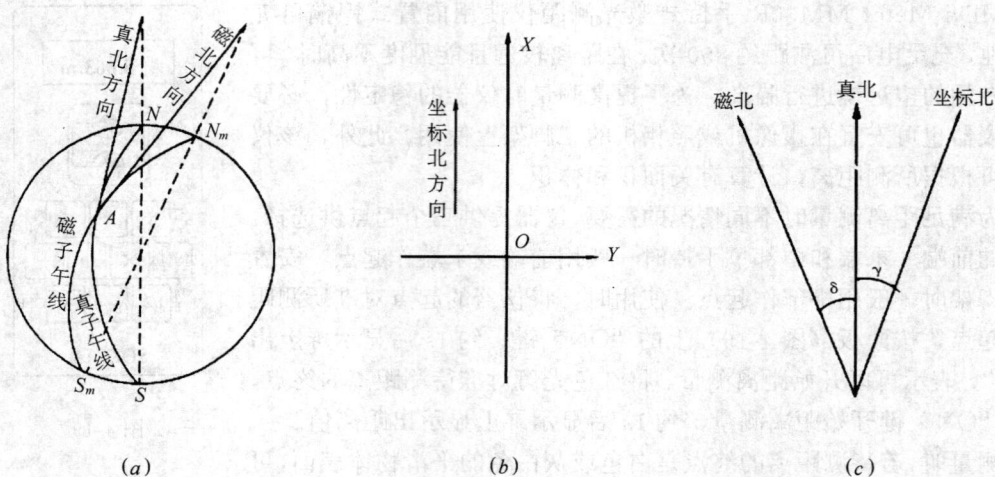

图 4-20

δ 或 γ 为负。

二、方位角的概念

测量工作中，主要用方位角表示直线的方向。由直线一端的标准方向顺时针旋转至该直线的水平夹角，称为该直线的方位角，其取值范围是 $0°\sim360°$。我国位于地球的北半球，选用真北、磁北和坐标北方向作为直线的标准方向，其对应的方位角分别被称为真方位角、磁方位角和坐标方位角。

用方位角表示一条直线的方向，因选用的标准方向不同，使得该直线有不同的方位角值。普通测量中最常用的是坐标方位角，用 α_{AB} 表示。直线是有向线段，下标中 A 表示直线的起点，B 表示直线的终点。如图 4-21 所示。

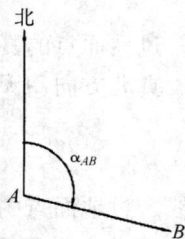

图 4-21

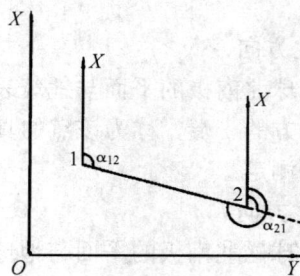

图 4-22

三、坐标方位角的计算

1. 正反坐标方位角

由图 4-22 可以看出，任意一条直线存在两个坐标方位角，它们之间相差 $180°$，即

$$\alpha_{21} = \alpha_{12} \pm 180° \tag{4-19}$$

如果把 α_{12} 称为正方位角，则 α_{21} 便称为其反方位角，反之也一样。在测量工作中，经常要计算某方位角的反方位角。有时为了计算方便，可将上式中的"±"号改为只取"+"号，即

$$\alpha_{21} = \alpha_{12} + 180° \qquad (4-20)$$

若此式计算出的反方位角 α_{21} 大于 $360°$，则将此值减去 $360°$ 作为 α_{21} 的最后结果。

2. 同始点直线坐标方位角的关系

如图 4-23 所示，若已知直线 AB 的坐标方位角，又观测了它与直线 $A1$、$A2$ 所夹的水平角分别为 β_1、β_2，由于方位角是顺时针方向增大，由图可知

$$\alpha_{A1} = \alpha_{AB} - \beta_1 \qquad (4-21)$$

$$\alpha_{A2} = \alpha_{AB} + \beta_2 \qquad (4-22)$$

3. 坐标方位角推算

实际工作中，为了得到多条直线的坐标方位角，把这些直线首尾相接，依次观测各接点处两条直线之间的转折角，若已知第一条直线的坐标方位角，便可根据上述两种算法依次推算出其他各条直线的坐标方位角。

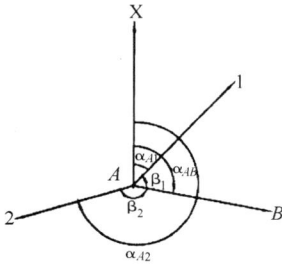

图 4-23

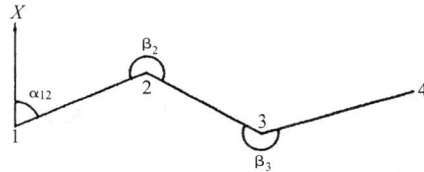

图 4-24

如图 4-24，已知直线 1-2 的坐标方位角为 α_{12}，2、3 点的水平转折角分别为 β_2 和 β_3，其中 β_2 在推算路线前进方向左侧，称为左角；β_3 在推算路线前进方向的右侧，称为右角。欲推算此路线上另两条直线的坐标方位角 α_{23}、α_{34}。

根据（4-20）式得

$$\alpha_{21} = \alpha_{12} + 180°$$

再由（4-22）式可得

$$\alpha_{23} = \alpha_{21} + \beta_2 = \alpha_{12} + \beta_2 + 180°$$

上式计算结果如大于 $360°$，则减 $360°$ 即可。

同理可由 α_{23} 和 β_3 计算直线 3-4 的坐标方位角：

$$\alpha_{34} = \alpha_{23} - \beta_3 + 180°$$

上式计算结果如为负值，则加 $360°$ 即可。

上述二个等式分别为推算 2-3 和 3-4 各直线边坐标方位角的递推公式。由以上推导过程可以得出坐标方位角推算的规律为：下一条边的坐标方位角等于上一条边坐标方位角加上或减去转折角（转折角为左角时加，转折角为右角时减），然后再加 $180°$，即：

$$a_下 = a_上 {+\beta(左) \atop -\beta(右)} + 180° \qquad (4-23)$$

若结果 $\geqslant 360°$，则再减 $360°$；若结果为负值，则再加 $360°$。

【例】 如图 4-25 所示，直线 AB 的坐标方位角为 $\alpha_{AB} = 36°18'42''$，转折角 $\beta_A =$

$47°06'36''$，$\beta_1=228°23'24''$，$\beta_2=217°56'54''$，求其他各边的坐标方位角。

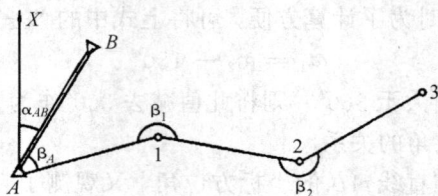

图 4-25

【解】   根据式（4-22）得：

$$\alpha_{A1} = \alpha_{AB} + \beta_A = 36°18'42'' + 47°06'36'' = 83°25'18''$$

根据式（4-23）得：

$$\begin{aligned}
\alpha_{12} &= \alpha_{A1} + \beta_1 + 180° \\
&= 83°25'18'' + 228°23'24'' + 180°(-360°) \\
&= 131°48'42'' \\
\alpha_{23} &= \alpha_{12} - \beta_2 + 180° \\
&= 131°48'42'' - 217°56'54'' + 180° \\
&= 93°51'48''
\end{aligned}$$

四、罗盘仪及磁方位角测定

由上述可知，对一组首尾相接的直线，若已知一条直线的坐标方位角，又观测了各接点处两条直线之间的转折角，便可依次推算出其他各条直线的坐标方位角。当测区附近没有已知坐标方位角的直线时，可用罗盘仪测定一条直线的磁方位角，近似地作为该组直线起始边的坐标方位角。下面介绍罗盘仪的构造和使用方法。

1. 罗盘仪

如图 4-26（a）所示，罗盘仪主要部件有：磁针、刻度盘、望远镜和三脚架等。

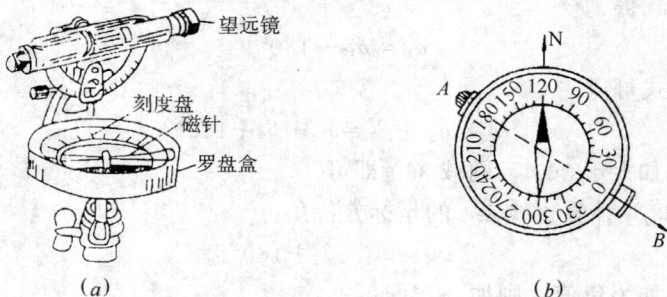

图 4-26

磁针   用人造磁铁制成，中心装有圆形球窝状玛瑙轴承。罗盘盒中心装有顶针，磁针轴承支在顶针上可自由旋转。为了减小顶针尖端的磨损，装置了杠杆和螺旋，不使用时旋转螺旋使杠杆将磁针升起，把磁针压在玻璃盖下固定，使它与顶针分离。由于磁力线的弯曲，会使磁针不水平，故在磁针南端装有可滑动的小铝块，通过调整其位置，可使磁针水平。

刻度盘　由铜或铝制成的圆环，按逆时针方向全圆周注记，最小分划为1°。采用这种注记方式，可以直接读出磁方位角。罗盘盒内有一圆水准器，用以显示仪器是否水平。

望远镜　罗盘仪的瞄准设备，与经纬仪的构造相同，只是尺寸要小些。在望远镜的支架上有一固定的竖直度盘，按竖直角方式注记，最小分划为1°，可以直接读出竖直角。望远镜上还装有一长水准管。

三脚架　由铝管制成，可伸缩，比较轻便。罗盘盒下有一万向轴承，罗盘仪与三脚架连接后，需用手握住罗盘盒，调整其位置使圆水准器气泡居中，以使罗盘仪整平。

由上述可见，罗盘仪的构造使它能测定磁方位角和竖直角，但测量结果精度较低。

2. 磁方位角测定

先将罗盘仪装在三脚架上，将仪器安置在直线起点进行对中和整平，旋松螺旋使磁针下放。转动仪器用望远镜瞄准直线另一端的标志，待磁针静止后，从磁针北端读取磁方位角，如图4-26（b）所示。

罗盘仪使用时不得与铁、磁性质的物质接近；否则，将影响读数的正确性。测量结束后。须旋紧螺旋使磁针升起，以保护顶针不受磨损。

在没有罗盘仪且定向精度要求不高时，可用普通方型指南针配合经纬仪测定直线的方位角。先在直线的一端安置经纬仪，对中整平；再将指南针上与南北向平行的一侧，水平地贴靠在经纬仪支架的侧面上，慢慢转动照准部，当指南针的北端指向零点时，固定照准部，将经纬仪的水平度盘读数配到0°；然后瞄准直线的另一个端点，读取水平度盘读数，此读数即为该直线的磁方位角。

思考题与习题

1. 影响钢尺量距精度的因素有哪些？如何提高钢尺量距精度？

2. 若钢尺实际长度比名义长度短，用此钢尺量距，其结果是使距离观测值增大还是减小？

3. 用钢尺量得 AB、CD 两段距离为：$D_{AB往}$＝126.885m，$D_{AB返}$＝126.837m，$D_{CD往}$＝204.576m，$D_{CD返}$＝204.624m。这两段距离的相对误差各为多少？哪段精度高？

4. 某钢尺名义长度为30m，膨胀系数为0.000015，在100N 拉力、20℃ 温度时的长度为29.986m。现用该尺在16℃ 温度时量得 A、B 两点的倾斜距离为29.987m，A、B 两点高差为0.66m，求 AB 的水平距离。

5. 设有尺长方程式为 $l=30+0.004+0.000012×30$（$t-20$℃）m 的标准钢尺，现将名义长度为30m 的1号钢尺在16℃ 温度下与标准钢尺比长检定，其结果为1号钢尺比标准钢尺长0.005m，求1号尺20℃ 时的尺长方程式。

6. 什么是视距测量？观测时应读取哪些读数？

7. 设竖角计算公式为 $α=90°-L$，试计算表4-3中视距测量各栏数据。

测站：B　　　　　测站高程：82.893m　　　　　仪器高：1.42m　　　　　表4-3

点号	视距（Kl）（m）	中丝读数（m）	竖盘读数	竖直角	水平距离（m）	高差（m）	高程（m）	备注
1	48.8	3.84	85°12′					
2	32.7	0.89	99°45′					
3	86.4	2.23	78°41′					

8. 光电测距仪有什么特点？

9. 标准方向有哪几种？表示直线的方向的方位角有哪几种？

10. 如图 4-27 所示，$\alpha_{12}=236°$，五边形各内角分别为 $\beta_1=76°$，$\beta_2=129°$，$\beta_3=80°$，$\beta_4=135°$，$\beta_5=120°$，求其他各边的坐标方位角。

11. 如图 4-28 所示，$\alpha_{AB}=76°$，$\beta_1=96°$，$\beta_2=79°$，$\beta_3=82°$，求 α_{B1}，α_{B2}，α_{B3}。

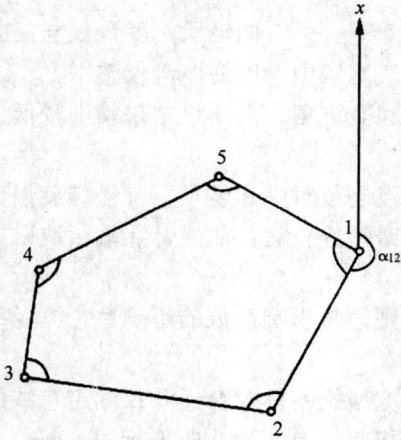

图 4-27

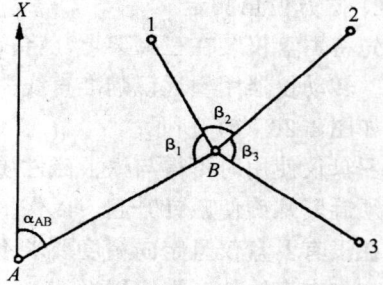

图 4-28

第五章 控 制 测 量

第一节 控制测量概述

一、控制测量的概念

如绪论所述，测量工作中，为统一坐标系统和限制误差的积累，应先进行控制测量，再进行碎部测量，这是测量的基本程序。控制测量就是在测区中选定若干具有控制意义的点，用较高的精度测量出它们的平面位置（x、y）或高程（H）。这些具有控制整体和全局意义的点称为控制点，它们按一定规律与要求组成网状几何图形，称为控制网；测定控制点平面位置或高程的工作，称为控制测量。其中，测定控制点平面位置的工作，称为平面控制测量；测定控制点高程的工作，称为高程控制测量。

二、控制测量的形式

1. 平面控制测量的形式

平面控制测量的常用形式有三角测量、导线测量和角度交会测量等，这里主要介绍前两种的原理和特点。

三角测量　如图 5-1 所示，三角测量的基本原理是将选定的控制点形成相互连接的三角形，观测所有三角形中的水平角，精确测定或直接引用至少一条起始边长和方位角，由已知点起算，按三角形边角关系，逐一推算其余边长和方位角，进而推算各点坐标。三角形的各顶点亦称为三角点，各三角形联成锁状时称为三角锁，联成网状时称为三角网。三角测量的特点是以测角为主，只需测极少数的边长，因此在以前量边手段落后时是首选的方法。此外三角锁或网容易均匀覆盖整个测区，检核条件又多，因此在广大地区的平面控制测量一般采用这种形式。但是，三角测量要求每个点有三个以上的方向通视，因此在市区和林区等通视条件差的地方不便采用。

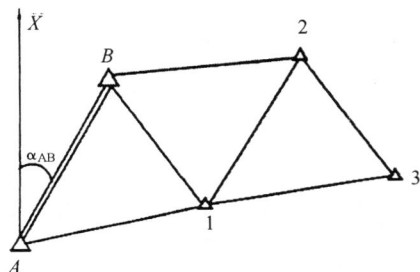

图 5-1

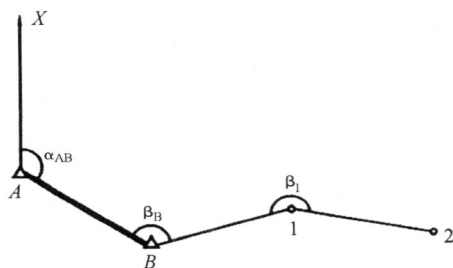

图 5-2

导线测量 如图 5-2 所示,导线测量的原理是将选定的控制点连成一条折线,依次观测各转折角和各边长度,然后根据起始点坐标和起始边方位角,推算各边的方位角,从而求得各导线点的坐标。由于光电测距仪的出现,量距已经比较方便,因此导线测量现在用得很广泛。房地产测绘是在城市地区进行,而城市地区通视情况不好,由于导线测量只要求前后两点通视,布点灵活方便,故成为房地产测绘平面控制测量的主要形式。

2. 高程控制测量的形式

高程控制测量的主要形式是水准测量。此外,在困难地区或精度要求不很高时,也可采用三角高程控制测量。

三、控制测量的等级

无论是平面控制还是高程控制,都是按"从整体到局部,由高级到低级,分级布网,逐级控制"的原则来布设的。

1. 国家与城市控制测量

在全国范围内建立的平面控制网,称为国家平面控制网。如图 5-3 所示,一般布设成三角控制网,按精度从高到低分为一、二、三、四共四个等级。一等精度最高,是国家控制网的精密骨干,布成纵横交叉的三角锁,锁段长 200km 左右,三角形平均边长 20～25km。二、三、四等主要布设成三角网,它们依次是上一个等级控制网为基础的进一步加密。

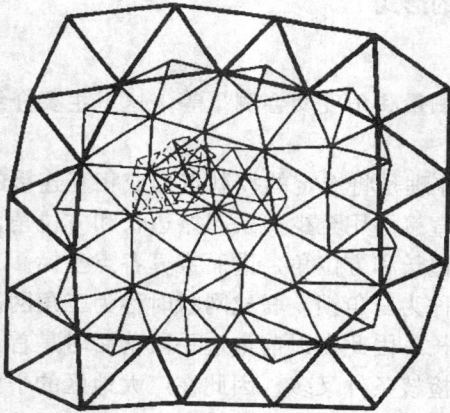

——— 一等三角锁
——— 二等三角网
——— 三等三角网
------- 四等三角网

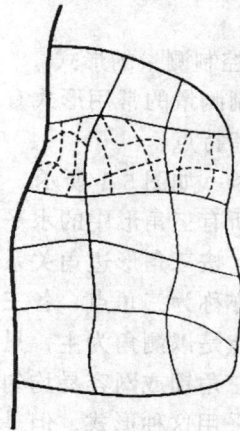

——— 一等水准路线
——— 二等水准路线
——— 三等水准路线
------- 四等水准路线

图 5-3   图 5-4

在全国范围内建立的高程控制网,称为国家高程控制网。如图 5-4 所示,布设成水准网,水准网中包括闭合水准路线和附合水准路线,亦分为一、二、三、四共四个等级。一等水准环网是国家高程控制网的骨干;二等水准网布设于一等水准环内,是国家高程控制网的全面基础;三、四等水准网是以二等为基础,为国家高程控制网的进一步加密。

城市控制网是为城市地形测量建立统一坐标系统而布设的,也是城市规划、市政工程等城市建设的依据,它一般是以国家控制网点为基础,布设成不同等级的控制网。城市控制网视测区的大小,可采用二、三、四等城市控制网,其精度与相应等级的国家控制网相同。此外,为了满足具体测量工作的需要,在等级控制网的基础上还可进一步加密一、二级控制网。一般来说,测区越小,控制网的等级就越少,其首级控制测量的等级就越低。

国家控制网和城市控制网的控制测量,已由测绘部门完成,控制成果可以直接从有关部门查取。

2. 房地产测绘控制测量

房地产测绘的平面控制测量包括基本控制测量和图根控制测量。基本控制测量指按上述国家控制网和城市控制网的等级所进行的控制测量;图根控制测量指在基本控制测量的基础上进一步加密,建立直接供测图使用的测站点而进行的控制测量。由基本控制测量得到的控制点称为基本控制点,由图根控制测量得到的控制点称为图根控制点(简称图根点)。

基本控制点和图根点的密度取决于测图方法、测图比例尺和地物、地貌的复杂程度。一般地区每幅图内不低于表 5-1 中规定的点数,其中能永久保存的埋石点不低于表 5-1 中规定的点数。房地产测绘由于主要是在建筑物密集的地区测图,通视比较困难,因此实际图根点的密度往往大于表 5-1 所示的点数。

平坦地区图根点密度

表 5-1

测图比例尺	1:500	1:1000
图根点(点/幅)	8	12
埋石点(点/幅)	3	4

基本控制点和图根点应尽量利用已有的控制点,当数量不足时,可选用三角测量和导线测量等方法,按一定的等级和规定的技术要求,逐级布网加密。本章主要介绍用导线测量法进行一、二级基本控制测量和图根控制测量的方法和技术要求。

房地产图一般不表示高程,如需表示高程,则应进行高程控制测量,一般以国家或城市等级水准点为基础,在测区建立三、四等水准路线或水准网,水准点间距一般地区为 2～3km,在此基础上加密图根水准点。

第二节 导线测量外业观测

一、导线布设形式

导线测量是城市地区平面控制测量的一种常用方法,特别是地物分布较为复杂的建筑区、视线障碍较多的隐蔽地区和带状地区,大都采用导线测量方法。根据地形情况以及与高级控制点的不同连接方式,导线布设可分为以下几种基本形式:

1. 闭合导线

起讫于同一已知点的导线,称为闭合导线,亦称为环形导线。如图 5-5(a),导线从已知控制点 A 和已知方向 α_{AB} 出发,经 1、2、3、4 等一系列导线点,最后仍回到原已知点 A,形成一个闭合多边形。它本身有严密的几何条件,具有检核作用,在小地区平面控制测量中,常用作首级控制。

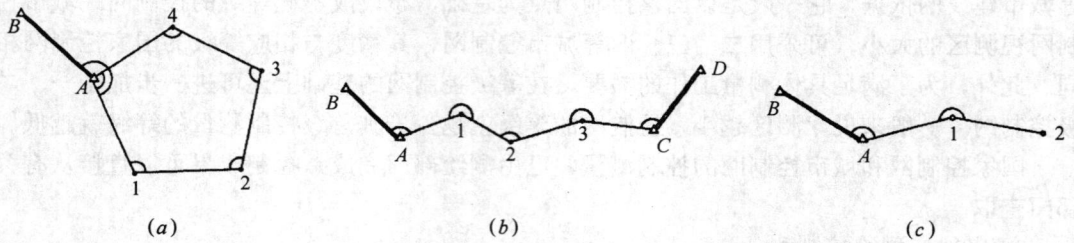

图 5-5

2. 附合导线

布设在两已知控制点间的导线，称为附合导线，如图 5-5（b）。导线从已知控制点 A 和已知方向 α_{AB} 出发，经 1、2、3 等一系列导线点，最后附合到另一已知控制点 C 和已知方向 α_{CD} 上。此种布设形式，具有检核观测成果的作用，常用于平面控制测量的加密。

3. 支导线

由一已知控制点和一已知方向出发，既不附合到另一已知控制点，又不回到原起始控制点的导线，称为支导线，亦称自由导线。如图 5-5（c），A 为已知控制点，α_{AB} 为已知方向，1、2 为支导线点。因支导线仅一端为已知点，则测角、量距发生错误时，无法进行检核，有关规范对其点数均有限制。支导线一般只用于图根控制测量。

二、导线等级与技术要求

1. 基本控制测量

用导线测量方法建立平面控制网，当测区较小时，其基本控制测量等级一般为一级导线和二级导线。一、二级导线应以已有的一、二、三、四等平面控制点为基础加密，其边长一般用光电测距仪测量，角度用 DJ$_2$ 或 DJ$_6$ 经纬仪测量，主要技术规定应符合表 5-2 的要求。

一、二级光电测距导线技术要求 表 5-2

等级	附合导线长度 (m)	平均边长 (m)	测距中误差 (mm)	测角中误差	导线全长相对闭合差	测回数		方位角闭合差
						DJ2	DJ6	
一级	3600	300	±15	±5″	1/14000	2	6	±10″$\sqrt{n}$
二级	2400	200		±8″	1/10000	1	3	±16″$\sqrt{n}$

2. 图根控制测量

图根导线包括光电测距导线和钢尺量距导线，一般不超过两次附合，困难地区允许再发展一次，在无法布设附合导线和闭合导线的困难地段，可布设图根支导线，其长度不超过附合导线长度的一半，边数不超过三条，边长应往返测量，角度分别按左、右角各观测一测回，两者相加与其理论值 360° 的差值不超过 ±40″。

图根光电测距导线的主要技术规定应符合表 5-3 的要求，图根钢尺量距导线的主要技术规定与其相同，但边长测量误差改用往返丈量较差相对误差表示，其中，第一次附合要求达到 1/8000，第二次附合要求达到 1/4000。

图根光电测距导线技术要求 表 5-3

| 附合次数 | 1：500 测图 | | 1：1000 测图 | | 每边测距中误差(mm) | 测角中误差(″) | 导线全长相对闭合差 | 水平角观测测回数 | | 方位角闭合差(″) |
	附合导线长度(m)	平均边长(m)	附合导线长度(m)	平均边长(m)				DJ2	DJ6	
一次	1000	100	2000	200	±15	±20	1/4000	1	1	$\pm 40\sqrt{n}$
二次	500	50	1000	100	±15	±30	1/2000	1	1	$\pm 60\sqrt{n}$

三、导线测量外业

导线测量外业主要包括踏勘选点、角度观测和边长观测。

1. 踏勘选点

选点前，应收集测区地形图和控制点成果等资料，根据测区范围、已知控制点分布和地形情况，拟定出导线布设的初步方案，然后到实地踏勘，现场核对、修改并确定导线点位。如果测区没有地形图资料，则需要详细踏勘现场，尽量合理选定导线点位。选点时应注意以下几点：

（1）相邻导线点间，应通视良好，地势较平坦，便于测角量边；

（2）导线边长应大致相等，尽量避免相邻边长相差悬殊，以保证和提高测角精度；

（3）导线点应选在土质坚实处，便于保存标志和安置仪器，视野尽量开阔，便于扩展加密控制点和施测碎部；

（4）导线点应有足够密度，分布应尽量均匀，便于控制整个测区。

若为长期保存的控制点，则应埋设图 5-6 所示的混凝土标石，中心钢筋顶面应刻有交叉线，其交点即为永久标志。若导线点属临时控制点，则只需在点位上打一木桩，桩顶面钉一小钉，其小钉几何中心即为导线点中心标志，如图 5-7 所示。导线点应统一编号。为寻找方便，应绘出导线点与附近固定而明显的地物点的略图，并测量和标注其关系尺寸，作为"点之记"，见图 5-8。

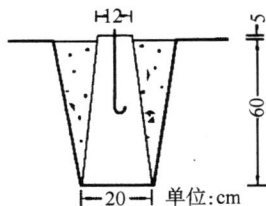
图 5-6

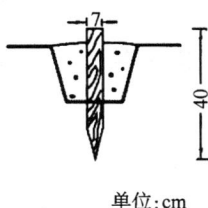
图 5-7

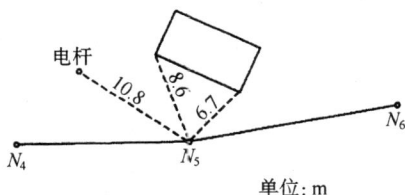
图 5-8

2. 角度观测

根据导线等级，按表 5-2 或表 5-3 中的要求，用相应等级的经纬仪观测导线角。导线角位于前进方向左侧，称为左角；位于右侧，称为右角。为计算方便和防止出错，应全部观测一个侧向的导线角，闭合导线中一般观测内角，附合导线中一般观测左角。

导线点一般只有两个方向，因此用测回法观测，个别多于两个方向的，用方向法观测。在建筑物密集区域，受地物限制，导线边长较短，应特别注意经纬仪和目标的对中。

3. 边长测定

导线边长一般用光电测距仪直接测定，图根导线的边长也可用钢尺直接丈量。

光电测距所使用的测距仪的精度等级，以制造厂家给定的 1km 的测距中误差 m_0 的绝对值划分为下列三个等级，测距时，应使用相应精度等级的测距仪。

$$\text{I 级：} |m_0| \leqslant 5\text{mm}$$
$$\text{II 级：} 5\text{mm} < |m_0| \leqslant 10\text{mm}$$
$$\text{III 级：} 10\text{mm} < |m_0| \leqslant 20\text{mm}$$

钢尺量距时，应使用检定过的 30m 或 50m 钢尺，往返各丈量一次或同一方向丈量两次，取其平均值，其往返丈量较差相对误差，应满足图根钢尺量距导线的主要技术规定要求。当尺长改正数超过 1/10000 时，应加尺长改正；量距时平均尺温与检定时温度相差 ±10℃以上时，应进行温度改正；尺面倾斜超过 2% 时，应进行倾斜改正。

当导线跨越河流或障碍物无法直接量距时，可采用间接测距法确定边长。如图 5-9，在导线边 2-3 间有一条河，可在河的一侧选择一点 P，构成三角形 $\triangle 23P$，测定边长 D 和三内角 α、β、γ。当三角形闭合差不超过限差要求时，将其反号后平均分配到三个观测内角中，得到改正后角值，然后根据正弦定理解算出 2-3 边长。

$$D_{23} = D \frac{\sin\alpha}{\sin\gamma}$$

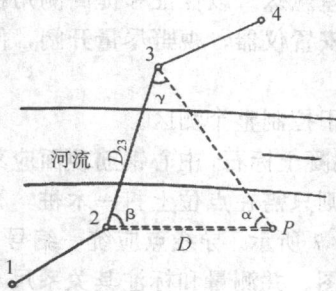

图 5-9

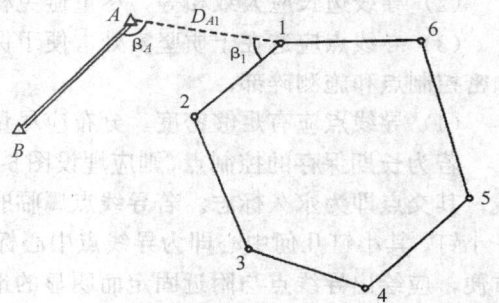

图 5-10

4. 连测

如图 5-10，导线与高级控制网连接时，需观测连接角 β_A、β_1 和连接边 D_{A1}，用于传递坐标方位角和坐标。若导线中有一个点为已知的高级点，则只需观测一个连接角即可；若测区及附近无高级控制点，在经过主管部门同意后，可用罗盘仪观测导线起始边的磁方位角，并假定起点的坐标为起算数据。

第三节　导线测量内业计算

导线测量内业计算的目的，是根据起算数据和外业观测成果，推算出导线点坐标。计算前应全面检查观测成果，若发现错误应及时重测，保证观测成果的正确性。下面先介绍计算导线坐标的基本公式，然后介绍导线计算的基本过程与方法。

一、计算导线坐标的基本公式

1. 坐标正算

82

根据已知点坐标、已知边长和坐标方位角，计算未知点坐标，称为坐标正算，是计算导线坐标的主要公式。如图 5-11，设 A 点的已知坐标为 $(x_A，y_A)$，又知 A 至 B 点的边长为 D_{AB}，坐标方位角为 α_{AB}。求 B 点坐标 $(x_B，y_B)$。

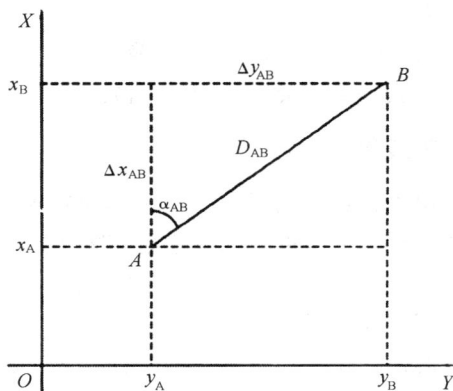

图 5-11

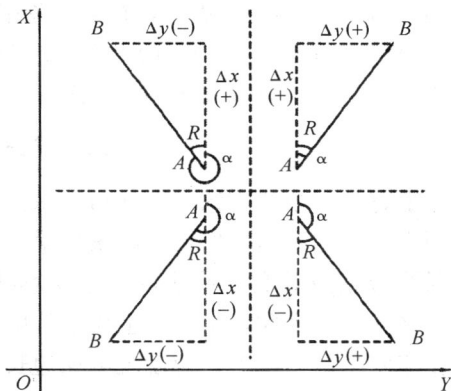

图 5-12

如图 5-11，设 A 至 B 点的纵坐标增量和横坐标增量分别为 Δx_{AB} 和 Δy_{AB}，由图中关系可知，计算 Δx_{AB} 和 Δy_{AB} 的公式为：

$$\begin{cases} \Delta x_{AB} = D_{AB} \cdot \cos\alpha_{AB} \\ \Delta y_{AB} = D_{AB} \cdot \sin\alpha_{AB} \end{cases} \tag{5-1}$$

则 B 点坐标的计算公式为：

$$\begin{cases} x_B = x_A + \Delta x_{AB} \\ y_B = y_A + \Delta y_{AB} \end{cases} \tag{5-2}$$

在计算时，坐标增量 Δx_{AB} 和 Δy_{AB} 有正有负。由于边长 D_{AB} 是正值，则 Δx_{AB} 和 Δy_{AB} 的正负号取决于坐标方位角 α_{AB} 的象限。用有函数功能的计算器计算坐标增量时，计算器会自动判断，直接输出带正负号的结果，因此坐标计算时，不管方位角是多少，在那个象限，均可直接输入计算器中计算。

2. 坐标反算

根据两点平面直角坐标计算边长和坐标方位角，称为坐标反算。在导线测量中，当导线与高级控制点连接时，高级控制点的坐标是已知的，其方位角和边长则要通过坐标反算来获得，与坐标一起，作为导线计算的起算数据或检核数据。

图 5-11 中，设已知 A 点的已知坐标为 $(x_A，y_A)$，B 点的已知坐标为 $(x_B，y_B)$，求 A 至 B 点的边长 D_{AB} 和坐标方位角 α_{AB}。

在由边长 D_{AB}、Δx_{AB} 和 Δy_{AB} 构成的直角三角形中，可得坐标反算公式为：

$$D_{AB} = \sqrt{\Delta x_{AB}^2 + \Delta y_{AB}^2} \tag{5-3}$$

$$\alpha_{AB} = \text{tg}^{-1}\frac{\Delta y_{AB}}{\Delta x_{AB}} \tag{5-4}$$

式中 $\Delta x_{AB} = x_B - x_A$，$\Delta y_{AB} = y_B - y_A$。

用计算器按式 5-4 计算方位角时，显示的结果是反三角函数值 R，如图 5-12 所示。由于 R 值在 $-90° \sim 90°$ 之间，而坐标方位角应在 $0° \sim 360°$ 之间取值。因此应先根据坐标增量的正负来判断此直线处在哪个象限,再将 R 换算为方位角。以起始点为原点画一个坐标系的草图,如图 5-12,可以直观方便地判断所处象限,规律如下:

当 Δx_{AB}、Δy_{AB} 均为正时,在第一象限,$\alpha_{AB}=R$;

当 Δx_{AB}、Δy_{AB} 均为负时,在第三象限,$\alpha_{AB}=180°+R$;

当 Δx_{AB} 为负、Δy_{AB} 为正时,在第二象限,$\alpha_{AB}=180°+R$(此时 R 为负值);

当 Δx_{AB} 为正、Δy_{AB} 为负时,在第四象限,$\alpha_{AB}=360°+R$(此时 R 为负值);

二、导线计算的基本过程

由上述基本公式可知,若知道了每条边的方位角和边长,便可用坐标正算公式求出每相邻两个点之间的坐标增量,再根据第一点的已知坐标,依次推算出其它各点的坐标。由于边长可以通过观测直接获得,方位角可以通过观测转折角后用方位角推算公式(式 4-23)间接获得,因此,从理论上说已经解决导线计算的问题了。

在实际测量工作中,角度观测和边长观测均有误差存在,甚至会出现错误。为了检核成果是否合格和提高成果质量,在导线计算时,要分别对角度观测值和水平距离观测值进行检核,如果不合格,要查明原因后返工重测;如果合格,则根据误差的大小按一定规则对观测值进行改正,使其更符合真实结果。然后用改正后的观测值进行计算。因此实际计算过程要多一些。

计算的基本过程是:先进行角度观测值的检核和改正,再用改正后的角度推算方位角,然后计算坐标增量,并根据坐标增量来进行边长检核和改正(为方便起见,直接对坐标增量进行改正),最后用改正后的坐标增量推算各点的坐标。

导线计算一般在固定的表格上进行,先将已知数据(已知点坐标、已知方位角)和观测数据(水平角度、水平距离)填进表格上相应的位置,检查填写无误后再开始计算。下面,分别介绍闭合导线、附合导线和支导线的具体计算步骤与方法。

三、闭合导线计算

图 5-13 是四条边构成的闭合导线,已知 A 点坐标 $(x_A,\ y_A)$ 和 A 点至 B 点的坐标方位角 α_{AB},观测了全部内角 β_i 与边长 D_i($i=1,\ 2,\ \cdots,\ 4$),又观测了连接角 β_A,具体数据如图所示,求导线点 1、2、3 的坐标。

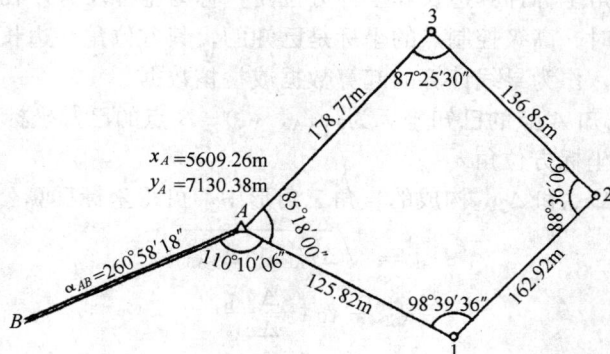

图 5-13

计算在表 5-4 中进行，先在表中的第 1 栏写好点号，然后将观测角和观测边长分别填进表中的第 2 栏和第 6 栏，又将 A 点的已知坐标填进表中第 13、14 栏的相应位置。闭合导线计算的具体步骤与方法如下：

1. 角度观测值检核和改正

（1）角度闭合差

在图 5-13 中，由平面几何学可知，n 边形闭合导线内角和的理论值应为：

$$\Sigma\beta_{理} = (n - 2) \cdot 180°$$

由于角度观测不可避免存在误差，其实测内角和 $\Sigma\beta$ 一般不等于理论值 $\Sigma\beta_{理}$，他们之间的差值称为角度闭合差，用 f_β 表示，即：

$$f_\beta = \Sigma\beta - \Sigma\beta_{理} \tag{5-5}$$

表 5-4 中，$\Sigma\beta = 359°59'12''$，$\Sigma\beta_{理} =$（4－2）$\cdot 180° = 360°$，代入上式得

$$f_\beta = 359°59'12'' - 360° = -48''$$

（2）角度闭合差的容许值

角度闭合差绝对值的大小，能反映出角度观测值精度高低。测量规范对不同等级的导线，规定了不同的容许值 $f_{\beta容}$（见表 5-3）其中图根导线角度闭合差的容许值为：

$$f_{\beta容} = \pm 60'' \sqrt{n} \tag{5-6}$$

式中 n 闭合导线的边数。若 $f_\beta > f_{\beta容}$，说明测角误差超过容许值，应查明原因后重测。若 $f_\beta \leqslant f_{\beta容}$，则说明测角成果合格。

表 5-4 中，$n = 4$，代入上式得

$$f_{\beta容} = \pm 60'' \sqrt{4} = \pm 120''$$

因为 $f_\beta < f_{\beta容}$，测角成果合格。

（3）角度闭合差分配

经检核确认角度测量成果合格后，可将角度闭合差反号，按平均分配的原则，对各观测角进行改正。各角改正数均为

$$v = -\frac{f_\beta}{n} \tag{5-7}$$

改正后角值为

$$\beta_{改} = \beta + v \tag{5-8}$$

计算后注意检核改正后角值之和 $\Sigma\beta_{改}$ 应等于理论值 $\Sigma\beta_{理}$。计算时，改正数取位到秒，这样由于余数取舍的原因，可能会使改正数之和比闭合差多 1'' 或少 1''，出现这种情况时，一般将这 1'' 分配到由最短边构成的转折角上。

表 5-4 中，改正数为：

$$v = -\frac{-48''}{4} = 12''$$

各内角改正后的角度值为：

$$\beta_{A改} = \beta_A + v = 85°18'00'' + 12'' = 85°18'12''$$

$$\beta_{1改} = \beta_1 + v = 98°39'36'' + 12'' = 98°39'48''$$

$$\beta_{2改} = \beta_2 + v = 88°36'06'' + 12'' = 88°36'18''$$

表 5-4

闭 合 导 线 坐 标 计 算 表

点号	观测角(左角)(° ′ ″)	改正数(″)	改正后观测角(° ′ ″)	坐标方位角(° ′ ″)	边长(m)	坐标增量计算值 Δx(m)	改正数(m)	改正后坐标增量 Δx(m)	坐标增量计算值 Δy(m)	改正数(m)	改正后坐标增量 Δy(m)	坐标值 x(m)	坐标值 y(m)
1	2	3	4	5	6	7	8	9	10	11	12	13	14
1	·											5609.26	7130.38
				150 48 12	125.82	−109.83	−0.03	−109.86	61.38	−0.04	61.34		
A	98 39 36	+12	98 39 48									5499.40	7191.72
				69 28 00	162.92	57.14	−0.03	57.11	152.57	−0.04	152.53		
2	88 36 06	+12	88 36 18									5556.51	7344.25
				338 04 18	136.85	126.95	−0.03	126.92	−51.11	−0.04	−51.15		
3	87 25 30	+12	87 25 42									5683.43	7293.10
				245 30 00	178.77	−74.13	−0.04	−74.17	−162.67	−0.05	−162.72		
1	85 18 00	+12	85 18 12									5609.26	7130.38
				150 48 12									
总和	359°59′12″	+48	360°00′00″		604	+0.13	−0.13	0.00	+0.17	−0.17	0.00		

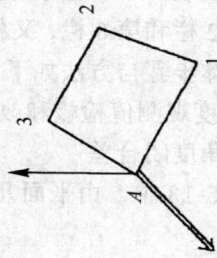

闭合差和精度

$f_\beta = -48''$

$f_{容} = \pm 60''\sqrt{4} = \pm 120''$

$f_\beta < f_{容}$（合格）

$f_x = +0.13\text{m}$ $f_y = +0.17\text{m}$

导线全长闭合差 $f_D = +0.21\text{m}$

相对闭合差 $K \approx 1/2800$

允许相对闭合差 $K_{容} = 1/2000$

略 图

$$\beta_{3改} = \beta_3 + v = 87°25'30'' + 12'' = 87°25'42''$$

各内角的改正数及改正后的角度值分别记在表 5-4 中的第 3 栏和第 4 栏。

2. 坐标方位角推算

先根据高级边的已知坐标方位角和连接角的观测值，求取闭合导线第一条边的方位角（式 4-21、4-22），然后根据第一条边的方位角和各个改正后观测角，按方位角推算公式（式 4-23），依次计算各边坐标方位角。

图 5-13 中，高级边的已知坐标方位角为 $\alpha_{AB} = 260°58'18''$，连接角观测值为 $\beta = 110°10'06''$，则按式 4-21 得第一条边的坐标方位角为：

$$\alpha_{A1} = \alpha_{AB} - \beta = 260°58'18'' - 110°10'06'' = 150°48'12''$$

表 5-4 中，由于转折角按图 5-13 所示为左角，因此方位角推算值为：

$$\alpha_{12} = \alpha_{A1} + 180° + \beta_{1改} = 150°48'12'' + 180° + 98°39'48'' = 69°28'00''$$

$$\alpha_{23} = \alpha_{12} + 180° + \beta_{2改} = 69°28'00'' + 180° + 88°36'18'' = 338°04'18''$$

$$\alpha_{3A} = \alpha_{23} + 180° + \beta_{3改} = 338°04'18'' + 180° + 87°25'42'' = 245°30'00''$$

$$\alpha_{A1} = \alpha_{3A} + 180° + \beta_{A改} = 245°30'00'' + 180° + 85°18'12'' = 150°48'12''$$

若推算的方位角＞360°则减去 360°，为检核计算是否正确，最后应推回到起始边，该边坐标方位角的推算值应等于已知值。各边的方位角记在表 5-4 中的第 5 栏。

3. 坐标增量计算

根据各边坐标方位角和实测导线边长，按式 5-1 计算相应边的坐标增量。例如，表 5-4 中，闭合导线第一条边 A1 的坐标增量为：

$$\Delta x_{A1} = D_{A1} \cdot \cos\alpha_{A1} = 125.82 \times \cos 150°48'12'' = -109.83m$$

$$\Delta y_{A1} = D_{A1} \cdot \sin\alpha_{A1} = 125.82 \times \sin 150°48'12'' = 61.38m$$

同法依次求出其它各边的坐标增量，记入表 5-4 中的第 7 栏和第 10 栏。

4. 坐标增量闭合差计算与调整

(1) 坐标增量闭合差

由图 5-13 可以看出，理论上，闭合导线纵、横坐标增量的代数和应分别为零，即：

$$\Sigma\Delta x_{理} = 0$$

$$\Sigma\Delta y_{理} = 0$$

实际上，由于测量误差的存在，致使纵、横坐标增量代数和 $\Sigma\Delta x$ 与 $\Sigma\Delta y$ 一般都不等于零。其不符值即为纵、横坐标增量闭合差，分别用 f_x 和 f_y 表示：

$$f_x = \Sigma\Delta x$$

$$f_y = \Sigma\Delta y$$

从图 5-14 可以看出，由于 f_x、f_y 的存在，使得导线从 A 点出发，经 1、2、3 点后，再推算出 A 点坐标时，其位置在 A' 处，A 至 A' 点的距离 f_D 称为导线全长闭合差，其值由下式计算：

$$f_D = \sqrt{f_x^2 + f_y^2} \tag{5-9}$$

为衡量导线测量精度，用 f_D 除以导线全长 ΣD，其比值叫做导线全长相对闭合差，将其化为分子为 1 的分式，用 K 表示

$$K = \frac{f_D}{\Sigma D} = \frac{1}{\dfrac{\Sigma D}{f_D}} \qquad (5\text{-}10)$$

上式的分母越大，精度越高。

表 5-4 中，$f_x = 0.13\text{m}$，$f_y = 0.17\text{m}$，则：

$$f_D = \sqrt{0.13^2 + 0.17^2} = 0.21\text{m}$$

$$K = \frac{0.21}{604.36} \approx \frac{1}{2800}$$

（2）导线全长相对闭合差容许值

不同等级导线的全长相对闭合差容许值 $K_容$ 见表 5-2 或表 5-3，若 $K > K_容$，说明边长测量成果不符合要求，应重测；当 $K \leqslant K_容$ 时，则认为成果合格。

对图根控制测量来说，$K_容 = 1/2000$，而表 5-4 中的 $K \approx 1/2800$，因此 $K < K_容$，边长成果合格。

（3）坐标增量闭合差调整

确认边长成果合格后，将 f_x、f_y 反符号，按与边长成正比例分配原则，分别对纵横坐标增量进行改正。若以 v_{xi}、v_{yi} 分别表示第 i 纵、横坐标增量的改正数，则

$$\begin{cases} v_{xi} = -\dfrac{f_x}{\Sigma D} \cdot D_i \\[2mm] v_{yi} = -\dfrac{f_y}{\Sigma D} \cdot D_i \end{cases} \qquad (5\text{-}11)$$

纵横坐标增量改正数之和分别等于反号后的闭合差，实际计算时应将 v_{xi}、v_{yi} 分别凑整后满足这个要求，以作检核。

各边坐标增量计算值与改正数之和即为改正后增量 $\Delta x'_i$、$\Delta y'_i$，其表达式为：

$$\begin{cases} \Delta x'_i = \Delta x_i + v_{xi} \\ \Delta y'_i = \Delta y_i + v_{yi} \end{cases} \qquad (5\text{-}12)$$

对于闭合导线，纵横坐标改正后增量之和应分别为零，以作校核。

例如，表 5-4 中，第一条边 $A1$ 的纵、横坐标增量的改正数为：

$$v_{x1} = -\frac{0.13}{604.36} \times 125.82 = -0.03\text{m}$$

$$v_{y1} = -\frac{0.17}{604.36} \times 125.82 = -0.04\text{m}$$

同法依次求出第 2、第 3、第 4 条边的纵、横坐标增量的改正数，记入表 5-4 中第 8、11 栏。

第一条边 $A1$ 的纵、横坐标增量改正后的值为：

$$\Delta x_{A1}' = -109.83 + (-0.03) = -109.86\text{m}$$

$$\Delta y_{A1}' = 61.38 + (-0.04) = 61.34\text{m}$$

同法依次求出第 2、第 3、第 4 条边改正后的纵、横坐标增量值，记入表 5-4 中第 9、12 栏。

5. 导线点坐标计算

根据起始点的坐标值和各导线边改正后坐标增量值，按式（5-2），依次计算各导线点纵横坐标值。并最后推算出起始点坐标，此推算坐标应等于原已知坐标，作为计算的最后检核。

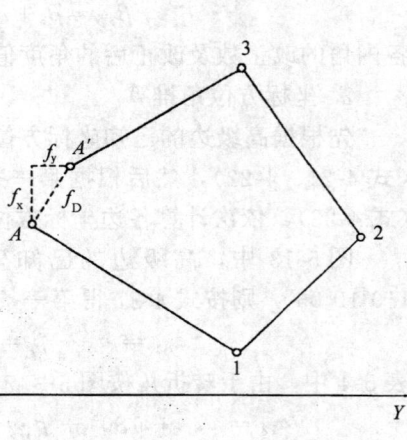

图 5-14

例如表 5-4 中，1 点的坐标为：

$$x_1 = x_A + \Delta x_{A1}' = 5609.26 - 109.86 = 5499.40 \text{m}$$

$$y_1 = y_A + \Delta y_{A1}' = 7130.38 + 61.34 = 7191.72 \text{m}$$

同法依次求出 2、3 点的坐标，最后推算回到 A 点的坐标。x、y 坐标分别记入表 5-4 中最后两栏。

四、附合导线坐标计算

图 5-15 为附合导线，已知坐标方位角 α_{MA}、α_{BN}，已知起止点坐标 A（x_A，y_A）、B（x_B，y_B），观测角均为左角，具体的已知数据和观测数据见表 5-5。求导线上1、2 点的坐标。

附合导线坐标计算步骤和方法与闭合导线基本相同，只是角度闭合差和坐标增量闭合差的计算公式有所差别。下面仅介绍不同之处。

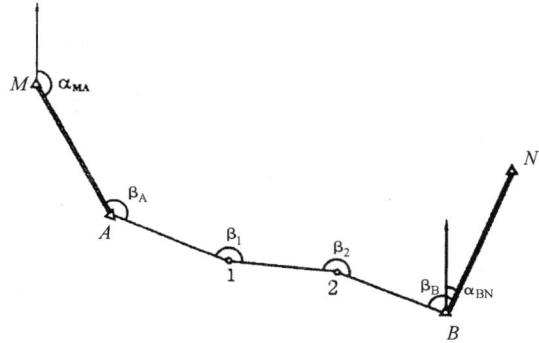

图 5-15

1. 角度闭合差计算公式

根据起始边坐标方位角 α_{MA} 和各导线点的角度观测值 $\beta_{左i}$（$i=A$，1，2，B），按方位角推算公式（4-23）式，可计算出 BN 边的坐标方位角 α'_{BN}

$$\alpha'_{BN} = \alpha_{MA} + \Sigma\beta_{左} + N \cdot 180°$$

式中 N 为两已知坐标方位角顶点和 M 和 N 之间的导线边数，本例中 $N=4$。由于观测角 $\beta_{左}$ 不可避免地存在误差，致使 α'_{BN} 与已知值 α_{BN} 一般不相等，其差值即为角度闭合差 f_β，

$$f_\beta = \alpha'_{BN} - \alpha_{BN} = \alpha_{MA} - \alpha_{BN} + \Sigma\beta_{左} + N \cdot 180° \tag{5-13}$$

表 5-5 中，按上式计算的角度闭合差为：

$$f_\beta = 149°40'00'' - 8°52'55'' + 4 \times 180° + 579°13'36''$$
$$= 1440°00'41''$$
$$= 41'' \quad （注：1440°00'41'' - 4 \times 360°）$$

2. 坐标增量闭合差计算公式

附合导线中，始、终两已知点间各边坐标增量代数和的理论值，应等于该两点已知坐标值之差，即

$$\Sigma\Delta x_{理} = x_{终} - x_{始}$$

$$\Sigma\Delta y_{理} = y_{终} - y_{始}$$

根据坐标方位角和距离，按（5-1）式计算各条边的纵横坐标增量，这些坐标增量之和 $\Sigma\Delta x$、$\Sigma\Delta y$ 与其理论值 $\Sigma\Delta x_{理}$、$\Sigma\Delta y_{理}$ 一般不相等，从而产生纵横坐标增量闭合差 f_x、f_y，即坐标增量闭合差计算公式为：

$$\begin{cases} f_x = \Sigma\Delta x - (x_{终} - x_{始}) \\ f_y = \Sigma\Delta y - (y_{终} - y_{始}) \end{cases} \tag{5-14}$$

图 5-15 所示附合导线坐标计算的过程与结果见表 5-5，其具体步骤与方法参见闭合导线计算，注意角度闭合差计算公式和坐标增量闭合差计算公式的不同。

表 5-5

附 合 导 线 坐 标 计 算 表

点号	观测角(左角) (° ′ ″)	改正数 (″)	改正后观测角 (° ′ ″)	坐标方位角 (° ′ ″)	边长 (m)	坐标增量计算值 Δx (m)	改正数 (m)	改正后坐标增量 Δx (m)	坐标增量计算值 Δy (m)	改正数 (m)	改正后坐标增量 Δy (m)	坐标值 x (m)	坐标值 y (m)
1	2	3	4	5	6	7	8	9	10	11	12	13	14
M				149 40 00									
A	168 03 24	−10	168 03 14									5806.00	4785.00
				137 43 14	236.02	−174.62	−0.09	−174.71	158.78	−0.05	158.73		
1	145 20 48	−10	145 20 38									5631.29	4943.73
				103 03 52	189.11	−42.75	−0.07	−42.82	184.22	−0.04	184.18		
2	216 46 36	−10	216 46 26									5588.47	5127.91
				139 50 18	147.62	−112.82	−0.05	−112.87	95.21	−0.02	95.19		
B	49 02 48	−11	49 02 37									5475.60	5223.10
				8 52 55									
N													
总和	579°13′36″	−41	579°12′55″		572.75	−330.19	−0.21	−330.40	438.21	−0.11	438.10		

闭合差和精度

$f_\beta = -41''$

$f_{容} = \pm 60'' \sqrt{4} = \pm 120''$

$f_\beta < f_{容}$（合格）

$f_x = +0.21$m $f_y = +0.11$m

导线全长闭合差 $f_D = +0.24$m

相对闭合差 $K \approx 1/2380$

各种相对闭合差 $K_{容} = 1/2000$

略　图

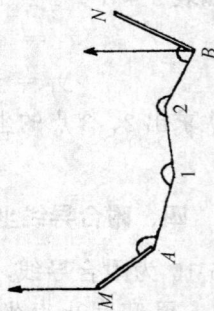

五、查找导线测量错误的方法

在导线计算中，当角度闭合差或导线全长相对闭合差大大超过了容许值，说明外业观测或内业计算有错误，此时应先仔细检查内业计算是否有误，若无错误，便是外业观测的角度或边长有错误。如果角度闭合差很大，则肯定角度观测有错误；如果角度闭合差在允许值以内，而导线全长相对闭合差大大超过了容许值，则认为角度观测没有错误，而是边长观测有错误。

在重测角度或边长前，最好能查找到出现错误的地方，以便减少返工重测的工作量。下面介绍导线中只有一个角度或一条边长发生错误时，查找错误之处的方法。

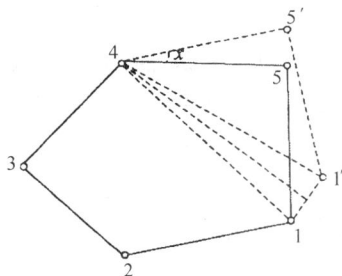

图 5-16

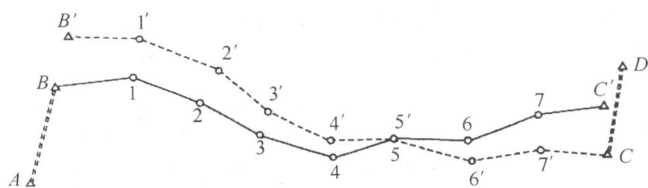

图 5-17

1. 查找错误角度的方法

如图 5-16 所示，设闭合导线 12345 中 $\angle 4$ 测错，其错误值为 x，其它各边、角均未出错，则导线点 5、1 两点均绕点 4 旋转一个 x 角，而移至 5'、1' 点。1-1' 即为因为 $\angle 4$ 测错而产生的闭合差。点 1、4、1' 构成一个等腰三角形。由 1-1' 的中点作垂线将通过点 4。由此可见，可按边长和角度，用一定比例尺作出闭合导线的图形，并在闭合差的中点作垂线，此垂线通过或接近的点（如本例的第 4 点），其角度测错的可能性最大。

若为附合导线，如图 5-17 所示，先将两个端点 B、C 按其已知坐标展在图上，再分别从 B 和 C 开始，按边长和角度绘出两条导线，分别为 B、1、2、3、…、C' 和 C、7'、6'、…、B'，两条导线的交点 5，发生测角错误的可能性最大。如果差错较小，用图解法难以显示角度测错的点时，则可从导线的两端点开始，分别计算各点的坐标，若某点两个坐标值相近，则该点角度测错的可能性最大。

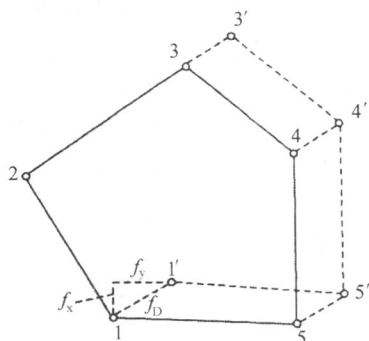

图 5-18

2. 查找量边错误的方法

如图 5-18，导线边 2-3 量错了，其量错值为 3-3'，使得 3、4、5、1 各点沿 2-3 方向平移距离 3-3'，在起点 1 显示出的闭合差 1-1' 的坐标方位角与量错边的坐标方位角很接近。查找量边错误时，先按边长和角度绘出导线图，然后找出与闭合差 1-1' 平行或大致平行的导线边（本例为点 2、3 之间的边），则该边发生错误的可能性最大。也可根据 f_x、f_y 计算闭合差 1-1' 的坐标方位角，则接近此方位角值的导线边发生错误的可能性最大。

第四节　高程控制测量

需要进行高程控制测量时，可采用三、四等水准测量和图根水准测量。地面起伏较大，水准测量困难的山区，可采用三角高程测量。这里主要介绍图根水准测量和三角高程测量。

一、图根水准测量

图根水准测量用于加密高程控制网，也用于测定平面控制点（包括平面图根点）的高程。在较小测区，图根水准测量可用作布置首级高程控制。图根水准的精度，低于国家四等水准，因此也称为等外水准。

图根水准测量布设成附合或闭合线路时，只进行单程观测；作为首级高程控制或布设成支水准线路时，需往返观测。图根水准测量的观测、记录和计算，参见第二章。图根水准测量技术要求见表 5-6。

图根水准测量主要技术要求　　　　　表 5-6

等级	水准仪	水准尺	附、闭合路线长度	视线长度	往返较差、附合或闭合路线闭合差	
					平地（mm）	山地（mm）
图根	DS10	单面	8km	≤100m	$\pm 40\sqrt{L}$	$\pm 12\sqrt{n}$

注：L 为附合或闭合路线的长度，以 km 为单位，n 为测站数。

二、三角高程测量

1. 三角高程测量原理

三角高程测量是测定地面点高程的方法之一，它是根据地面两点之间的水平距离和竖直角，利用三角函数关系求该两点的高差，再根据其中一个点的已知高程，求出另一个点的高程。当距离和竖直角精度较高时，三角高程测量能达到图根水准甚至三、四等水准测量的精度。随着光电测距技术的发展和普及，现在能比较方便地进行较高精度的距离测量，因此三角高程测量已成为常见的高程控制测量方法之一。

如图 5-19，已知 A 点高程 H_A 和 A、B 间的水平距离 D，欲测定 B 点高程 H_B。

在 A 点安置经纬仪，量仪器高 i；在 B 点安置觇标，量觇标高 v；照准 B 点觇标顶端 M，测定竖直角 α，根据三角学原理，可得 A 至 B 点的高差公式为：

$$h = D\tan\alpha + i - v \qquad (5-15)$$

B 点高程为：

$$H_B = H_A + h$$

对于地球弯曲差和大气折光差（简称球气差）的影响，当距离较短时，球气差对高

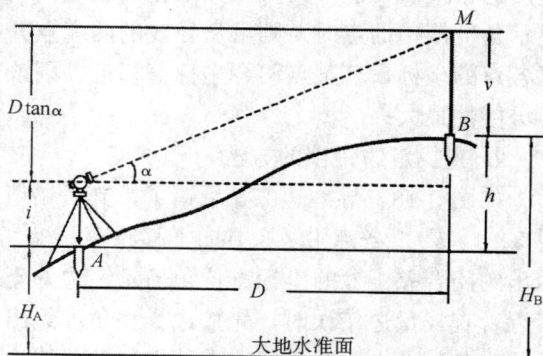

图 5-19

差的影响可被忽略。当距离较远，一般超过 400m 时，须在高差 h 中加入球气差改正数 f。

$$f = 0.43 \frac{D^2}{R}$$

式中，$R=6371\text{km}$。

若进行对向观测，即在 A 点设站观测 B 点觇标（称直觇），得 A 至 B 点高差 h_{AB}'，再在 B 点设站观测 A 点觇标（称反觇），得 B 至 A 点高差 h_{BA}'，当对向观测高差较差符合规定要求时，取直反觇高差平均值：

$$h_{AB} = \frac{h_{AB}' - h_{BA}'}{2}$$

该平均值中球气差 f 的影响被抵消。因此对向观测时，可直接用（5-15）式计算 A、B 两点高差时，勿须进行球气差改正。

2. 三角高程测量方法

如图 5-19，安置经纬仪于测站 A 点，用钢尺量取仪器高 i 和觇标高。读至 5mm，记入观测手簿，分别用盘左、盘右瞄准觇标顶端，测定竖直角。然后将经纬仪安置于 B 点，在 A 点竖立觇标，量仪器高和觇标高，同法测定竖直角。

若 A、B 点是平面控制点，则两点间的水平距离已知，即可按（5-15）式计算直反觇高差及其平均值。若水平距离未知，则应在直反觇观测的同时，用光电测距仪或钢尺进行水平距离观测。

三角高程观测还可组成三角高程线路确定多个点的高程。三角高程线路可组成闭合或附合图形，线路中已知高级点应为水准点，观测时应按直反觇进行对向观测。

3. 三角高程计算

三角高程测量计算可在表 5-7 中进行，单向观测时，应考虑球气差影响，而对向观测时此项可以略去不计。表 5-7 为对向观测的计算示例。

三角高程测量计算　　　　　　　　　　　　　　　表 5-7

已知点	A	
待定点	B	
觇法	直觇	反觇
平距 D（m）	421.36	421.35
竖直角 α	$2°13'25''$	$-2°01'42''$
$D \cdot \tan\alpha$（m）	16.36	-14.92
仪器高 i（m）	1.60	1.61
觇标高 v（m）	2.62	2.02
球气差改正数 f（m）		
高差 h（m）	15.34	-15.33
平均高差（m）	15.34	
起算点高程（m）	179.56	
所求点高程（m）	194.90	

对闭合或附合线路的三角高程路线的计算，与水准路线测量一样，应进行高程闭合差的检核与分配。由各边高差平均值，计算高差闭合差 f_h。当 f_h 不大于 $f_{h容}$ 时成果合格。对图根三角高程测量 $f_{h容}$ 按下式确定：

$$f_{h容} = \pm 0.1 h_0 \cdot \sqrt{n}$$

式中 n 为边数，h_0 为测图基本等高距。对合格成果，将闭合差 f_h 反符号后，按与边长成正比例的原则，分配到各高差中，然后用改正后的高差，从起点开始，依次求出线路中各点高程。

思考题与习题

1. 控制测量的目的是什么？有什么形式？各在什么情况下采用？

2. 导线布设形式有哪几种？导线外业工作包括哪些主要内容？

3. 图 5-20 所示为一闭合导线，1 点为已知点，α_{12} 为已知方位角，各转折角和边长的观测数据如图所示，试计算此导线中其它各点的坐标。

4. 图 5-21 所示为一附合导线，B、C 点为已知坐标点，α_{AB}、α_{CD} 为已知方位角，各转折角和边长的观测数据如图所示，试计算此导线中其它各点的坐标。

5. 用三角高程测量方法测定平距 $D = 375.11\text{m}$ 的 A、B 两点之间的高差，在 A 点设站观测 B 点时，$i = 1.50\text{m}$，$v = 1.80\text{m}$，$\alpha = 4°30'$；在 B 点设站观测 A 点时，$i = 1.40\text{m}$，$v = 1.70\text{m}$，$\alpha = -4°24'$，求直反觇平均高差 h_{AB}。

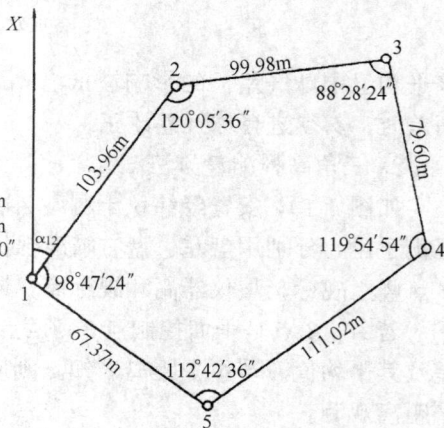

图 5-20

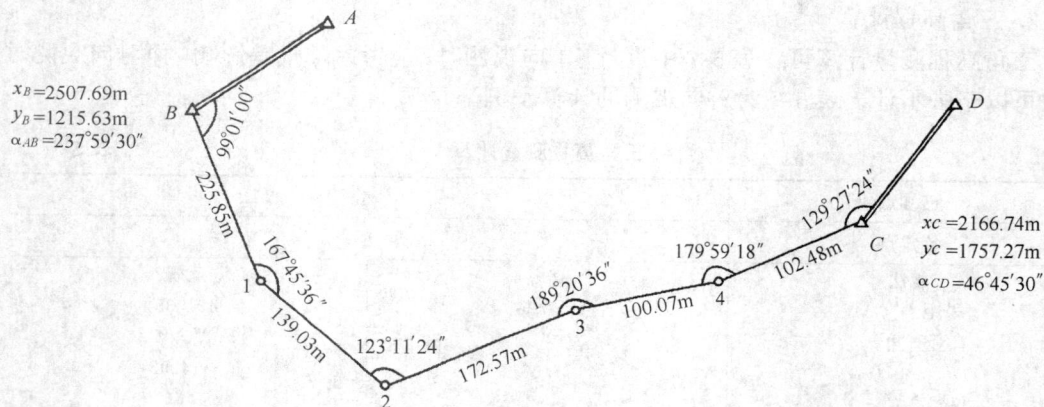

图 5-21

第六章　地形图基本知识

地球表面的形状很复杂，地上的附着物也很多，但总的来说可分为地物和地貌两大类。地物是指具有明显的轮廓、位置固定的各种物体，其中有道路、桥梁、房屋、管线等人工地物，也有江河、湖泊等天然地物；地貌是指地球表面的自然起伏的形态，如高山、低丘、平原、洼地等；地物和地貌合称为地形。

地形图就是将地球表面上的各种地物和地貌投影到水平面上，按一定比例缩小，并使用统一规定的符号绘制而成的图纸。在图上仅表示地物平面位置的称为平面图；在图上除表示地物的平面位置外，还用特定符号和高程注记表示地貌情况的称为地形图。由于地形图能客观地反映地面的实际情况，能在图上量测到所需要的数据，便于设计、研究和解决问题，因此在国家建设和管理中有着广泛的用途。

房地产图是在地形图的基础上增加产权界线、面积、编号等房产管理方面的信息，同时又适当舍去一些无关的要素而形成的重要图件。掌握地形图知识与测绘方法是进行房地产测绘的基础。

第一节　地形图比例尺

地形图上任一线段的长度与它所代表的实地水平距离之比，称为地形图比例尺。比例尺是地形图最重要的参数，它既决定了地形图图上长度与实地长度的换算关系，又决定了地形图的精度与详细程度。下面分别介绍这两个方面的内容。

一、比例尺的分类

1. **数字比例尺**

以分子为1的分数形式表示的比例尺称为数字比例尺。设图上一段直线长为d，相应的实地水平距离为D，则该图比例尺为：

$$\frac{1}{M} = \frac{d}{D} = \frac{1}{\dfrac{D}{d}} \tag{6-1}$$

式中，M为比例尺分母，它表示实地水平距离缩绘在图上的倍数。例如，当图上1cm代表实地水平距离10m时，该图的比例尺为1/1000，一般写成1∶1000或1∶1千，通常标注在地形图下方。可以用式（6-1）对任意线段进行图上长度和实地水平距离之间的换算。

比例尺的大小是以分式的比值来衡量的。比例尺分母M愈大，比例尺愈小，M愈小，比例尺愈大。习惯上称1∶100万、1∶50万和1∶20万为小比例尺地形图；1∶10万、1∶5万、1∶2.5万和1∶1万为中比例尺地形图；1∶5000、1∶2000、1∶1000和1∶500为大比例尺地形图。房地产管理所涉及的地形图，大都是大比例尺地形图，尤其是1∶1000和

1：500 的地形图，因此这里主要介绍大比例尺地形图的基本知识。

2. 图示比例尺

用一定长度的线段表示图上长度，并把相应的实地水平距离注记在线段上，这种比例尺称为图示比例尺，如图 6-1 所示。图示比例尺绘制在图幅正下方处，它是以 2cm 为基本单位，将零点左边一个基本单位分为 10 等分，按测图比例尺注以数字。图 6-1 为 1：2000 的图示比例尺，每一基本单位长度为 2cm，相当于地面距离 40m，1/10 的基本单位长度为 2mm，相当于地面距离 4m。

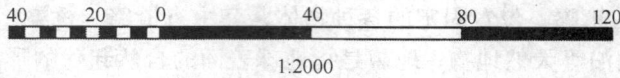

图 6-1

图示比例尺除使用方便外，还具有随图纸伸缩的特点，以它为准进行图上长度与实地水平距离的转换，可以减小图纸伸缩产生的误差。图示比例尺一般用于中、小比例尺地形图，在大比例尺地形图和房地产图上一般不采用。

二、比例尺精度

正常人的眼睛能分辨的最短距离是 0.1mm，因此，地形图上 0.1mm 所代表的实地水平距离称为比例尺的精度。它等于 0.1mm 乘以比例尺分母 M。

根据比例尺的精度，可以确定测图时丈量地物应准确的程度；还可以在规定了图上要表示的地物最短长度时，确定采用多大的测图比例尺。例如：测绘 1：1000 比例尺地形图时，实地量距精度只需精确到 0.1m。又如要求在图上能显示实地 0.5m 的线段长度，则所采用的测图比例尺不应小于 0.1mm/0.5m＝1/5000。

表 6-1 列出了几种比例尺的的精度。比例尺越大，要求测绘的内容越详尽，精度要求越高，测量工作量越大，所以测绘何种比例尺的地形图，应根据工作需要合理选择。房地产图由于要求详细地表示房屋及其用地的情况，故采用大比例尺测图，其中分幅图一般采用 1：500 的比例尺，分丘图和分户图可采用更大的比例尺。

表 6-1

比例尺	比例尺精度（m）
1：5000	0.50
1：2000	0.20
1：1000	0.10
1：500	0.05

第二节　地形图图号、图名和图廓

一、地形图的分幅和编号

为使各种比例尺地形图幅面规格大小一致，避免重测、漏测，需将测图区域按一定规律划分为若干小块，这就是地形图的分幅。大比例尺地形图多采用正方形分幅法或矩形分幅法，按统一的直角坐标格网来划分，正方形分幅的图幅大小为 50cm×50cm，矩形分幅的图幅大小为 40cm×50cm。

图号是为方便贮存、检索和使用地形图而给予各分幅地形图的代号，通常标注在地形图正上方处，如图 6-2 所示。图幅编号一般采用该图幅西南角坐标公里数为编号，x 坐标在

96

前，y 坐标在后，中间用短线连接。图 6-2 中，其西南角的坐标为 $x=30.0$km，$y=15.0$km，因此编号为"30.0—15.0"。编号时，1：500 地形图坐标取至 0.01km，1：1000、1：2000 地形图取至 0.1km。

二、图名和接图表

图名即本幅图的名称，以所在图幅内主要地名命名。如图 6-2 的图名为"热电厂"，注记在图幅编号的上方。

接图表是列出四邻图幅图名的简表，用来说明本图幅与相邻图幅的联系，以便索取相邻图幅时使用。如图 6-2 所示，接图表绘注于图幅的左上方，其中斜线部分为本图位置，四周为该图相邻图幅的图名和编号。

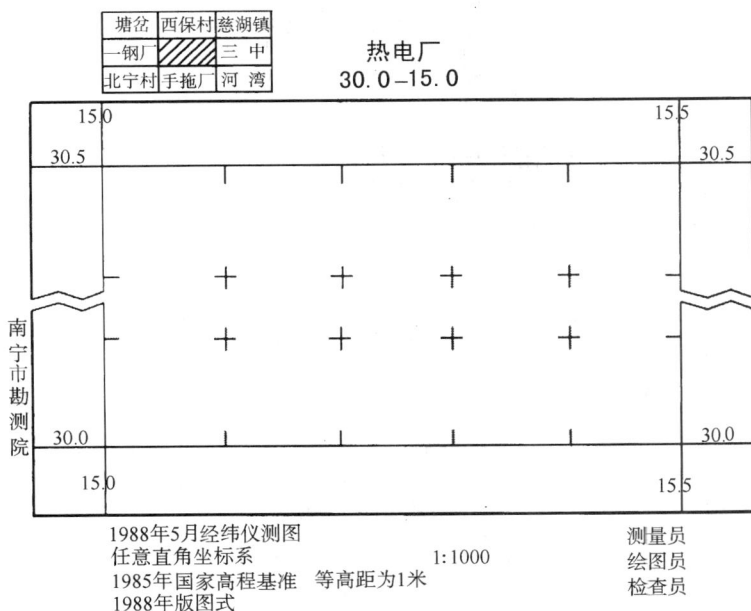

图 6-2

三、图　　廓

图廓是地形图的边界线。图幅有内、外图廓，内图廓是图幅的实际范围，用细线绘出，并在内图廓的内侧，每隔 10cm，绘出 5mm 的短线，表示坐标格网线的位置。在图幅内每隔 10cm 绘出坐标格网线的交叉点。外图廓是距内图廓线 12mm 的粗线，内、外图廓之间注明坐标值，如图 6-2 所示。

第三节　地　物　符　号

地物是地形图的重要内容，地物的类别、形状、大小及其在图上的位置，都是用符号表示的，称为地物符号。表 6-2 列举了一些地物的符号，这些符号是国家测绘局 1988 颁发的《1：500、1：1000、1：2000 地形图图式》中的一部分。表中各符号旁的数字表示该符号的大小尺寸，以毫米为单位。根据地物的大小及描绘方法的不同，地物符号分为以下几种。

地 物 符 号 表　　表 6-2

编号	符号名称	图例 1:500	1:1000	1:2000	编号	符号名称	图例 1:500	1:1000	1:2000
1	一般房屋 砖—建筑材料 3—房屋层数	砖3	1.5	2	13	图根点 埋石的图根点 N16—点号 88.16—高程	1.5	2.5	N16 / 88.16
2	简单房屋					不埋石图根点 25—点号 62.89—高程	1.5		25 / 62.89
3	棚房	45 1.5			14	水准点 Ⅱ京石5—点名 32.806—高程	2.0		Ⅱ京石5 / 32.806
4	台阶	0.5 / 0.5			15	水塔		1.0	2.0 / 3.5 / 1.0
5	公路	0.15 / 0.3 沥砾			16	地下栓修井 1.上水 2.下水		1. 2.0	2. 2.0
6	简易公路	0.15 / 0.15 碎石			17	独立树 1.阔叶 2.针叶		1. 3.0 / 0.7	1.5 / 3.0 / 0.7
7	经济作物地	0.8 3.0 蔗 10 / 10			18	气象站		3.0 / 1.0	3.5
8	水生经济作物地	藕 3.0 / 0.5			19	亭	3.0 / 3.0 / 1.5	1.5	
9	旱地	1.0 / 2.0 10 / 10			20	电力线 高压线 低压线 电杆	1.0	4.0 / 4.0	
10	菜地	2.0 / 2.0			21	围墙 砖石及混凝土墙 土墙	10.0 / 10.0	0.5 / 10.0 / 0.5	10.0
11	三角点 凤凰山—点名 394.168—高程	凤凰山 / 394.168 3.0							
12	导线点 N18—等级点号 88.66—高程	2.0 N18 / 88.66							

一、比 例 符 号

有些地物的轮廓较大，其形状和大小可按测图比例尺缩绘在图纸上，再配以特定的符号予以说明，这种符号称为比例符号，如表 6-2 中，1～10 号均为比例符号。

二、非 比 例 符 号

地面上较小的地物，按测图比例尺缩小后，不能以保持与实地形状相似的平面轮廓图形描绘，则不考虑其实际大小，采用规定的符号表示，这种符号称为非比例符号。非比例符号只能显示物体的位置和意义，不能用来确定物体面积的大小。如表 6-2 中，11～19 号均为非比例符号。非比例符号的中心位置与地物实地的中心位置随地物的不同而异，在测图和用图时应注意以下几点。

（1）规则几何图形符号，如圆形、三角形、正方形等，其符号的几何中心代表实地地物中心，这类符号有水准点、导线点、钻孔等。

（2）宽底符号，如烟囱、水塔等，以符号底线的中心点为地物中心位置。

（3）底部为直角形的符号，如独立树、风车、路标等，以符号的直角顶点代表地物中心位置。

（4）几种几何图形组合成的符号，如气象站、消火栓等，以符号上、下图形的交叉点或下方图形的几何中心代表地物中心位置。

（5）下方没有底线的符号，如亭、窑洞等，以符号下方两端点间的中心点代表实地地物的中心位置。

三、半 比 例 符 号

半比例符号又称线形符号，实地上呈线状或带状延伸的地物，如通讯线、管道等，按测图比例尺缩小后，长度能依比例表示，而宽度无法按比例表示。半比例符号只能从图上量取其实地长度，而不能确定其宽度。表 6-2 中的 20、21 号都是半比例符号。这种符号的中心线一般表示其实地地物的中心位置，但是城墙和垣栅等，其准确位置在其符号的底线上。

在地形图上表示地面地物，究竟采用哪种符号，这要由地物本身的大小和测图比例尺确定。在同类地物中，由于大小相差悬殊，在同一地形图上就存在着比例符号、非比例符号和半比例符号。随着比例尺的缩小，原先用比例符号表示的地物，也可能变为用半比例符号或非比例符号表示。

四、地 物 注 记

除上述三种地物符号外，在地形图上还需要用文字、数字或特定的符号对地物加以说明，称为地物注记。如城镇、工厂、铁路、公路的名称；河流的流速、深度；房屋的层数及建筑材料；果树、森林的类别等。房产图上由于增加了很多房产要素，因此注记更多。

第四节 地 貌 符 号

地貌在地形图上，主要用等高线表示。利用等高线，能够准确表示地面起伏形态和确定地面点的高程，也能直接判断或确定地面坡度的变化。本节介绍用等高线表示地貌的方法。

一、等高线的概念

地面上高程相同的相邻点所连成的闭合曲线称为等高线。例如池塘水面静止时，其水面与塘岸的交线是一条闭合曲线，这条闭合曲线就是一根等高线。如图6-3，设想有一小山被若干个水面 H_1、H_2、…H_n 所截，这些水面的高程各不相同，但相邻两水面的高差相等，每个水面与小山表面的交线都是一条闭合曲线，同一曲线上所有点的高程必定相等，将这些曲线沿铅垂线方向投影到一个水平面 P 上，并按规定的比例尺缩绘到图纸上，就得到一张用等高线表示该小山的地貌图。

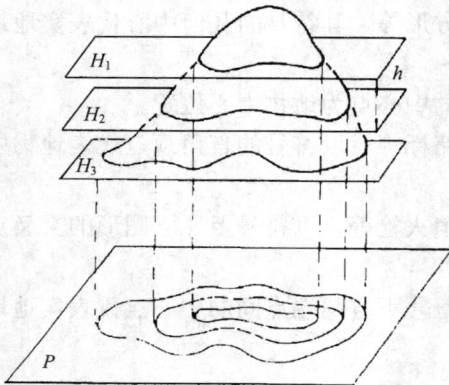

图 6-3

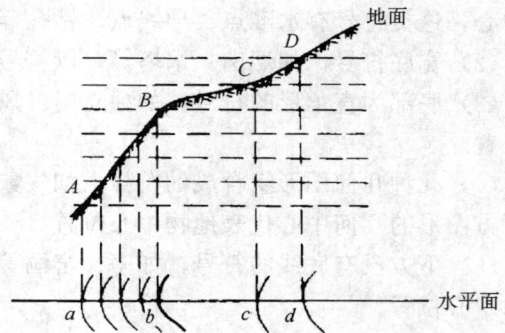

图 6-4

二、等高距和等高线平距

相邻等高线之间的高差称为等高距，也称为等高线间隔，常用 h 表示。在同一幅地形图内，只能采用一种等高距，称为基本等高距。等高距的大小是根据地形图的比例尺、地面起伏情况及用图的目的而选定的。例如1∶500 和 1∶1000 的地形图在起伏不大地区一般分别选用 0.5m 和 1m 的等高距，在山地则选分别用 1m 和 2m 的等高距。过小的等高距会使图上等高线太密，过大的等高距则不能正确反映地面的高低起伏状况。

相邻等高线之间的水平距离称为等高线平距，常用 d 表示。等高距一定时，地面坡度不同的地方，等高线平距亦不相同。如图6-4 所示，地面坡度较陡的 AB 段，其等高线平距较小，图上等高线显得密集；地面坡度较缓的 BC 段，其等高线平距较大，图上等高线显得稀疏；从图中还可看出，地面坡度相同的 AB 段，其等高线平距则相等。因此，可以根据等高线的疏密判断地面坡度的缓与陡。

三、等 高 线 分 类

为了更好地表示地貌的特征，便于识图和用图，地形图上采用四种等高线，如图6-5 所示，其中主要采用前面两种。

1. 首曲线

在地形图上按规定的基本等高距描绘的等高线，称为首曲线，也称为基本等高线，用细实线表示，这是地形图上最普遍的等高线。

2. 计曲线

为了读图方便，每隔四条首曲线（每5倍基本等高距）加粗描绘一条等高线并注记高程，称为计曲线，也称粗等高线。

3. 间曲线

为了显示首曲线还不能表示的局郎地貌特征，按1/2基本等高距描绘的等高线，称为半距等高线，又称间曲线，用6mm长，间隔为1mm的长虚线表示。

4. 助曲线

用间曲线还无法清楚显示地貌特征的局部地方，可按1/4基本等高距描绘等高线，称为辅助等高线，简称助曲线，用短虚线表示。

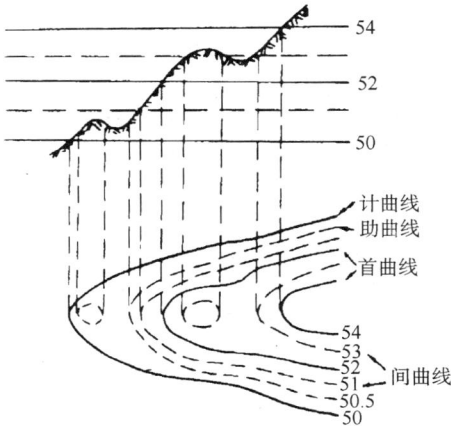

图 6-5

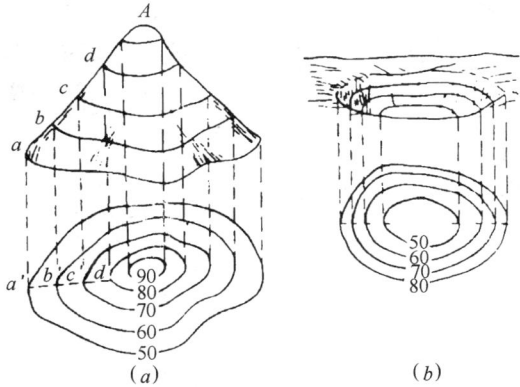

图 6-6

四、基本地貌的等高线

地貌虽然复杂多样，但经过仔细分析就会发现，它们可以归纳为几种基本地貌，了解和熟悉这些用等高线表示的基本地貌，将有助于识读、应用和测绘地形图。

1. 山头和洼地

如图6-6，山头和洼地的等高线都是一组闭合曲线。山头内圈等高线高程大于外圈等高线高程，洼地则相反。这种区别也可用示坡线来表示。示坡线是一条垂直于等高线并指示坡度降落方向的短线，一般标在最内圈上。示坡线往外标注是山头，往内标注的则是洼地。若一组闭合曲线不标示坡线，可认为是山头。

2. 山脊与山谷

山脊是沿着一个方向延伸的高地。山脊上最高点的连线称为山脊线。雨水以山脊线为界流向两侧，所以山脊线又称分水线。地形图上山脊的等高线表现为一组凸向低处的曲线，如图6-7（a）所示。

山谷是沿着一个方向延伸的洼地，位于两山脊之间。山谷中最低点的连线称为山谷线，山谷是雨水汇集下流的地方，所以山谷线又称汇水线。山谷的等高线表现为一组凸向高处的曲线，如图 6-7（b）所示。

3. 鞍部

相邻两山头之间呈马鞍形的低凹部位称为鞍部。一般说来，鞍部既是山谷的发源地，又是山脊的低凹处，因而山谷线和山脊线的交叉处必定是鞍部。鞍部等高线的特点是在一圈大的闭合曲线内，套有两组小的闭合曲线，图 6-8 中的 K 点处即是鞍部。

4. 陡崖和悬崖

陡崖是坡度在 70°以上的难于攀登的陡峭崖壁，如图 6-9（a）所示。陡崖分土质和石质两种，分别用图 6-9（b）、图 6-9（c）所示的符号表示。

悬崖是上部突出，中间凹进的山坡，此时上部的等高线投影到水平面上，将与下部对等高线相交，则下部凹进的等高线用虚线表示，如图 6-10 所示。

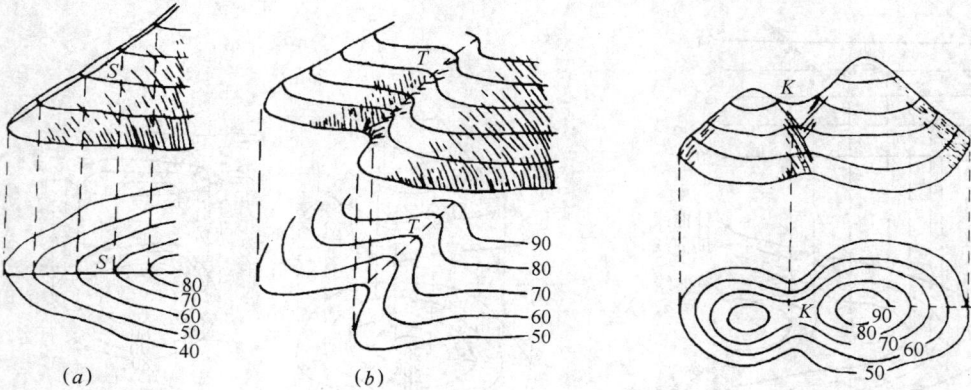

图 6-7

图 6-8

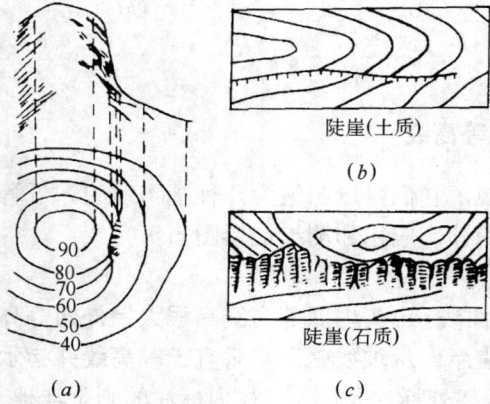

陡崖(土质)

（b）

陡崖(石质)

（c）

图 6-9

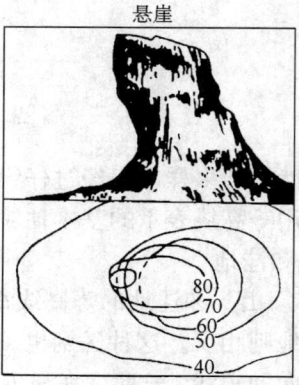

悬崖

图 6-10

还有一些地貌符号，如陡石山、崩崖、滑坡、冲沟、梯田坎等。这些地貌符号和等高线配合使用，就可表示各种复杂的地貌。

五、等高线的特性

（1）同一条等高线上各点的高程相等。

（2）等高线应是闭合曲线。如不在本图幅内闭合，则必在相邻图幅内闭合。因此，描绘等高线时，凡不在本图幅内闭合的等高线，应绘到图幅的边线，不能在图幅内中断。

（3）不同高程的等高线不能相交，若相交必在悬崖处；不同高程的等高线不能重合，只有在陡崖处才会几条等高线重合在一起。

（4）等高线平距愈小，表示坡度愈陡；平距愈大，坡度愈缓；平距相等，坡度均匀。

（5）等高线与山脊线、山谷线正交，并在山脊或山谷线两侧成近似对称图形。

第五节　地形图应用的基本内容

一、求图上某点的坐标

大比例尺地形图上绘有坐标方格网，并在图廓的四角点上注有纵横坐标值，据此和比例尺大小，可以知道每条纵横坐标格网线的坐标值。

如图 6-11 所示，若要求图上 A 点的坐标，先看 A 点落在哪个方格内，求出 A 点所在小方格西南角点 d 的坐标 x_d、y_d，然后通过 A 点分别作 X 轴和 Y 轴的平行线，与方格四边线相交于 m、n、h、k，量出图上长度 dh、dn，该长度乘上比例尺分母即为实地水平距离，则 A 点坐标为：

$$x_A = x_d + M \cdot dh$$
$$y_A = y_d + M \cdot dn \qquad (6\text{-}2)$$

式中，M 为地形图比例尺分母。

例如，图 6-11 比例尺为 $1:500$，d 点坐标为 $x_d=30050\text{m}$，$y_d=15550\text{m}$，从图上量得 $dh=0.0662\text{m}$，$dn=0.0428\text{m}$，则有

$$x_A = 30050 + 500 \times 0.0662 = 30083.1\text{m}$$
$$y_A = 15550 + 500 \times 0.0428 = 15571.4\text{m}$$

当需要提高量测的精度时，必须考虑图纸伸缩的影响。此时，除量出 dh、dn 长度外，还要量出此方格的边长 da、dc 的图上长度，该长度一般与方格边长的理论值 $l=10\text{cm}$ 会有少量差别。当 da、dc 不等于 l 时，应按方格的理论长度与实际长度的比例关系，计算消除了图纸伸缩变形误差的图上长度，再代入上式计算 A 点的坐标，公式为：

$$\begin{cases} x_A = x_d + M \cdot dh \dfrac{l}{da} \\ y_A = y_d + M \cdot dn \dfrac{l}{dc} \end{cases} \qquad (6\text{-}3)$$

二、求图上某直线水平距离

如图 6-11 所示，图上有 A、B 两点，欲求这两点间的水平距离，可按下述方法进行：

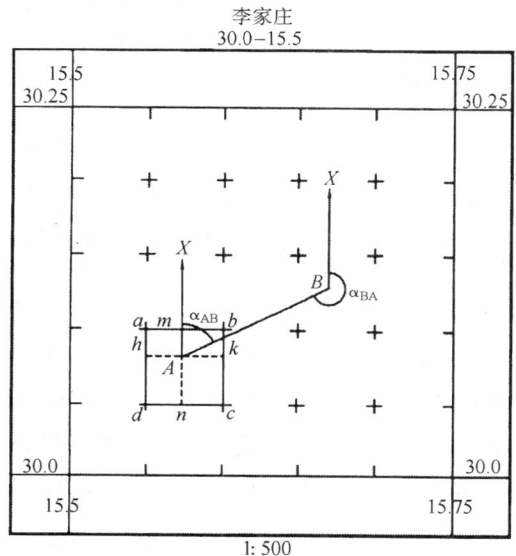

图 6-11

1. 直接在图上量距

用直尺在地形图上量出该直线的长度，乘上比例尺分母即为直线的水平距离，这种方法不考虑图纸伸缩的影响，适用于图纸伸缩变形很小或精度要求不高的场合。另一种方法是用两脚规在图上直接卡出直线两端点之间的长度，然后与地形图上的图示比例尺比较，就可得出直线的水平距离。这种方法可以消除图纸伸缩变形引起的误差。但大比例尺图一般没有图示比例尺，此时不能用这个方法。

2. 根据两点的坐标求水平距离

若按（6-3）式分别求出 A、B 两点的平面坐标 x_A、y_A 和 x_B、y_B，则 A、B 两点间的水平距离可按下式计算：

$$D_{AB} = \sqrt{(x_B - x_A)^2 + (y_B - y_A)^2}$$
$$= \sqrt{\Delta x_{AB}^2 + \Delta y_{AB}^2} \tag{6-4}$$

由于式中使用的坐标值考虑了图纸变形的因素，因此由上式计算的水平距离也可以消除图纸伸缩变形的影响。

三、求图上某直线的坐标方位角

欲求图 6-11 中直线 AB 的坐标方位角，有下述两种方法：

1. 直接在图上量取

先通过直线 AB 两端点 A、B 分别作平行于纵轴 X 的直线 AX 和 BX，然后用量角器分别量取方位角 α'_{AB} 和 α'_{BA}。同一直线两端的坐标方位角的角值之差应为 $180°$，但由于量测误差的影响，两者会有差异，应按下式计算直线 AB 的坐标方位角 α_{AB}

$$\alpha_{AB} = \frac{1}{2}(\alpha'_{AB} + \alpha'_{BA} \pm 180°) \tag{6-5}$$

2. 根据两点的坐标求坐标方位角

先按（6-3）式在图上求出 A、B 两点的平面坐标，则直线 AB 的坐标方位角可按坐标反算公式计算：

$$\alpha_{AB} = tg^{-1} \frac{\Delta y_{AB}}{\Delta x_{AB}} \tag{6-6}$$

式中 $\Delta x_{AB} = x_B - x_A$，$\Delta y_{AB} = y_B - y_A$。在用电子计算器计算方位角值时，应根据 Δx_{AB}、Δy_{AB} 的符号来确定 α_{AB} 值所在的象限，经换算后得到正确的方位角值。

四、求图上某点高程

若所求点的位置恰好在某一等高线上，那么，此点的高程就等于该等高线的高程。如图 6-12 中，A 点的高程为 42m。若所求点的位置不在等高线上，如 B 点，这时要通过 B 点作一条大致垂直于相邻两等高线的线段 mn，分别量取线段 mB 和 mn 之长度，确定 mB 与 mn 之比值。从图中量得 $mB = 6.8mm$，$mn = 10.2mm$，则 B 点的高程

$$H_B = H_m + \frac{mB}{mn} \cdot h_0$$

$$= 46 + \frac{6.8}{10.2} \times 2 = 47.3m$$

式中，h_0 为等高距，本图为 2m。

求图上某点的高程时，mB/mn 的值通常是目估法得到，估读到 1/10 的精度，再根据等高距和此处等高线的高程快速地求出所求点的高程。例如，目估点 C 点与其下方高程为 44m 的等高线的平距，约为此处等高线平距的 4/10，则 C 点的高程为 44.8m。

五、确定直线坡度

直线的坡度，是指直线两端点间高差与其平距之比，以 i 表示。

$$i = \frac{h}{D} = \frac{h}{d \cdot M} \qquad (6-7)$$

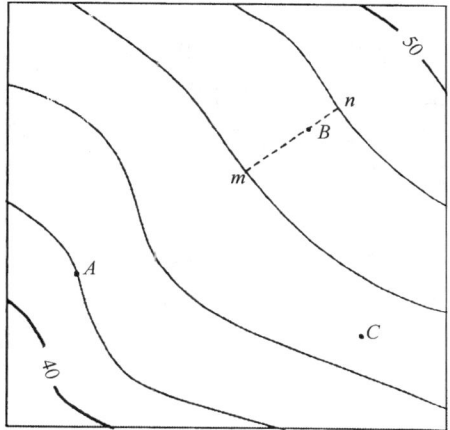

图 6-12

式中 h 为直线两端点的高差，可先在图上求两端点的高程，然后相减得到；D 为该直线的实地水平距离，可由图上长度 d 乘上地形图比例尺分母 M 得到。如图 6-12 所示，按前述方法求出 A、B 两点间平距 $D_{AB} = 80m$，高差 $h_{AB} = +5.3m$，则坡度

$$i_{AB} = \frac{h_{AB}}{D_{AB}} = \frac{+5.3}{80} = +6.6\%$$

如果两点间的距离较长，中间通过数条等高线，且等高线平距不等，则所求地面坡度为两点间的平均坡度。

六、量测图形面积

1. 几何图形法

若图形是三角形、矩形、梯形、圆形等简单几何图形，可根据比例尺在地形图上量取计算面积所需的元素（长、宽、高、半径等），应用相应的公式计算面积。

若图形是由直线连接的多边形，则可将图形划分为若干个简单的几何图形，然后量取计算时所需的长度元素，应用面积计算公式求出各个简单几何图形的面积，再汇总出多边形的面积。如图 6-13 所示的多边形，可划分为 7 个简单几何图形。将多边形划分为简单几何图形时，需要注意以下几点：

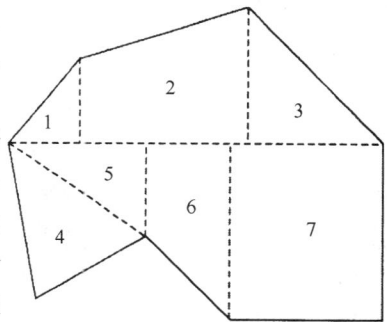

图 6-13

（1）将多边形划分为三角形，面积量算的精度最高，其次为梯形、长方形。

（2）划分为三角形以外的几何图形时，尽量使它的图形个数最少，线段最长，以减少误差。

（3）划分几何图形时，尽量使底与高之比接近 1：1（使梯形的中位线接近高）。

（4）如图形的某些线段有实量数据，则应首先利用实量数据。

（5）为了进行校核和提高面积量算的精度，应对同一几何图形，量取另一组面积计算要素，量算两次面积。

若图形为线状地物，可将线状地物看作为长方形，用分规量出其总长度，乘以实量宽度，即可得线状地物面积。

若图形边界为曲线，在面积精度要求不高时，可近似地用直线连接成多边形。再将多边形划分为若干种简单几何图形进行面积计算。

2. 透明方格网法

透明方格网法是求曲线边界图形面积的简便方法，如图 6-14，欲求曲线内的面积，可用绘有边长为 1mm 或 2mm 的正方形格网的透明纸，蒙在待测图形上，先数出图形内整方格数 n_1 和不足整格的方格数 n_2，由此计算出总格数

$$n = n_1 + \frac{n_2}{2}$$

然后用总格数 n 乘以每格所代表的面积 S_0，即得所求图形面积 S。

$$S = n \cdot S_0$$

为了检核错误和提高精度，应将方格网透明纸调整位置和角度后再量测一次，取其平均值作为此图形的面积。

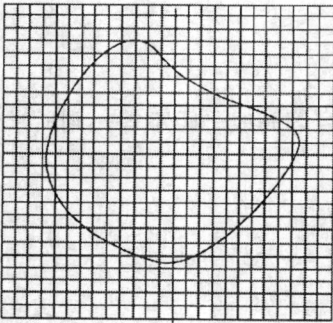

图 6-14

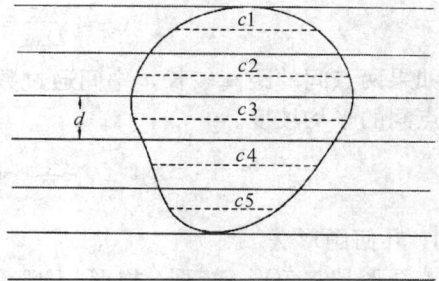

图 6-15

3. 平行线法

如图 6-15，欲计算曲线内的面积，将绘有间距为 d 的平行线透明纸蒙在待测图形上，也可将平行线直接绘在图形上，由此将欲测面积的图形分成若干近似梯形。用尺量出各梯形中间（图中虚线）长度 c_i，由下式可求出图上面积 S

$$S = c_1 d + c_2 d + \cdots + c_n d$$

即

$$S = d \cdot \sum_{i=1}^{n} c_i$$

再考虑地形图比例尺，便可得到所需面积。

4. 解析坐标计算法

解析坐标计算法是利用多边形顶点的坐标计算多边形面积的方法。多边形顶点的坐标，可以在地形图上量测得到，也可直接测定。

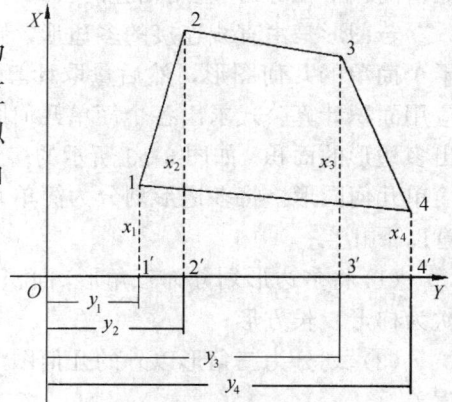

图 6-16

106

如图 6-16，已知多边形顶点坐标为 (x_1, y_1)、(x_2, y_2)、(x_3, y_3) 和 (x_4, y_4)，多边形的面积 S 是梯形 $1'122'$、$2'233'$、$3'344'$ 的面积之和减去梯形 $1'144'$ 的面积，即

$$S = \frac{1}{2}\left[(x_1+x_2)(y_2-y_1) + (x_2+x_3)(y_3-y_2) + (x_3+x_4)(y_4-y_3) - (x_1+x_4)(y_4-y_1)\right]$$

整理后得

$$S = \frac{1}{2}\left[x_1(y_2-y_4) + x_2(y_3-y_1) + x_3(y_4-y_2) + x_4(y_1-y_3)\right]$$

或 $$S = \frac{1}{2}\left[y_1(x_4-x_2) + y_2(x_1-x_3) + y_3(x_2-x_4) + y_4(x_3-x_1)\right]$$

推广至 n 边形的面积计算公式为

$$S = \frac{1}{2}\sum_{i=1}^{n} x_i(y_{i+1}-y_{i-1}) \tag{6-8}$$

或 $$S = \frac{1}{2}\sum_{i=1}^{n} y_i(x_{i-1}-x_{i+1}) \tag{6-9}$$

使用上两式时应注意如下几点：

(1) 各顶点应按顺时针依次编号；

(2) 当 x 或 y 的下标为 0 时，应以 n 代之；出现 $n+1$ 时，以 1 代之；

(3) 作为核查，计算时各坐标差之和应等于零。

(4) 为了检核计算是否正确，应用上述两个公式分别计算，结果应相等，如有不符，应重新计算。

例如图 6-16 所示的四边形，各点坐标见表 6-3，用解析法计算图形面积，计算过程见该表。

解析法计算图形面积 表 6-3

点号	坐 标		$y_{i+1}-y_{i-1}$	$x_i(y_{i+1}-y_{i-1})$	$x_{i-1}-x_{i+1}$	$y_i(x_{i-1}-x_{i+1})$
	x_i	y_i				
1	550.68	259.74	-305.69	-168337.37	-297.02	-77147.97
2	795.39	316.88	278.93	222653.52	-160.97	-51008.17
3	711.65	539.67	305.69	217544.29	297.02	160292.78
4	498.37	622.57	-279.93	-139508.71	160.97	100215.09
Σ			0	132351.73	0	132351.73

长度单位：m　　面积单位：m²

表中用 (6-8) 式和 (6-9) 式分别计算，其求和部分数值相等，计算正确，面积为：

$$S = \frac{1}{2} \times 132351.73 = 66175.86 \text{m}^2$$

解析坐标计算法求面积的精度取决于坐标的精度。当坐标在图上量测得到时，面积的精度由于受坐标精度的影响，其精度与其它图解法（如几何图形法等）求面积的精度相当。但当坐标是由实地测量得到时，由于坐标精度很高，用解析坐标计算法可以获得很高的面积精度。在房地产测绘中，在确定不同产权人房屋用地面积时，一般根据实测坐标用解析法计算面积。

5. 求积仪法

求积仪是在图上量测图形面积的有效方法，具有速度快、精度好的优点，能比较方便

地量测各种复杂的图形面积，但求积仪在量测小图块和狭长图块时精度会降低，此时宜采用其它方法量测图形的面积。

求积仪有机械式和电子式两种，机械式求积仪采用人工读数法，功能单一，精度不够稳定，目前正逐渐被淘汰，取而代之的是电子式求积仪。下面以日本牛方商会出品的X—PLAN360dⅡ求积仪为例，简要介绍电子求积仪的结构、功能与使用方法。

X—PLAN360dⅡ求积仪的结构如图6-17所示。它是采用集成电路和机电装置制造的新型求积仪，面积精度达到0.1%，且操作简便，可靠性高。这种求积仪不但可以测定面积，而且可以同时测定线长，在量测多边形时，不须沿各边描迹，只要依次用描点对准各顶点，即可得到图形的面积或线长，面积或线长结果能自动在显示窗上显示出来。

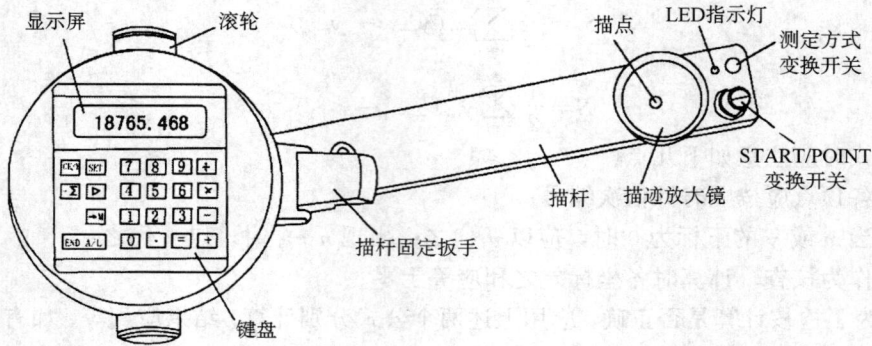

图 6-17

使用X—PLAN360dⅡ求积仪进行面积测量时，先将欲测面积的地形图粘贴在图板上，使图板大致水平，在图形轮廓线上标记起点，然后安放求积仪。当图形较大时，将仪器放在图形轮廓的中间偏左处，使描迹放大镜上下移动时，能够到达图形轮廓线的上下顶点；当图形较小时，将仪器放在图形轮廓外面的合适位置。抬起描杆固定扳手，电源自动接通，设置图形比例尺和面积单位，用手握住描迹放大镜，使放大镜红圈中心点对准起点并按"开始"开关后，沿图形轮廓线顺时针方向移动，准确地跟踪一周后回到起点，再按"结束"键。此后，液晶屏显示出的数值，即为所测量的实地面积，若再次按下"结束"键，则显示线长值。

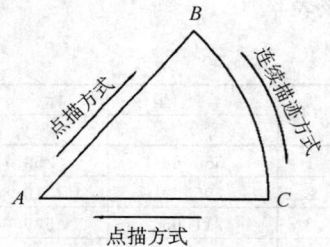

图 6-18

在量测面积时，根据图形的特点合理运用线描和点描两种测定方式，可以更快更好地得到图形的面积。如图6-18所示，直线段 *AB* 和 *CA* 可采用点描方式，曲线段 *BC* 可采用线描方式。

思考题与习题

1. 什么叫地形图？
2. 何谓比例尺精度？它在测绘工作中有何作用？
3. 试求1：500、1：1000 比例尺地形图在采用正方形分幅时，其图幅大小和所包含的实地面积。
4. 地物符号分为哪几种？各在什么情况下使用？
5. 何为等高线、等高距和等高线平距？在同一幅图上，等高线平距与地面坡度有何关系？

6. 等高线有哪几种？

7. 试用等高线绘出山头、山脊、山谷和鞍部等典型地貌。

8. 等高线有哪些特性？

9. 地形图应用的基本内容有哪些？其中在地形图上进行面积量测的方法有哪些？

10. 根据图 6-19（比例尺为 1∶1000），求下列数据：

（1）求 A、B 两点的坐标。

（2）求 AB、AC 两段直线的水平距离。

（3）求 AB、AC 两段直线的坐标方位角及水平夹角∠BAC。

（4）求 D、E 两点的高程，及 D 点到 E 点的坡度。

（5）求建筑物 F 的面积。

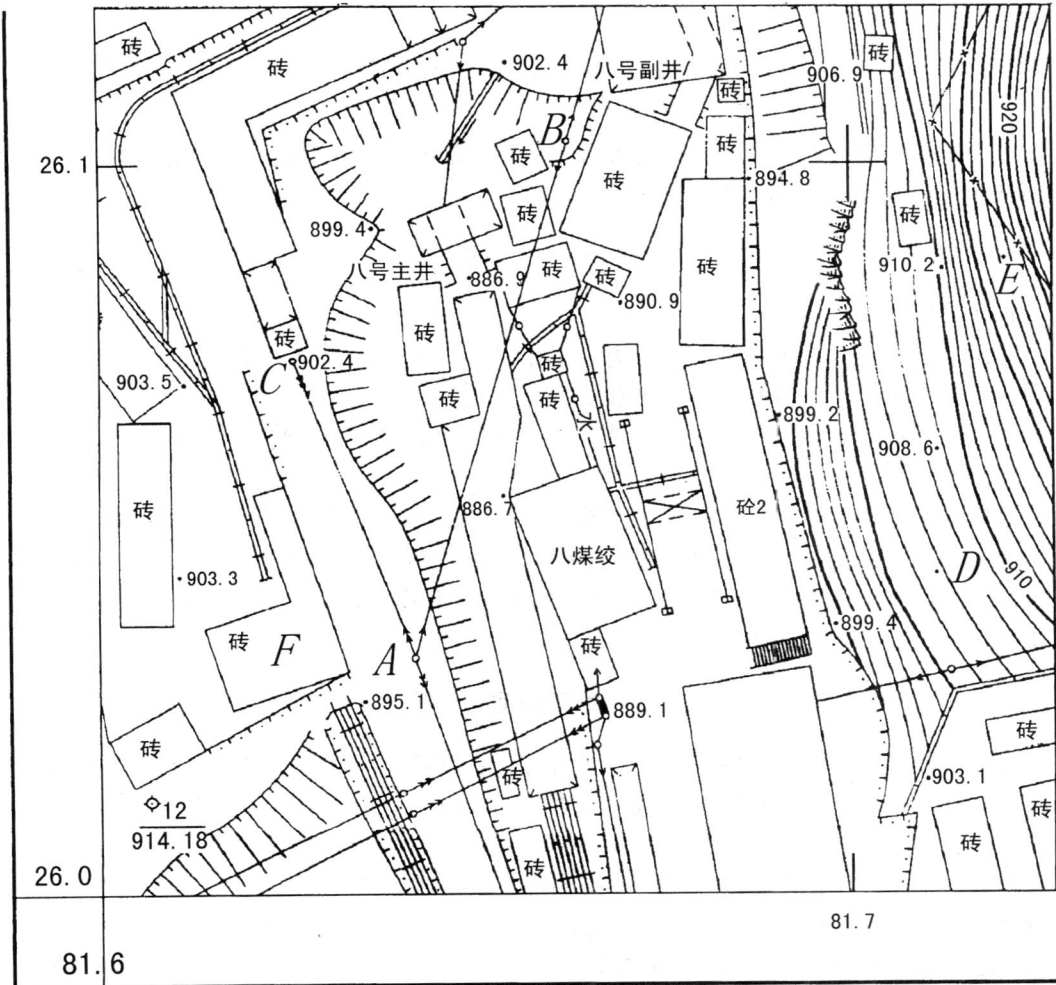

图 6-19

第七章 地形图测绘

图根控制测量工作结束后，就可以图根点为测站，测定各地物、地貌特征点的平面位置和高程，按一定的比例缩绘到图纸上，并依相应比例尺的《地形图图式》，描绘地物和地貌符号，经拼接、检查、清绘与整饰等作业后，即成地形图。本章仅介绍1：500～1：5000大比例尺地形图测绘的各项工作。

第一节 测图前的准备工作

测图前需准备好仪器、工具和有关资料，将控制点展绘在图纸上，并制订出工作计划。下面着重介绍如何将控制点展绘在图纸上。

一、图 纸 准 备

1. 绘图纸

在地形图测绘中，通常采用质量好、伸缩性小的绘图纸。对于需要保存时间较长的地形图，应将图纸裱糊在锌板、铝板或胶合板上，待阴干后再使用，以减少图纸的伸缩和变形。对于满足单项工程需要的临时用图，可将绘图纸用胶带纸直接固定在图板上进行测图。

2. 聚酯薄膜

近年来，大多采用聚酯薄膜替代绘图纸测图。聚酯薄膜是厚度为0.07～0.1mm的无色透明薄膜，其表面经打毛后，便可作绘图纸使用。它的优点是伸缩性小、质量轻、不怕潮、可洗涤、透明度好，底图上墨后，便可直接晒蓝图。但它也有易燃、易折和老化等缺点，在使用和保管中，应注意防火、防折。

二、绘制坐标方格网

为了精确地将控制点展绘于图纸上，首先应在图纸上准确地绘制直角坐标方格网。绘制的方法有对角线法、坐标格网尺法以及直角坐标仪法等。本节仅介绍前两种方法。

1. 对角线法

如图 7-1 所示，先在图纸上用直尺绘出两条对角线，得交点 O，从 O 点起以适当的长度沿对角线分别量取四个等长线段，得 A、B、C、D 四点，连接四点成一矩形。然后从 A、D 两点起各沿 AB、DC 向右每 10cm 截取一点；从 A、B 两点起各沿 AD、BC 向上每 10cm 截取一点，用 0.15mm 粗的线条连接各对边的相应点，即得直角坐标方格网。为了保证精度，绘制前应严格检查直尺是否平、直，其长度分划线是否准确。坐标方格网绘制后，应进行下列各项检查工作：

（1）各方格网的边长应为 10cm，其差值不得超过图上 0.1mm；

（2）方格网四条外边误差不得超过图上 0.2mm；

（3）方格网的总对角线长度与理论值相比，其误差不得超过图上 0.3mm；

（4）各方格网的交点应在同一条直线上，其偏差不得超过图上 0.2mm。

2. 坐标格网尺法

如图 7-2 所示，坐标格网尺是一把可绘制 40cm×50cm 和 50cm×50cm 坐标方格网的精密金属尺，尺上每 10cm 有一小方孔，全尺共有六个小方孔，方孔内有一斜面，左端第一个方孔的斜面下边缘是一直线，线上刻有一零线，表示尺子的零点，其余各方孔的斜面下边缘均是以零点为圆心，以 10、20、30、40、50cm 为半径的圆弧。尺子末端是以 70.711cm 为半径的圆弧，靠近末端另有一个方孔，其斜面下边缘是以 64.031cm 为半径的圆弧。70.711cm 为 50cm×50cm 正方形

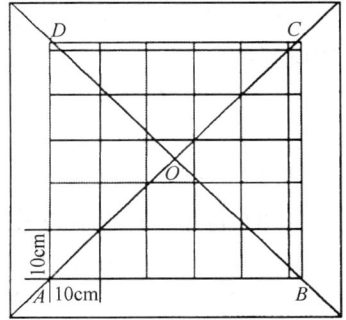

图 7-1

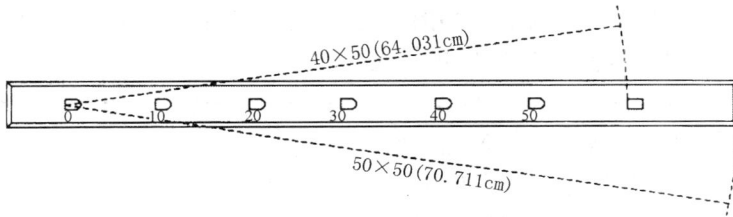

图 7-2

对角线的长度，64.031cm 为 40cm×50cm 正方形对角线的长度。用坐标格网尺绘制坐标方格网的步骤如图 7-3 所示。

（1）在图纸下方适当的位置上画一条粗为 0.15mm 的水平直线，并在直线的左端取一点 A，将尺子的零点对准 A 点，并使各孔中心都通过该直线，如图 7-3（a），沿五个孔的斜

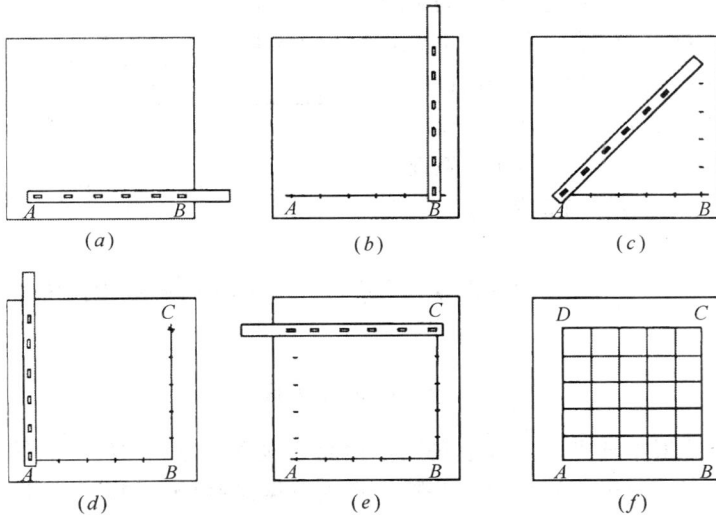

（a）　　　　　　　（b）　　　　　　　（c）

（d）　　　　　　　（e）　　　　　　　（f）

图 7-3

边画线与直线相交,并定出末点 B。

（2）将尺子置于 AB 直线的垂直方向上,以零点对准 B 点,如图 7-3（b）,沿各孔的斜边画弧线。

（3）将尺子置于对角线上,以零点对准 A 点,如图 7-3（c）,沿尺子末端的斜边画弧线,与图 7-3（b）右上角第一条弧线相交于 C 点,连接 B、C 得方格网右边线。

（4）同法将尺子置于图 7-3（d）位置和另一条对角线位置,画出方格网的左边线。

（5）将左、右边线的最远点相连,如图 7-3（e）,即得上边线。连接各对边间隔为 10cm 的相应点,即得坐标方格网,如图 7-3（f）。

坐标方格网绘好后,亦应对方格网的边长、对角线长以及方格网的交点进行检查。其各项精度要求同上述对角线法。

三、展 绘 控 制 点

坐标方格网绘制后,将图幅各条格网线的坐标值,注记在相应格网边线的外侧,如图 7-4 所示,然后根据控制点的坐标值进行展绘。例如 A 点坐标为: $x_A = 30085.56$m, $y_A = 15570.34$m,位于 $abcd$ 方格内,其 X、Y 坐标值分别比 d 点的坐标大 35.56m 和 20.34m,相应的图上长度为 7.11cm 和 4.07cm。展点时,从 d、c 点向上量 7.11cm,得 h 点和 k 点,同法从 a、d 向右量 4.07cm,得 m、n 两点,连接 hk 和 mn,其交点即为控制点 A 的位置。在该点的右侧画一短横线,在横线的上方注明点号,下方注明高程。

同法展绘 B、C、D 等各控制点。为了测图方便,位于方格网线外边缘的控制点,也应适当地展绘。展完点后,用直尺检查相邻两控制点之间的边长与实测边长的图上长度是否一致,其差值不得超过图上的 0.3mm；用量角器检查各已知边的方位角,也不应有明显的误差。

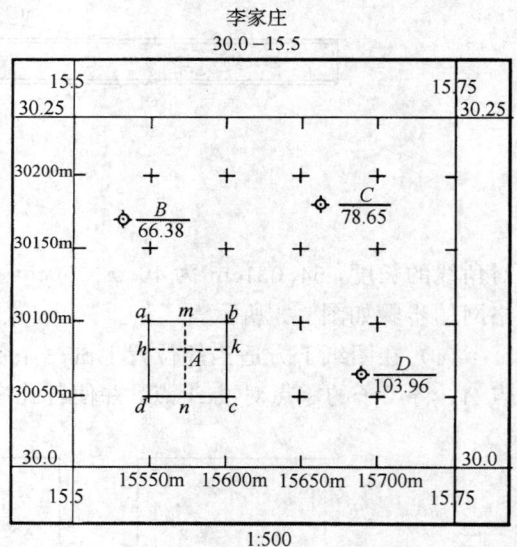

图 7-4

第二节　碎部点选择及地形图测绘内容

一、碎部点选择

地形图测绘的根本任务,实际上是测定地面上地物、地貌的特征点的平面位置和高程并将它们在图上表示出来,然后以这些特征点为依据绘制相应的几何图形。这些特征点亦称碎部点,碎部点选择是否恰当,直接影响成图的质量和速度,因此,碎部点的选择是地形图测绘中的重要环节。

1. 地物的特征点

如图 7-5 所示，地物的特征点是指房屋的角点，道路的转折点、交叉点，烟囱、水塔的中心点，气象站的风向标点，以及河流岸边线上的曲线点等。一般规定，凡建筑物轮廓凹凸长度在图上大于 0.5mm 时，均应在图上表示出来，1∶500 地形图放宽到 1mm。此外，如遇境界线，碎部点应选在界桩、界碑上，并记下其编号。

植被是一种特殊的地物，其特征点是指各类植物边界线上的拐点，如水稻田、旱地、菜地、竹林、苗圃、经济林以及水生经济作物地等的边界拐点，都应选为碎部点。

2. 地貌的特征点

如图 7-5 所示，地貌的特征点是指山顶、山脊、山谷、谷口、鞍部以及方向变化点和坡度变化点。还有陡崖、悬崖、冲

图 7-5

沟、坑穴、石堆、石灰岩溶洞等。为了详尽地表示实地情况，即使在平坦地区和地面坡度无显著变化的地区，也应选择足够的碎部点，碎部点的间隔不大于图上 3cm。

二、地形图测绘的内容和要求

由于测图目的和测图比例尺不同，地形图测绘的内容和要求会有所不同，对作为城市基本图的大比例尺地形图来说，其测绘内容和要求如下：

各类建筑物、构筑物及其主要附属设施，均应按实际轮廓测绘，房屋的外廓以墙角为准。小而密集的居民房屋区可视测图比例尺大小或用图需要，适当地加以取舍和综合。临时性的建筑物可以不测。

独立地物能够按比例表示的，应实测外轮廓；不能按比例表示的，应准确地测绘其定位点或定位线，并按规定符号加以表示。

道路及其附属物，应按实际形状测绘。管线的转折点应实地测绘，线路密集时或居民区的低压电力线和通讯线，可选择要点测绘。

水系及其附属物，一般按实际形状测绘。在地形图上宽度小于 1mm 的河沟和水渠，可用单线表示。

植被的测绘可按其经济价值和面积大小适当取舍，地类界与线状地物重合时，应绘线状地物符号；梯田坎的坡宽在地形图上宽度大于 2mm 时，应实测坡脚；小于 2mm 时可量注坎的高度；两坎间距小于 5mm（1∶500 地形图小于 10mm）时，可以适当取舍。

地貌宜以等高线表示，山顶、鞍部等地貌特征点应测注高程，特殊地貌如陡崖、石灰岩溶洞等，均应以规定的符号表示。

图上的居民地、道路、山岭、河流以及主要单位的名称均应准确。

第三节　经纬仪测图

测绘地物、地貌特征点的工作，称为碎部测量。碎部测量的方法有经纬仪测绘法、大平板仪测绘法、小平板仪与经纬仪联合测绘法以及电子全站仪测绘法等。本节先介绍经纬

仪测绘法。

一、经纬仪测图的步骤与方法

如图7-6所示,经纬仪测绘法是将经纬仪安置在测站点上,测定碎部点方向与已知方向之间的夹角,用视距法测定测站点到碎部点的水平距离和碎部点的高程,然后用量角器和比例尺,将碎部点的位置展绘在测站旁所置小平板的图纸上,对重要的地物点,为保证测距精度,可用皮尺量距。经纬仪测图的具体步骤与方法如下:

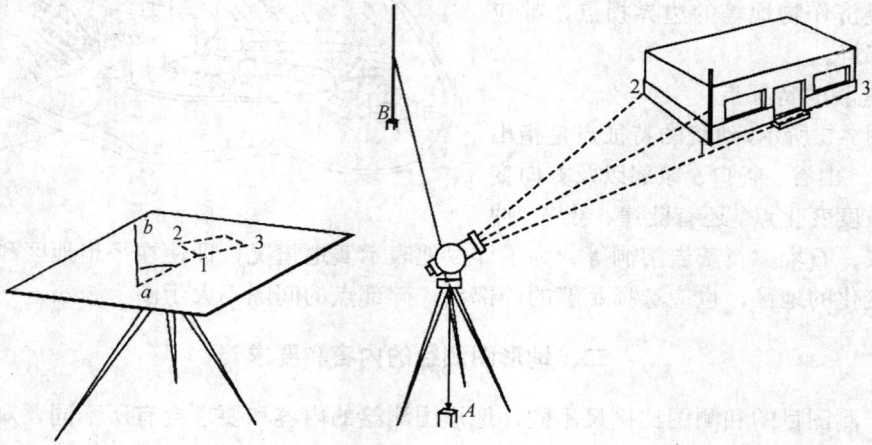

图 7-6

1. 安置仪器

安置经纬仪于测站A点上,对中、整平、量取仪器高i,在经纬仪的附近摆放图板,图板的方向应使图上地物与实际地物的方位大致相同。

2. 定向

盘左瞄准另一控制点B并配水平度盘读数为$0°00'00''$。B点称为后视点,亦称为定向点,AB方向称为起始方向或零方向。起始方向在图上的长度最好大于10cm,以保证定向精度。绘图员在图上绘出测站点与后视点的连线ab,将量角器钉在图上测站点a处。

3. 立尺

立尺员依次将标尺立在地物或地貌的特征点上,立尺前应商定立尺路线和施测范围,选定主要立尺点,力求做到不漏点,不废点,一点多用,布点均匀。碎部点的最大间距和最大视距参见表7-1。

碎部点最大间距和最大视距 表 7-1

测图比例尺	地貌点最大间距 (m)	最 大 视 距 (m)			
		主 要 地 物 点		次要地物点和地貌点	
		一般地区	城市建成区	一般地区	城市建成区
1:500	15	60	50(量距)	100	70
1:1000	30	100	80	150	120
1:2000	50	180	150	250	200

114

4. 观测

转动经纬仪照准部，瞄准立于待测点处的标尺，读取视距 $K \cdot l$、中丝读数 v、竖盘读数 L 和水平角 β，读竖盘读数时应先调竖盘指标水准管居中。

5. 记录

将每一个碎部点所测得的数据，依次记入视距碎部测量手簿（表7-2）中。对于特殊的碎部点，还应在备注栏中加以说明，如山顶、鞍部、房角、道路交叉口、消防栓和电杆等，以备查用。

视距碎部测量手簿　　　　　　　　　　　表 7-2

测站：A　　测站高程：82.89m　　仪器高：1.42m　　后视方向：B

点号	视距（m）	中丝读数（m）	竖盘读数	竖直角	水平度盘读数	水平距离（m）	高差（m）	高程（m）	备注
1	32.8	1.84	88°12′	1°42′	68°32′	32.8	0.55	83.44	屋角
2	34.7	0.69	90°45′	−0°45′	62°48′	34.7	0.28	83.17	屋角
3	48.6	1.23	89°41′	0°19′	72°12′	48.6	0.46	83.35	屋角

6. 计算

按第四章介绍的视距测量计算方法，求出测站点至碎部点的水平距离 D 和碎部点高程 H。计算结果填入表7-2中有关栏内。

7. 刺点

如图7-7所示，在图板上转动量角器，使与碎部点水平角值（例如1点的68°32′）对应的量角器刻划线与图上 ab 零方向线重合后，在量角器0°方向线（水平角大于180时在180°方向线）上，按测图比例尺刺出水平距离为 D 的碎部点位置，并在点的右侧注明高程，要求字头向北。

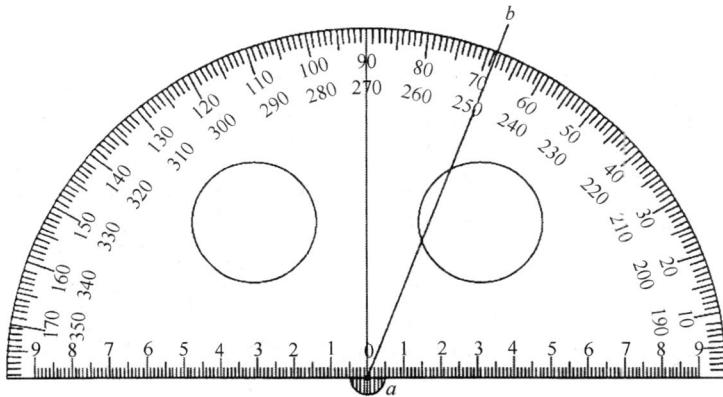

图 7-7

8. 绘图

在图上定出特征点后，应立即在现场绘出图形。如图7-6中，测了房屋的3个屋角后，即可连线得到该房屋的图形，其中不可见的两条线可在图上用推平行线或作垂线等几何作图法绘出。需要绘等高线时，也应在现场绘出。

地物应按《地形图图式》规定的符号进行描绘。例如道路与河流的曲线部分，是逐点连成光滑的曲线；房屋的平面位置，是把相邻的房角点用直线连接起来，再注以建筑材料和层数；不能按比例描绘的地物，应按规定的非比例符号表示。

表示地貌的等高线可按内插法进行勾绘。如图 7-8 所示，地面上 A、B 两点的高程分别为 43.3m 和 48.4m，基本等高距为 1m，则两点之间有 5 条等高线通过，高程分别为 44m、45m、46m、47m 和 48m。设 A、B 两点在图上的投影为 a、b 点，先按高差与平距成比例的原则，在图上目估定出距 a、b 点最近的 44m 和 48m 等高线通过的点 1、2，其中 1、a 点的距离与 a、b 点的距离之比为：

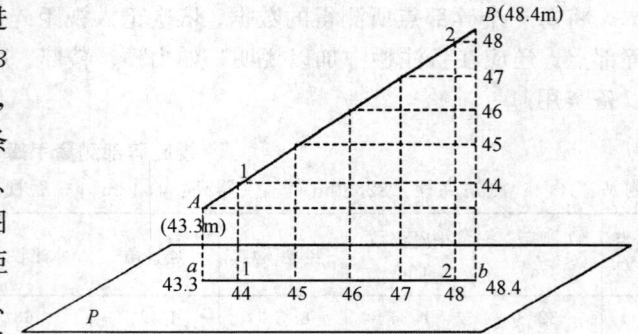

图 7-8

$$\frac{44-43.3}{48.4-43.3}=\frac{1}{7}$$

据此比例可定出 1 点，同理定出 2 点。然后在 1、2 两点间 4 等分，便可得到其余 3 根等高线通过的点。

按照上述方法，求出图上各相邻地貌特征点间等高线通过的点，然后将高程相同的相邻点用曲线光滑地连接起来，即可得到等高线。图 7-9 所示为某局部地段等高线描绘的过程，(a) 图中的实线和虚线是地性线，其中虚线表示山脊线，实线表示山谷线；(b) 图中与山脊线和山谷线相交的短线是通过内插得到的等高线经过点；(c) 图是绘好的等高线图，其中应将高程为 5 倍等高距的等高线（此处高程为 45m）加粗，并注明高程，成为计曲线。

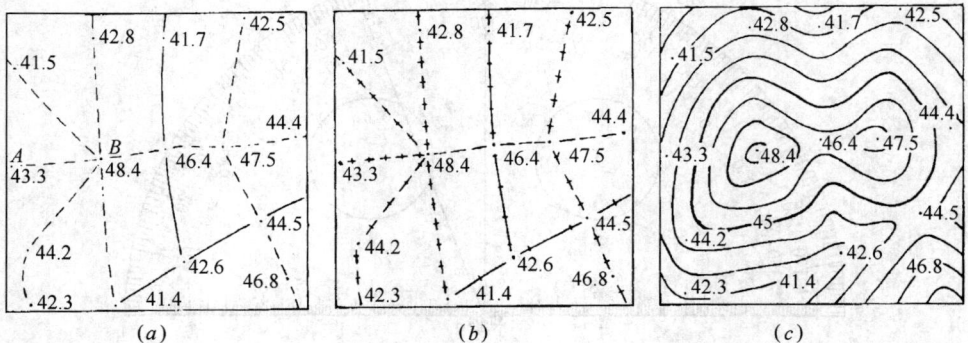

图 7-9

一个测站上所有地物和地貌测完并检查合格后，搬站进行下一测站的测绘。若测区面积较大，可分成若干幅图，分别测绘，最后拼接成全测区地形图，为了便于相邻图幅的拼接，每一边应测出内图廓外 5mm，自由图边在测绘过程中，应加强检查，确保无误。

二、碎部测量注意事项

(1) 测图过程中，应经常检查定向方向，其误差应小于±4′，否则应重新定向，重测各主要碎部点。

(2) 一个测站工作结束时，要检查有无遗漏、测错，并将图上的房屋、道路及地性线等与实地对照，以便修正。

(3) 为了保证测图的质量，仪器搬到新站后，先检查前一站所测的个别明显地物，看其平面位置和高程是否符合规范要求，若相差较大，必须查明原因，予以纠正。

(4) 在测绘地物、地貌时，必须遵守"看不清不绘"的原则，做到随测、随算、随刺、随绘。地形图上的线条、符号及注记，一般都应在测图现场完成。

(5) 对于城镇市区的重要地物，如厂房角点、电视塔中心点、地下管线交叉点等，都应使用皮尺、钢尺或测距仪直接测定距离。

三、增补测站点

地形图测绘应充分利用控制点和图根点，当图根点的密度不够时，可在现场增补测站点，以满足测图需要。常用的增补方法是布设一条边的支导线，从图根点测定支导线点（简称支点）时，用经纬仪观测图根点与支点和后视点的水平夹角一测回，用视距或量距测定图根点到支点的水平距离 D，用经纬仪视距测量法测出高差 h。

支导线的边长和高差都应往返测，即仪器搬到支点之后，用同样的方法返测水平距离 D 和高差 h。视距往返测的相对误差不应大于 1/200，高差往返测的较差也不得超过 1/7 基本等高距。成果符合要求后，求往返距离和高差的平均值，并求出支点的高程，然后将支点展绘于图纸上，即可作增补的测站点使用。

四、地形图的拼接

当整个测区划分为若干图幅时，相邻图幅的衔接处，由于测量及绘图的误差，无论是地物的轮廓线还是等高线，大多不会完全吻合。图 7-10（a）表示南北两幅图的拼接情况，其中房屋、道路、河流、等高线都有偏差。如果其差值不超过规定的地物点点位中差（见表 7-3）的 $2\sqrt{2}$ 倍时，可以进行拼接修正。超过限差则应实地检查纠正。

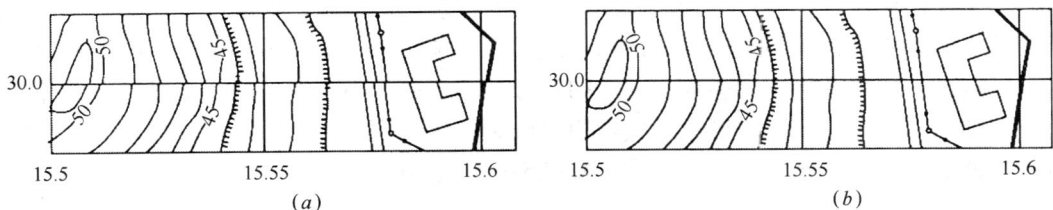

图 7-10

白纸测图的拼接方法是：用宽 3～4cm 的透明纸条，蒙在一图幅的拼接边上，用铅笔将图内的格网线、地物和等高线描绘在透明纸条上，然后把纸条按格网线位置蒙在另一图幅的对应拼接边上，同样将地物和等高线描绘在该纸条上。这样即可看出相应地物和等高线的偏差情况，如偏差不超过上述规定，用红笔按其大致趋势，将平均位置画在透明纸条上，然后用硬铅笔将平均位置分别印在对应的两幅图上，最后再用铅笔在图上按此平均位置进行修改，如图 7-10 (b)。

当采用聚酯薄膜测图时，可利用其自身的透明性，将两幅图拼接边叠合起来，如偏差在容许范围内，则将误差平均分配后，分别在两幅图上直接进行修改。

五、地形图的检查

地形图测完后，为了保证成图质量，作业人员应对地形图进行全面检查。

1. 室内检查

（1）应提交的资料是否齐全，图根控制点的数量是否足够，手簿中有无错误。

（2）坐标方格网的边长和控制点的展绘是否符合精度要求。

（3）图上的地物、地貌是否清晰易读，符号、注记是否正确，等高线与碎部点的高程是否相符，趋势是否合理，拼接边是否符合精度要求等。如果在检查中发现了问题，应一一记下，以便到现场检查、纠正。

2. 外业检查

（1）巡视检查　手持地形图与实地对照，查看地物、地貌有无遗漏和明显错误，其表示方法和取舍方法是否正确、注记是否合理等。

（2）测站检查　根据室内检查和巡视中发现的问题，在测站上用经纬仪检查，并进行修改。此外，对于图中的地物应进行一定数量的抽查。地物点相对于邻近图根点的点位误差和高程误差，不得超过表 7-3 规定的 $2\sqrt{2}$ 倍，根据等高线求算一点的高程相对于邻近图根点所测高程的误差，不应超过表 7-4 规定的 $2\sqrt{2}$ 倍。

地物点的点位中误差　表 7-3

区域类型	点位中误差	备　注
一般地区	图上 0.8mm	隐藏或施测困难地区可放宽 50%
城镇居住区	图上 0.6mm	

等高线的高程中误差　表 7-4

地形类别	平坦地	丘陵地	山地	高山地
高差中误差（等高距）	1/3	1/2	2/3	1

六、地形图的清绘和整饰

为了使图面清晰、美观、合理。经过检查和拼接的地形图，还应进行清绘和整饰，其顺序是：坐标格网、控制点、独立地物、地物、植被符号、地貌符号以及首曲线和计曲线等，最后是图廓及图廓外的整饰。图上的符号、注记的大小，线条的粗细以及图廓外的注记、接图表等，均应按《地形图图式》规定绘制。然后注明图名、图号，比例尺、测图单位和日期等。一切工作完成后，即成一幅完整的地形图。

第四节　平板仪测图

平板仪测图也是视距测量的一种形式，它可以同时测定点的平面位置和高程，所不同的是用平板来代替经纬仪的水平度盘，即水平角由图解法获得。此外，直线的水平距离除可用视距测量获得外，也可用图解法求得，所以，平板仪测量也称为图解测量。

一、平板仪测图原理

如图 7-11，设地面有已知控制点 A、B，并已展绘成图上 a、b，现欲将地面 C 点测绘到图上。先将展绘有控制点 a、b 的图纸固定在平板上，通过平板仪的对中、整平设备，使图上 a 点与实地 A 点位于同一铅垂线上，并使平板水平；利用照准设备和旋转平板，使图上 ab 线与实地 AB 线位于同一竖直面内（即定向）；然后利用照准设备确定实地 AC 线在平板上的铅垂投影方向线 ac，得到的图上角度 $\angle bac$ 即为实地上对应的水平角 $\angle BAC$。再用视距法测定 A 至 C 点的水平距离 D 以及 C 点的高程 H_C，最后从图上 a 点开始，沿 ac 方向线按测图比例尺量取 D 的图上长度，刺出 C 点在图上的位置，并在 C 点右侧注记高程。

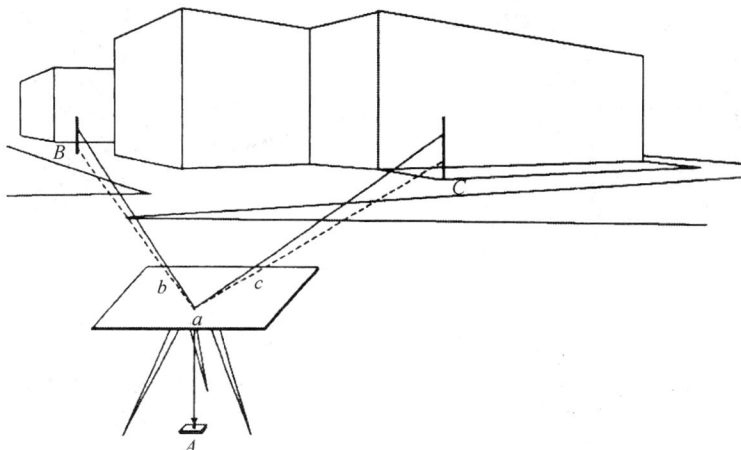

图 7-11

二、平板仪的构造

平板仪是专门用于地形图测绘的仪器。由平板仪测量原理得知，平板仪必须有一块可以固定在三脚架上的图板，并可借助于水准器和基座上的脚螺旋使图板水平，还必须有瞄准和画方向线的照准仪，以及将地面点投影到图纸上的对点器和其它附件。平板仪依其结构及体积的不同分为大平板仪和小平板仪两种。

（一）大平板仪

1. 平板

平板由测板、基座和三脚架构成。测板是用边长 50～70cm、厚 2～4cm 正方形木板制成，用于固定图纸和安放照准仪。基座如图 7-12 所示，基座上有金属圆盘，圆盘上有三个测板连接螺旋，通过这些螺旋可将基座与测板连接在一起。基座上还有制动螺旋、微动螺旋和脚螺旋，其作用均与经纬仪上相应的螺旋相同。三脚架的作用与经纬仪的三脚架相同，通过三脚架上的连接螺旋，可将三脚架与基座相连。

2. 照准仪

如图 7-13 所示，大平板仪的照准仪是由望远镜、支柱、竖盘、长水准管、直尺及其平行尺等部件组成。它的作用相当于经纬仪的照准部，用来瞄准目标、画方向线、测量距离和高差。是大平板仪中最主要的部分。

照准仪最下部的基尺上装有一个能使尺边平行移动的平行尺，当瞄准目标后，不动照准仪而用平行尺边对准测站点画方向线。

竖盘的读数方法与光学经纬仪的分划尺读数方法基本一样。所不同的是，这种竖盘是按高度角进行注记的，当望远镜水平时，竖盘的读数为零，望远镜上仰时读数为正，下俯时读数为负。度数的偶数有注记，奇数地方则注以"＋"或"－"，以表示高度角的正负，读数分划尺中间的一根较长分划线为指标线，如图 7-14 所示。其中 (a) 图的读数为 0°00′，(b) 图的读数为 5°15′，(c) 图的读数为 −3°27′。

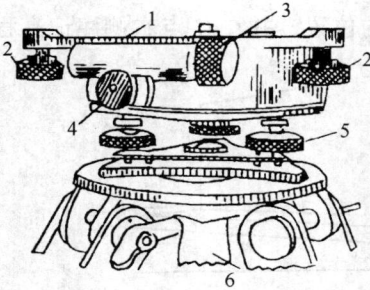

图 7-12

1—金属圆盘；2—测板连接螺旋；
3—微动螺旋；4—制动螺旋；
5—脚螺旋；6—连接螺旋

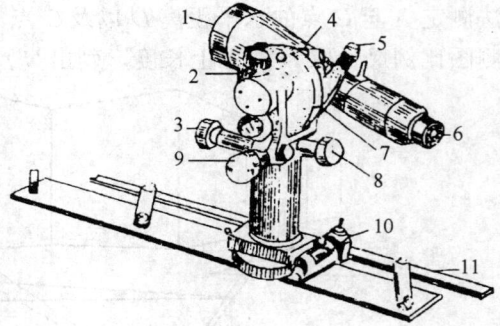

图 7-13

1—物镜；2—望远镜制动螺旋；3—望远镜微动螺旋；
4—竖盘指标水准管；5—读数显微镜；6—目镜；7—竖直度盘；8—竖盘指标水准管螺旋；9—横轴校正螺旋；10—长水准管；11—平行尺

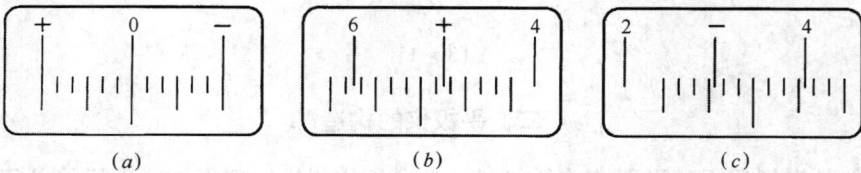

图 7-14

3. 附件

平板仪的附件一般有对点器、水准器和定向罗盘。

对点器　用于平板对中。如图 7-15 所示，它是由金属叉架和一个垂球组成，利用对点器可使图上的控制点与地面上相应控制点位于同一铅垂线上。

水准器　用于测图板整平，如图 7-16 所示是圆水准器，有的是长水准管。

定向罗盘　用于大致标定图板方向。如图 7-17 所示，磁针安装在长方形金属盒内，南北两端分划的连线与长盒外边线平行，借助于磁针和长盒的外边线，可使图纸对准磁北方向。

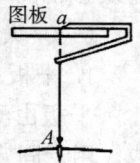

图 7-15

(二) 小平板仪

小平板仪的组成与大平板仪一样，主要由测图板、基座、三脚架、照准器以及对点器、水准器、定向罗盘等附件组成，但结构相对比较简单，如图 7-18 所示。

小平板仪的基座多为球窝式接合，如图 7-19 所示，在三脚架头上有金属碗状

图 7-16

的球窝，球窝内嵌入一个同样半径的金属半球和连接螺旋，测图板由连接螺旋连接在三脚架上。借助倾斜制动螺旋可将测图板安置在水平位置，借助水平制动螺旋来控制测图板水平方向的旋转。

小平板仪的照准器如图 7-20 所示，由直尺、接目觇孔板、接物觇孔板及水准器组成。直尺有木制和金属制两种，长约 20～30cm，在其斜边上刻有分划，靠近尺的两头有两个调平偏心板，用来调整照准仪使其水平。接目觇孔板和接物觇孔板位于直尺的两端，接物觇孔板上有一根细丝，作为观测方向的标准，接目觇孔板上有觇孔，作瞄准方向用。两块觇孔板上都刻有分划，可以用来测定距离和高差，但因精度不高目前已很少采用。

现在有的小平板仪的照准器采用光学望远镜瞄准目标和读数，并且能读取竖直角。这种照准器如图 7-21 所示。

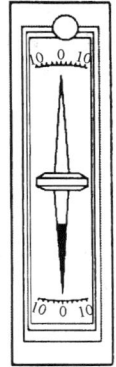

三、平板仪的安置

平板仪在一个测站上的安置工作包括对中、整平和定向。对中是使图纸上的图根点与地面上相应图根点位于同一铅垂线上；整平是使图板处于水平位置；定向是使图上的直线与地面上相应直线平行。这三项工作通常是相互影响的，因此，平板仪的安置必须分两步进行。

图 7-17

图 7-18

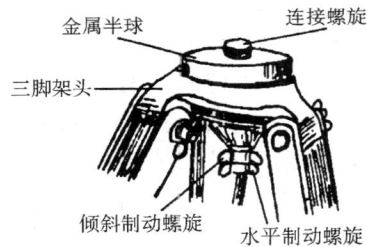

图 7-19

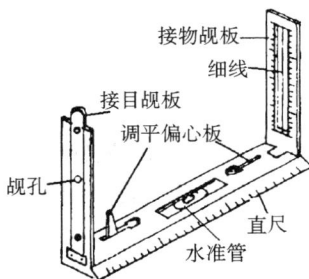

图 7-20

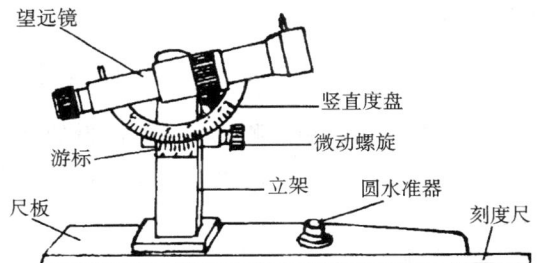

图 7-21

第一步是初步安置，工作顺序是定向、整平和对中。方法是先目估或用定向罗盘大致定向，然后移动脚架目估图板大致水平，最后平移整个图板进行粗略对中，此时应尽量不破坏前面的定向和整平。第二步是精确安置，工作顺序与初步安置相反，即先对中，再整平，最后定向，具体操作方法如下：

1. 对中

先将对点器的金属叉的尖端对准图板上的图根点，然后平移脚架使垂球尖对准地面上相应图根点标志。对中误差的限差与比例尺大小有关，一般规定为 $0.05\text{mm} \times M$，式中 M 为测图比例尺分母。例如测图比例尺为 $1:500$ 时，对中限差为 2.5cm；测图比例尺为 $1:1000$ 时，对中限差为 5.0cm。

2. 整平

对大平板仪，利用圆水准器整平的方法是将圆水准器置于图板中央，用基座上的三个脚螺旋，按水准仪圆水准器整平的方法，将图板整平；利用直尺上的管状水准器整平时，应将水准管分别置于两个互相垂直的方向上，按经纬仪水准管整平的方法，反复调节，将图板整平。

如果是小平板仪，没有基座脚螺旋，则放松倾斜制动螺旋，倾仰图板使水准器气泡居中，然后再拧紧倾斜制动螺旋即可。

3. 定向

定向通常选定一条较长的已知边作为定向边，对大平板仪，将照准仪直尺的平行尺边紧靠图纸上的定向边，转动平板，使照准仪的望远镜大致瞄准地面上定向边的另一图根点，固定图板，用微动螺旋微动平板，使十字丝准确瞄准该点。

小平板仪定向时，松开水平制动螺旋，旋转图板定向，最后再旋紧水平制动螺旋，如图 7-22 所示。

利用一个已知方向定向后，应再用其他图根点方向进行检查，其方向偏差值应不大于图上 0.2mm。平板仪定向的精度与定向边的长度有关，定向边愈长，定向精度愈高。局部地区，如果图上确实没有已知方向作定向边时，可采用长盒罗盘定向。将长盒罗盘的长边与南北方向坐标格网线重合，转动图板，使磁针北端的针尖指在零分划线上，固定图板，即可使用。

安置好平板后，量取仪器高 i，仪器高等于地面桩顶至平板高加上照准仪高。

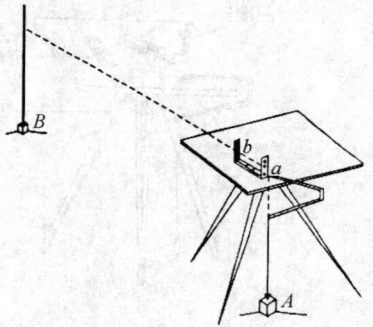

图 7-22

四、平板仪测绘地形图

小平板仪由于距离测量和高差测量的精度较低，因此一般不单独用它来测绘地形图，而是用来配合经纬仪或水准仪联合测图，具体方法详见下一节，这里主要介绍大平板仪测图的方法。

1. 观测

将照准仪放置在图上靠近测站点左侧的位置，用照准仪瞄准碎部点上的标尺，读取尺间隔、中丝读数。然后调竖盘指标水准管气泡居中，读取竖盘读数，此读数即为竖直角。

2. 计算

根据观测数据，按视距测量公式，计算水平距离 D 和高程 H。

3. 刺点

推动直尺的平行尺，使其边缘紧贴图上测站点，用卡规依测图比例尺在比例尺上截取水平距离 D，然后以测站点为起点，将卡规截取的水平距离沿平行尺边缘刺出，即得碎部点的平面位置，将算得的高程注在该点的右侧。

观测中，每测 20～30 个碎部点后，应检查起始方向有无变动，以避免因平板碰动而造成的返工。采用平板仪测绘地形图时，也应遵循随测、随算、随刺、随绘的原则，同时必须加强检查工作，以保证成图质量。

上述测图方法称为极坐标法，是大平板仪测图的主要方法。当遇到量距困难的点时，例如待定点因无路通行而不能立标尺等，可采用前方交会法定点。前方交会法确定点的平面位置是指通过两个控制点来确定待定点。如图 7-23 所示，设地面上有 A、B 两个控制点，它们在图上的相应位置是 a、b 点，要将地面点 M 的平面位置标定到图上来，先将平板仪安置于 A 点，依 ab 方向定向，用照准仪瞄准 M 点，沿 aM 方向画一短线 1-2。将平板仪安置于 B 点，依 ba 方向定向，再用照准仪瞄准 M 点，沿 bM 方向又画一短线 3-4。两条短线相交于 m 点，则 m 点即为地面点 M 在图上的平面位置。然后依图上量得的平距 am、bm 以及实测竖直角，分别计算 M 点的高程 H_M' 和 H_M''，并取平均值

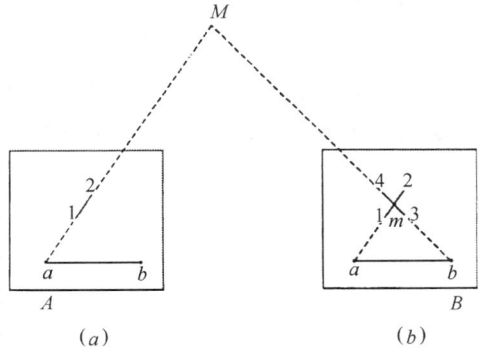

$$H_M = \frac{1}{2}(H'_M + H''_M)$$

作为 M 点的高程。

前方交会法定点的精度取决于交会角的大小，过锐或过钝的交会角都对定点精度不利，要求交会角不小于 30° 和不大于 150°。为了避免发生错误和提高交会精度，通常选三个方向进行交会，三个方向可能不会交于一点，而是形成一个三角形，称为示误三角形；如果示误三角形的大小超限，则必须重测。

平板仪测图法除确定碎部点位置的方法与经纬仪测图法不同外，其他过程如绘图、接边、检查、整饰等，其方法与要求完全一样，在此不再复述。

第五节　小平板仪配合经纬仪测图

小平板仪配合经纬仪测图法，是将小平板仪安置在控制点上，观测和描绘控制点至碎部点的方向线，而将经纬仪安置在控制点旁边，按视距测量方法，测定经纬仪至碎部点的水平距离和碎部点的高程，用方向线和水平距离交会出碎部点的图上位置。具体步骤与方法如下：

一、安　置　仪　器

如图 7-24 所示，将经纬仪安置在距图根控制点 A 约 2～3m 的 A' 点处，量出 AA' 的距离。在 A 点上立标尺，经纬仪对中整平后，将望远镜放置水平，瞄准 A 点上标尺，读取中

丝读数 L，根据控制点 A 的高程 H_A，计算经纬仪的视线高 $H_L = H_A + L$。然后将小平板仪安置在控制点 A 上，经对中、整平和定向后，用照准仪瞄准 A' 点，根据 AA' 的距离，按测图比例尺在此方向线上定出经纬仪在图上的位置 a' 点。

二、碎部点的测绘

如图 7-24 所示，在碎部点 1 上竖立视标尺，用经纬仪按视距测量方法测出 A' 到 1 点的水平距离及 1 点的高程。测绘员将照准仪直尺紧靠 a 点瞄准 1 点的标尺，在图上绘出 $a1$ 方向线，然后以 a' 为圆心，以 A' 到 1 点的水平距离按比例尺换算到图上的距离为半径画弧线与 $a1$ 方向线相交，交点 $1'$ 即为碎部点 1 在图上的位置，最后在其右侧注记高程。同法依次测绘出其余碎部点的平面位置及高程。

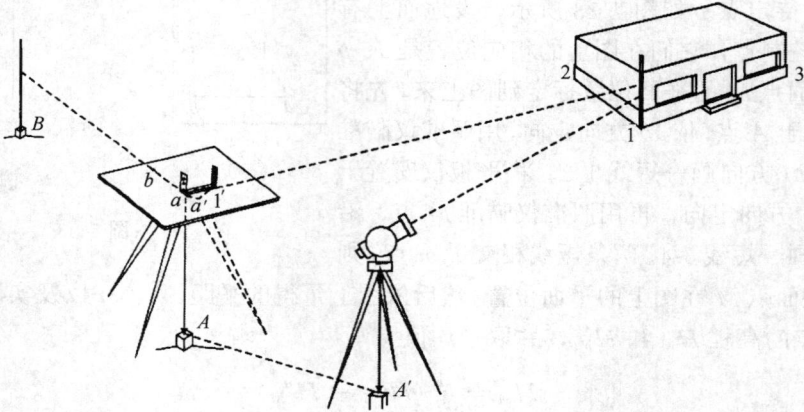

图 7-24

测图过程中平板必须稳定可靠，因此应随时检查定向点的方向，偏差不应大于图上 0.3mm。由于此法直接在图上描绘方向线，所以展点精度较高。但用小平板的照准仪观测时竖直角不能过大，因此该法不适用于高山地区。

在平坦地区，小平板仪也可配合水准仪进行测图。小平板仪安置在测站点上，水准仪安置在小平板仪旁边，用小平板照准器照准碎部点，定出方向，用水准仪读出视距和高差，在图上展点的方法同上。

在平坦地区测绘大比例尺图时，还可利用小平板仪与皮尺配合进行碎部测量，即将小平板仪安置在测站点上，用照准器瞄准碎部点的方向，距离直接用皮尺量出。使用这种方法时测站点到碎部点的距离不能太长，它适用于测绘地物平面图。在城市中经常用这种方法修测地形图。

第六节　全站式电子速测仪测图简介

全站式电子速测仪简称全站仪，是可以同时进行电子测角和光电测距的测量仪器。将红外光电测距仪，通过结合器安装在电子经纬仪上，再配上一个存贮器和一台袖珍计算机就可构成一套简易的全站仪。但现在更常见的是电子测角与光电测距一体化的全站仪，这种全站仪不但结构紧凑，而且功能更强，操作更方便，代表着全站仪发展的方向，是全站仪产品的主流。

全站仪能在测站上同时测量、显示和记录水平角、竖直角、水平距离、高差、高程、坐标等几乎所有种类的测量数据，而且精度高、速度快、劳动强度低，还能把采集到的数据传输到计算机作进一步处理，因此是测量方式的一次飞跃。目前，全站仪广泛应用于大地测量、普通测量和工程测量。

全站仪测图是指用全站仪在野外获得碎部点的坐标和高程等数据，通过传输设备，把野外观测数据输入计算机，经过整理编辑后，由计算机控制绘图仪绘出地形图。利用这种测图方式，能够高效率、高质量地完成数据采集、处理、计算、制图等工作。这种方式得到的地形图，实质上是数字式地图，既可以按各种比例尺绘制到图纸上，也可直接向规划、设计、管理等部门提供数字化地形信息，供其用计算机根据自己的需要进行处理，具有很高的利用价值。下面以 SET2000 型全站仪为例，简要介绍全站仪测图的方法。

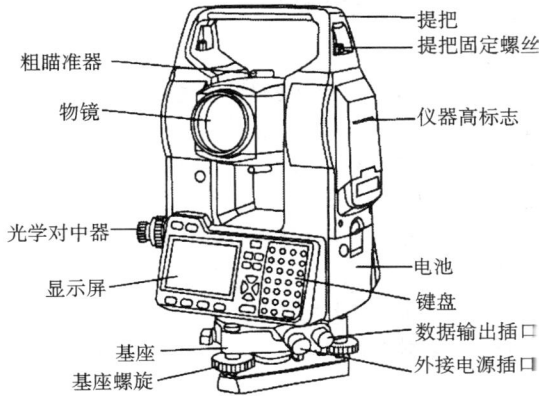

图 7-25

图 7-25 所示，是日本索佳公司生产的 SET2000 型全站仪，测角精度为 $\pm 2''$，测距精度为 $\pm(2+2\times10^{-6}\times D)$，测程 3500m，重量 5.7kg。仪器望远镜的视准轴与测距光轴共轴，操作方法与经纬仪完全相同；竖盘设有自动补偿器，能测得补偿后的竖直角；仪器设有双轴倾斜补偿装置，能检测出仪器微小的倾斜并自动予以改正，改善和保证了测角精度；仪器的正反两侧均有导电橡胶型键盘，通过按键，能在正反两侧的液晶显示屏中显示水平角、天顶距、斜距、平距、高差以及 x、y 坐标；仪器本身拥有 128K 的内存，足够容纳全天的地形测量观测数据，仪器内藏各种测量应用软件如导线测量、坐标正反算、地形测量等，可直接用全站仪在现场进行数据处理。仪器所测的数据由存贮卡自动记录，可传输到计算机处理，然后在绘图仪上绘图。用 SET2000 全站仪测图的操作步骤如下：

（1）安置仪器于测站上，对中、整平、量取仪器高。

（2）按操作键盘上的电源开关"ON"，仪器进行自检，自检正常后，设置初始参数，如气象改正数、棱镜改正数等，并选择坐标测量方式。

（3）瞄准后视方向，由仪器的键盘将水平度盘读数配置为起始方向的方位角数据，并由键盘输入测站的坐标、高程以及仪器高、棱镜高。

（4）将棱镜立于待测的碎部点上，瞄准棱镜，在屏幕上选按测量键。约 1s 后显示屏上出现坐标、高程、距离、竖直角及水平角的结果。

（5）输入碎部点的点号及特征码。所谓特征码是指用来表示该碎部点属性的编号代码，例如是房屋还是道路，与上一个碎部点是连线还是断开等，根据这些特征码，计算机就可以识别此点，并知道与哪个点相连，自动从图式符号库中调出相应的符号进行绘图。不过为了避免出错，应在现场绘出碎部点的草图，供计算机成图时对照检查和修改。

当天测量工作结束后，就可将存贮卡带回室内，将数据传输到计算机，在计算机上利用绘图软件自动成图，经适当的修改和编辑后，得到与实地情况一致的地形图，最后用绘图仪按照所需比例尺绘制在图纸上。

如果将便携式电脑与全站仪连接，配上专门的测绘软件，就可以组成能在现场边测量边绘图的电子测绘系统。其优点是不用画草图，能直接在野外成图，而且电脑屏幕上显示的图形就是测量的结果，如有差错，就能及时发现和修改，使准确性和工作效率大大提高。

思考题与习题

1. 测绘地形图前，应做哪些准备工作？
2. 试述用对角线法绘坐标方格网的方法，所绘方格网应达到什么精度？
3. 如何检查图根控制点的展绘是否正确？
4. 举例说明什么是地物和地貌的特征点？
5. 试述经纬仪测绘法测绘地形图的工作步骤。
6. 怎样安置大平板仪？安置小平板仪与安置大平板仪有什么区别？
7. 大平板仪测绘地形图的方法是什么？
8. 小平板仪配合经纬仪测绘地形图的方法是什么？
9. 全站式电子速测仪测图的特点是什么？

第八章 房 地 产 调 查

第一节 房地产调查概述

一、房地产调查的意义与内容

房地产调查是房地产测绘的重要工作之一，目的是弄清测区内所有房屋及其用地的位置、权属、权界、数量和利用状况等基本情况。通过实地的详细调查，获得房屋及其用地情况的真实可靠的第一手资料，这些资料既是测绘和编制房地产图件必不可少的基础材料，也是房地产档案的重要组成部分，直接为产权产籍等各项管理及城市建设提供依据。由于房地产调查的内容多，且其成果与后续工作及有关管理工作关系密切，因此，这是一项需要认真细致地完成的工作。

房地产调查包括房屋与用地两个方面的调查，其中，房屋调查的内容是房屋坐落、产权人、产权性质、产别、层数、所在层次、建筑结构、建成年份、用途、占地面积、建筑面积、分摊面积、墙体归属、权源、产权纠纷和他项权利等基本情况，并绘制房屋权属界线示意图；房屋用地调查内容是用地的座落、产权性质、等级、税费、用地人、用地单位所有制性质、权源、四至、界标、用地分类、用地面积和用地纠纷等基本情况，并绘制房屋用地范围示意图。此外，房地产调查还包括测区内地理名称和行政境界的调查。

二、房地产调查的工作底图

进行房地产调查时，为了便于开展工作，应使用能基本反映调查范围内房屋及其用地的平面位置和布局的图纸作为工作底图。有了工作底图，可以方便地安排调查的顺序，避免遗漏和重复，调查时还可在底图上标上有关的文字或数字标注，提高工作效率和准确度。可供作为调查工作底图的图件主要有下面几种，它们各有特点，可根据现有资料条件和实际情况选用。

1. 地形图

地形图全面表示地面的地物与地貌状况，既包含有平面信息也有立体信息，是城市规划、设计、建设的基本用图。其特点是信息量大、精度高，但它在房屋表示方面，只有平面几何形状、位置、建筑结构及层数；在用地的表示方面，不表示权属状况，因此不能满足房地产管理的要求。但利用现状性较好的地形图，根据房地产测绘的要求进行修测和编绘可以获得合格的房地产图。对有地形图的地区，可利用它的蓝晒图作调查底图，如是 1：2000 或更小比例尺的地形图，可放大使用。

2. 地籍图

地籍图是一种平面图，主要反映土地的权属及土地利用等方面的状况，是土地基础资料。它与房地产图的区别仅在于对房屋状况及权属状况表示的详细程度上。用地籍图的蓝晒图作调查底图，调查后，根据调查的内容和适当的修补测后也可较方便地获得房产图，省去大量的野外测绘工作。

3. 房屋普查图

1985年我国进行了一次全国房屋普查，为此不少城市测绘了大量的房屋普查图，比例尺为1∶500或1∶1000，并获得了很多房产资料，但由于当时没有统一的规范，房屋普查图的标准各异，不便于管理与使用。从内容上看，房屋普查图主要反映房屋的情况，对土地权属方面则不表示或表示不严格，从这一点看，与地籍图刚好相反。故也同样不能满足当今房地产管理的要求，要进行更新或改造。尽管如此，房屋普查图的蓝晒图是很好的工作底图。

4. 航摄像片

航摄像片是采用航空摄影测量的方法获得的地面像片，具有信息丰富的特点。航摄像片的比例尺较小，影像也就较小，且因像片不水平及不同高度的地面比例尺不一致，影像会有变形，给判读和量测造成困难，因此不宜直接采用。一般是将像片经过放大和变形纠正后作为调查底图。

如没有适用的图件，可以采用简易的方法测绘该地区的草图作为调查底图。草测的基本原理与一般的地形图测绘相同，但可以不测高程，精度要求可以适当降低，方法更为灵活。

此外还应准备标有调查范围、主要行政区界、主要道路以及图幅分幅划分线的展开图，作为调查的指挥用图。展开图视测区的大小采用1∶5000或∶10000的比例尺。

三、房地产调查的权源资料

权源是指获得某种权利的时间和方式，房地产权源包括房屋的权源和用地的权源，是房地产调查时确认房屋及其用地边界和归属的重要依据。权源资料准备充分，调查工作才能顺利开展。

由于历史和制度的原因，房屋的权源往往很复杂，而用地的权源则相对简单。收集房地产权源时，房地产管理部门和土地管理部门均是重要的途径。此外，各有关单位及个人也是重要途径之一，可在调查前发通知让他们准备各自的权源资料，以便届时证明自己的房地产权利。另外，为了使调查工作口径一致、标准统一，保证调查质量和调查工作的顺利开展，必须制定确定权源的政策，例如哪些权利的获得是合法的，哪些是非法的。确定权源的政策依据是国家的有关法律、政策以及地方的实际情况。

四、房地产调查的工作程序

房地产调查时，应先对测区的行政境界和地理名称进行调查，然后以丘为单位对房屋及其用地进行调查。丘是指用地界线封闭的地块，一个用地单元的地块称为独立丘；几个用地单元组成的地块为组合丘。一般以一个单位、一个门牌号或一处院落划分为独立丘，当用地单元混杂或用地单元面积过小时，几个权属单元用地可合并为一个组合丘。对组合丘调查时，应以权属单元为调查单位。

具体调查时，先预计当天完成的调查任务量，安排调查路线、调查对象、大致范围、涉及人员等；再逐个对各丘的所有房屋和用地进行实地调查，如果是组合丘，应对丘内每个权属单元依次分别进行调查；然后在室内对调查得到原始数据、表格、图形及有关材料进行整理，进行诸如面积计算、表格复核及图纸加工等工作，整理工作要及时，一般是白天调查晚上整理，必要时头天调查次日整理，最多不要超过 3 天，以免出现杂乱不清的情况；最后是资料的归档，将全部调查资料分类装订成册，以便使用和保管。

第二节 行政境界与地理名称调查

在进行房地产调查的地区，首先要把当地的行政境界和地理名称调查清楚。

一、行政境界的调查

行政境界是指各级行政区划界线。行政境界的调查就是依照地方各级人民政府的境界位置，调查区、县和镇以上的行政区范围，并标绘到图上。街道和乡的行政区划，可根据需要调查和标绘。

调查时可参照有关行政界线的权属协议书，到实地核实后认定境界线，对界线走向不清楚的地段，则要会同双边有关部门人员来共同认定境界线，对有争议的地段，以"未定界线"标明。

标绘界线时，如界线沿明显地物走，而且图上有此地物时，可直接在图上标绘；如果界线附近有明显地物供参照，可采用简单的测量方法标绘，在困难地段可用仪器测定。

二、地理名称调查

地理名称调查简称地名调查。调查内容包括居民点、道路、河流、广场等自然名称，镇以上人民政府等各级行政机构名称，以及工矿、企事业等单位名称等。

自然名称应以当地地名管理委员会颁布的标准名称为准。凡在测区范围内的地名及重要的名胜古迹均应调查。

行政名称与自然名称相同时，应分别注记，自然名称在前，行政名称在后，并加括号表示。地名的总名与分名一般应全部调查，用不同大小或粗细的文字分别注记。同一地名被线状地物和图廓线分割时，或者不能概括大范围，及延伸较长的地域、地物时，应分别注记。

第三节 房 屋 调 查

一、房屋坐落的调查

房屋坐落是指房屋所在街道的名称和门牌号。房屋坐落在小的里弄、胡同或小巷时，应加注附近主要街道的名称，以便于了解该房屋的实地位置。缺门牌时，应借用毗邻房屋的门牌号并加注东、南、西、北方位；房屋坐落在两个以上街道或有两个以上门牌号时，应全部注明；单元式的成套住宅，应加注单元号、室号或户号，例如："中山南路 148 号 242 户"。

二、房屋权属状况的调查

房屋权属状况指房屋的产权人、产权性质、产别、四周墙体归属以及产权来源等，它全面地反映了房屋的产权状况，是房屋产权产籍管理的重要依据。

1. 房屋产权人

房屋产权人是指房屋所有权人的姓名。若是单位或部门所有，产权人是单位或部门的全称。调查时的具体要求是：

（1）私人所有的房屋一般以房屋产权证件上的姓名为准；产权人已死亡的，则注明代理人的姓名，若产权为几个人共有的，应注明全体共有人的姓名；房屋是典当的，应注明典当人姓名及典当情况，产权不清或无主的，可直接注明产权不清或无主，并作简要的说明。

（2）单位所有的房屋应注单位的全称，两个以上单位共有的应注明全体共有单位的名称。

（3）房地产管理部门直接管理的房屋，包括公产、代管产、托管产、拨用产四种类别。其中，公产应该注明房地产管理部门的全称，例如"××市房地产管理局"；代管产应注明代管人及原产权人的姓名，例如"原产权人：张××，代管者：××市房地产管理局。"；托管产应注明托管及委托人的姓名或单位名称；拨用产应注明房地产管理部门的全称及拨借单位名称。

2. 房屋产权性质

产权性质是指按照我国社会主义经济三种基本所有制的形式，对房屋进行所有制分类，共划分为全民、集体、私有三类；此外，对外方独资、中外合资不进行分类，而是按实际注明。例如"中美合资"。

3. 房屋产别

房屋产别是指根据产权占有和管理不同而划分的类别，按两级分类，第一级分为直管公产、单位自管公产、私产、其他产四大类，分别用代码："1"、"2"、"3"、"4"表示，第二级是在第一级的基础上再分，共11类，每一类都用一个两位号码表示。具体分类标准见表8-1。

房屋产别分类标准 表8-1

一级分类		二级分类		内　　　容
编号	名称	编号	名称	
1	直管公产	11	公产	是指由政府接管、国家经租、收购、新建并由房地产管理部门直接管理的房屋
		12	代管产	是指房屋所有权一般属于私有，因所有权人出走弃留或下落不明，由政府房地产管理部门代为管理的房屋
		13	托管产	是指房屋所有权属于私有或单位所有，因管理不便或其他原因委托政府房地产管理部门代为管理的房屋
		14	拨用产	是指房屋所有权属于政府房地产管理部门，免租拨借给单位使用的房屋
2	单位自管公产	21	全民单位自管公产	是指全民所有制单位所有并自行管理的房屋
		22	集体单位自管公产	是指集体所有制单位所有并自行管理的房屋
		23	军　产	是指中国人民解放军部队、机关、医院（属于军队建制）、学校等军事单位所有，并自行管理的房屋

一级分类		二级分类		内　　容
编号	名称	编号	名称	
3	私产	31	私　产	是指私人（包括城镇居民、农民、华侨、归侨、外籍华人）所有的房屋
4	其他产	41	外　产	是指外国政府、企业、社会团体、国际性机构，以及外国侨民所有的房屋
		42	中外合资产	是指我国政府、企业与外国政府、公司、厂商和个人等合资建造、购置的房屋
		43	其他产	凡是不属于以上十类产别的房屋都归在这一类

4. 房屋墙体产权归属

房屋墙体产权归属是房屋四面墙体所有权的归属，分自有墙、共有墙和借墙三种。房屋的东、西、南、北四个方向的墙体都要注明产权归属。调查时，墙体的产权归属要取得墙体有关双方的认可，如有争议应作记录。

5. 房屋权源

房屋权源是指产权人取得房屋产权的时间和方式，如继承、分析、买卖、受赠、交换、自建、翻建、征用、调拨、拨用等。产权来源有两种以上的，应全部注明。权源调查时，要以有效证件为依据对权源进行核实。产权不清的、有争议的以及违章建筑，应作出记录。若房屋已设有典当权或抵押权等他项权利的，也应注明。

三、房屋建筑状况的调查

房屋建筑状况指房屋本身的结构、层数、建成年份、所在层次、建筑面积及占地面积等，它反映了房屋的数量和质量。

1. 房屋建筑结构

房屋建筑结构，是根据房屋的梁、柱、墙及各种构架等主要承重结构的建筑材料来划分类别的，共划分为六类，即：钢结构、钢和钢筋混凝土结构、钢筋混凝土结构、混合结构、砖木结构、其他结构。分类标准见表8-2。一幢房屋有两种以上结构的，应以面积大的为准。

房屋建筑结构分类标准　　　　　　　　　　　　表 8-2

类　型		内　　容
编号	名　称	
1	钢结构	承重的主要结构是用钢材料建造的，包括悬索结构
2	钢、钢筋混凝土结构	承重的主要结构是用钢、钢筋混凝土建造的。例如一幢房屋一部分梁柱采用钢筋混凝土构架建造
3	钢筋混凝土结构	承重的主要结构是用钢筋混凝土建造的。包括薄壳结构、大模板现浇结构及使用滑模、升板等先进施工方法施工的钢筋混凝土结构的建筑物
4	混合结构	承重的主要结构是用钢筋混凝土建造的，例如一幢房屋的梁是用钢筋混凝土制成，以砖墙为承重墙，或者梁是用木材制造，柱是用钢筋混凝土建造
5	砖木结构	承重的主要结构是用砖、木建造的。例如一幢房屋是木制房架、砖墙、木柱建造的
6	其他结构	凡不属于上述结构的房屋都归此类。如竹结构、砖拱结构、窑洞等

2. 房屋层数

房屋层数是指房屋的自然层数，一般按室内地坪以上计算。采光窗在室外地坪以上的半地下室，其室内层高在 2.2m 以上的要计算层数。地下室、假层（夹层）、阁楼（暗楼）、装饰性塔楼，以及突出层面的楼梯间、水箱间不计层数。屋面上添建的不同结构的房屋不计层数。

3. 建成年份

房屋建成年份是指房屋实际竣工年份。折除翻建的，应以翻建竣工年份为准，一幢房屋有两种以上建成年份的，应以建筑面积大的为准。

4. 所在层次

所在层次是指本权属单位的房屋在该幢楼房中的第几层。如果整幢房屋都属一个产权人，则不必注层次。

5. 建筑面积和占地面积

房屋建筑面积是指房屋外墙勒脚以上的外围水平面积，还包括阳台、走廊、室外楼梯等建筑面积。房屋及其附属物的形式多种多样，在具体测算时有的要全部计算面积，有的不计算面积，有的则计算一半的面积，要根据情况，分别对待。如果一幢房屋中有多个产权人，则还涉及到共有建筑面积分摊的问题。房屋占地面积是指房屋底层外墙（柱）外围水平面积，一般与底层房屋建筑面积相同。如果一幢房屋中有多个产权人，同样涉及到占地面积分摊的问题。

建筑面积和占地面积的测算是房地产测绘的重要内容，测算成果为房地产登记、交易、评估、抵押、仲裁、产权、产籍、产业的管理以及房地产开发、房屋拆迁、征收房地产税费、城镇规划建设等工作提供重要依据。建筑面积和占地面积测算是测绘技术与房地产政策相结合的一项技术性、政策性和法律性较强的工作，在房地产调查中往往成为工作的难点，具体要求和方法在本章最后一节专门介绍。

四、幢号与产权号的编写

房屋调查过程中，应对房屋进行编号，以便于调查工作的进行，也便于房地产图等资料上房屋的表示。

1. 幢号

幢是指一座独立的，同一结构的，包含有不同层次的房屋。幢号以丘为单位编号，自进大门开始，从左到右，从前到后，用数字 1、2、3、…表示。幢号标注在房屋轮廓线内的左下角，并加括号表示。当不同产权人的房屋互相毗连成片，而且房屋的建筑结构相同时，此片房屋可按街道门牌号码适当划分幢号。

2. 房产权号

对在他人用地范围内所建的房屋，应加编房产权号。房产权号以房屋权属单元为单位编号，用大写英文字母 A、B、C、…顺序编号，注记在幢号右面，和幢号并列。例如房产权号为"3A"、"3B"，分别表示某产权人在他人用地内的第 3 幢房屋的 A、B 两处房产。

五、填写房屋调查表并绘制房屋权界示意图

房屋调查的结果应按规定的格式填写到"房屋调查表"，并在表中绘出房屋权界示意图。表 8-3 是房屋调查表的一个示例。其中，房屋权界示意图是以权属单元为单位绘制的略图，表示的内容有：房屋及其相关位置并加注房屋的边长，权属界线并注明与邻户相连墙体的归属，有争议的权属界线应标注部位。

房 屋 调 查 表　　　　表 8-3

图幅号：6.40—2.00　　丘号：48--4　　序号：29．

座落	象山区中山南路剪子巷4-3号				中山南路剪子巷3-4号		邮编	541003
产权人	黄德贤					电话	3811933		私产
使用人	黄德贤				产别			权源

幢号	权号	房号	总层数	所在层次	用途	建筑结构	建成年份	占地面积	间数	产权性质	建筑面积	
					住宅						总数	分摊
5			2			砖木	1968年	37.80	6		75.60	0.00

墙体归属

	东	南	西	北
	自有	自有	自有	借墙

权源　1978继承

总占地面积：37.8　　总建筑面积：75.60　　总间数：6

房屋状况

房屋权界线示意图

```
         北 ↑

48-3
   7.72m          47
1.03m ┌──────────┐
 ⌐4.20丙│  48-4    │ 4.22丙
      └──────────┘
         8.75m
          48
```

48

调查意见

附　记

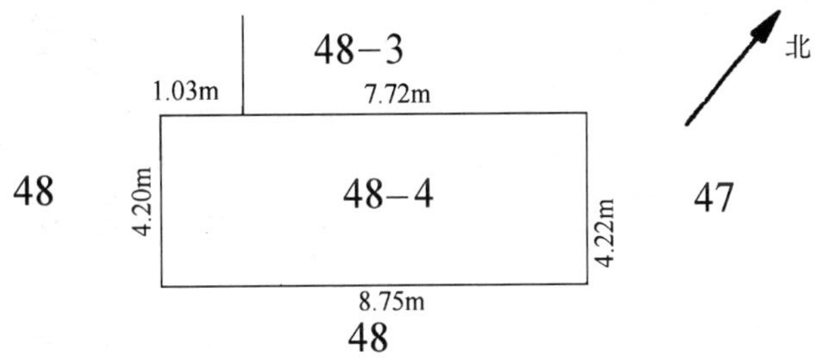

面积单位：m²　　调查者：张志雄　　日期：1997 年 11 月 20 日

133

房屋调查表几乎包含了房屋调查的所有内容，是房屋调查工作的主要成果，因此应及时认真填写和整理。表中的文字、数据和图件应注意检查复核，以避免出错。

第四节 房屋用地调查

房屋用地不仅指房屋的占地，它还包括房屋周围由房屋产权人使用的其它土地，如园地、空地、水域等。用地调查一般也是以丘为单位进行的，其中一些项目与房屋调查相似，但由于土地属性比较特殊，故在有些地方要特别加以注意。

一、用地坐落的调查

用地坐落是指用地所在街道的名称和门牌号码，调查时的要求与房屋调查相同。

二、用地权属状况的调查

1. 产权人及产权性质

在我国，城镇地区的土地及独立于城镇以外的工矿企业用地、交通用地等土地的所有权属国家（全民）所有。因此这些地区的土地产权人是国家，产权性质是国家所有。郊区和农村地区中，除已被国家征用的土地外，土地属集体所有。产权人是各乡政府和村委会，产权性质是集体所有。

2. 使用人及其所有制性质

用地使用人就是有权使用该土地者的姓名，用地者是单位的，应该注明单位全称。用地人的所有制性质的划分与房屋产权性质相同，分为全民、集体、私有三种，外产、中外合资按实注明。国有土地的使用权可以通过各种方式转让给不同的使用人，因此使用人的所有制性质是多种多样的。集体所有的土地使用人与产权人相同，其所有制性质不改变。

3. 权源

用地权源指取得使用土地权利的时间和方式，如买卖、征用、划拨、继承等，权源有两种以上的，应全部注明。

4. 四至

用地四至指用地范围与四邻接壤的情况，一般按东、西、南、北四个方向，注明邻接丘的丘号或街道的名称。

5. 界标

用地界标是指用地界线上的各种标志，包括道路、河流等自然界线，房屋墙体、围墙、栅栏等人工围护物体，以及界碑、界桩等埋石标志。调查时，除注明界标的名称外，还应注明界线位于界标的哪一侧以及界标是属自有、他有还是共有。

与房屋权界的确认一样，用地界标的确认也应由用地人和邻户共同认证。提供不出证据或有争议的，应根据实际使用范围标出其部位，按未定界线处理。

三、用地使用状况的调查

1. 用地分类

用地的分类一般按房屋用途划分，用地范围内有多种类别土地的，应分清其类别界线，以便分别测算其面积。一幢房屋楼上、楼下用途不同的，以第一层房屋用途为准；第一层有多种用途的，以主要用途为准。房屋用地分类规则见表8-4。

房屋用途及用地分类标准

表 8-4

一级分类		二级分类		内　　容
编号	名称	编号	名称	
1	住宅	11	住宅	是指专供人们日常生活居住的房屋、宅基地和院落
		12	成套住宅	是指由若干卧室、起居室、厨房、卫生间、室内走道或客厅等组成的供一户使用的房屋、宅基地和院落。成套住宅是住宅中的一部分
		13	集体宿舍	是指机关、学校企事业单位的单身职工、学生居住的房屋、宅基地和院落。集体宿舍是住宅的一部分
2	工业交通仓储	21	工业	是指独立设置的各类工厂、车间、手工作坊等从事生产活动的房屋、附属设施及生产、作业、排渣（灰）场地
		22	公用设施	是指自来水、泵站、污水处理、变电、煤气、供热、环卫、公厕、殡葬、消防等市政公用设施的房屋、附属设施及用地
		23	铁路	是指铁路系统从事铁路运输的房屋、附属设施及广场、线路等用地
		24	民航	是指民航系统从事民航运输的房屋、附属设施及用地
		25	航运	是指航运系统从事水路运输的房屋、附属设施及用地
		26	公交运输	是指公路运输、公共交通系统从事客、货运输、装卸、搬运的房屋、附属设施及用地
		27	道路	是指与房产有关的公路、道路、广场、小路等各种道路用地
		28	仓储	是指国家、省（自治区、直辖市）及地方用于储备、中转、外贸、供应等各种仓库、油库、附属设施及用地
3	商业服务	31	商业服务	是指各类商店、门市部、饮食店、粮油店、菜场、理发店、照像馆、浴室、旅社、招待所等从事商业和为居民生活服务活动的房屋、附属设施及用地
		32	旅游	是指宾馆、饭店、大厦、乐园、俱乐部、旅行社等主要从事旅游服务活动的房屋、附属设施及用地
		33	金融保险	是指银行、储蓄所、信用社、信托公司、证券交易所、保险公司等从事金融活动的房屋、附属设施及用地
4	教育医疗科研	41	教育	是指大专院校、中专学校、中小学、幼儿园、托儿所、职业学校、业余学校等从事教育活动的房屋、附属设施及用地
		42	医疗	是指各类医院、门诊部、卫生所、防疫站、保健院、疗养院、医学化验、药品检验等医疗卫生机构从事医疗、保健、检验活动的房屋附属设施及用地
		43	科研	是指各类研究院所、设计院所等从事自然科学、社会科学等研究设计活动的房屋、试验工厂、附属设施及用地
5	文化娱乐体育	51	文化	是指文化馆、图书馆、展览馆、博物馆、纪念馆等从事文化活动的房屋、附属设施及用地
		52	新闻	是指广播电视台、电台、出版社、报社、杂志社、通讯社、记者站等从事新闻出版活动的房屋、附属设施及用地
		53	娱乐	是指影剧院、游乐场、俱乐部、剧团等从事文娱演出活动的房屋、附属设施及用地
		54	园林绿化	是指公园、植物园、陵园、苗圃、花圃、花园、风景名胜、防护林等园林绿化的房屋、附属设施及公共绿化用地
		55	体育	是指体育场馆、健身房、游泳池、射击场、跳伞塔等从事体育活动的房屋、附属设施及用地
6	办公	61	公办	是指党、政机关、群众团体、行政事业单位等行政、事业机关办公房屋、附属设施及用地
7	军事	71	军事	是指中国人民解放军军事机关、营房、阵地、基地、机场、码头、工厂、学校等从事军事活动的房屋、设施及军事用地

一级分类		二级分类		内　　容
编号	名称	编号	名称	
8	其他	81	涉外	是指外国使、领馆、驻华办事处等涉外的房屋、附属设施及用地
		82	宗教	是指寺庙、教堂等从事宗教活动的房屋、附属设施及用地
		83	监狱	是指监狱、看守所、劳改场、所等管押犯人的房屋、附属设施及用地
		84	农用	是指水田、菜地、旱地、果园等从事农业生产的房屋、附属设施及用地
		85	水域	是指与房产有关的江、湖、河、海、塘、库、渠等水面
		86	空隙	是指与房产有关的街道（街坊）内的夹地、空闲地

2. 用地等级

在同一个城镇中，不同地段的用地其人口稠密程度、工商业分布、交通运输条件、市政公共设施等条件往往不同，地质条件、地理环境等因素也不同，因此不同地段的土地利用价值是不同的。为了表示这些差异，以便城市土地管理、土地收税、土地价格评估等需要，由政府有关部门将城市土地划分为若干等级，并在地图上标明各地段所属的等级。调查房屋的用地等级时，只需对照该图即可以确定其等级。

3. 用地税费

用地税费是指用地人每年向土地管理部门或税务机关缴纳的费用。国家要求土地使用者交纳用地税费，可以促使各经济组织和个人充分、合理地利用城镇有限的土地资源，国家从中也可获得一定的收益。国家在征收用地税费时，根据各个建筑地段之间的差异，以其所属土地等级为准，计算不同用地的税费。

调查时，用地税费以年度缴纳的总金额为准。免收土地税的丘和地块，应注明："免税"。免税的范围是：

(1) 国家机关、人民团体、军队自用的土地；

(2) 由国家财政部门拨付事业经费的单位自用的土地；

(3) 宗教寺庙、公园、名胜古迹自用的土地；

(4) 市政街道、广场、绿化等公共用地；

(5) 交通用地、水利用地、油气管道用地、直接用于农、林、牧、渔生产用地；

(6) 矿区、林区、油区、盐田内建筑物以外的土地，油库、炸药库安全区用地；

(7) 经批准开山填海整治土地和改造的废弃土地，从使用日期起未满五年者；

(8) 经财政部批准的其他免税土地。

4. 用地面积

用地面积以丘为单位进行测算，包括房屋占地面积、室外楼梯用地面积、院落面积、分摊共用院落面积以及其他各类用地面积。用地面积测算要求与方法见下一节。

四、用地单元的划分与编号

用地单元可根据具体情况划分为独立丘或组合丘，丘号以分幅图的图幅为单位，从左到右，自上而下用数字1、2、……顺序按反 S 形编号，丘跨越图幅时，按主门牌所在的图幅编立丘号，其相邻图幅部分则不另编丘号，而以该主门牌所在的丘号加括号表示。组合丘内各用地单元以丘号加支号编立，丘号在前，支号在后，中间用短直线连接，称为丘支号，例如"18-6"表示第18（组合）丘内的第6个用地权属单元。

<h3 style="text-align:center">五、填写房屋用地调查表并绘制用地范围示意图</h3>

房屋用地调查的结果应按规定的格式填写到"房屋用地调查表"，并在表中绘出房屋用地范围示意图。表8-5是房屋用地调查表的一个示例。其中，用地范围示意图是以用地单元为单位绘制的略图，表示房屋用地的位置、四至关系、用地界线、界线边长以及界标的类别和归属等。与房屋调查表一样，房屋用地调查表是房地产调查工作的主要成果，因此应及时认真填写和整理。表中的文字、数据和图件应注意检查复核，以避免出错。

<h2 style="text-align:center">第五节　房屋及用地的面积测算</h2>

<h3 style="text-align:center">一、房屋及用地面积测算的一般规定</h3>

面积测算指水平面积测算，包括房屋建筑面积和房屋用地面积的测算。面积测算应统一使用如表8-6所示的"房产面积测算表"进行测算。面积以 m^2 为单位，取至 $0.01m^2$。各类面积测算必须独立进行两次，其较差应在规定的限差以内，取中数作为最后结果。

<h3 style="text-align:center">二、房屋建筑面积测算</h3>

（一）房屋建筑面积计算规则

房屋建筑面积是指房屋外墙勒脚以上的外围水平面积，还包括阳台、走廊、室外楼梯等建筑面积。房屋及其附属物的形式多种多样，在具体计算时有的要全部计算面积，有的不计算面积，有的则计算一半的面积，要根据建筑物的实际情况，分别计算后汇总。

1. 计算全部建筑面积的范围

（1）永久性结构的单层房屋按一层计算建筑面积，多层房屋的建筑面积按各层建筑面积的总和计算；如各层的面积是一样的，则可测算其中的一层后乘上层数。

（2）房屋内的技术层、夹层、插层及其梯间、电梯间等，其高度在 2.2m 以上部位计算建筑面积。

（3）地下室、半地下室及其相应出口，层高超过 2.2m 的，按其外墙（不包括采光井、防潮层及保护墙）外围水平投影面积计算。

（4）依坡地建筑的房屋，利用吊脚做架空层，有围护结构的，按其高度在 2.2m 以上部位的外围水平面积计算。

（5）穿过房屋的通道、房屋内的门厅、大厅，不分层高均按一层计算面积，门厅、大厅内的回廊部分，按其投影计算面积。

（6）与房屋相连的有柱走廊，两房屋间有上盖和柱的走廊，均按其柱外围水平面积计算。

（7）挑楼、全封闭阳台，按其外围水平投影面积计算。

（8）楼梯间、电梯井、提物井、垃圾道、管道井等均按房屋层计算面积。

房 屋 用 地 调 查 表

表 8-5

图幅号：6.40—12.00　　丘号：33　　序号：18

座落	新城区滨湖路 267 号		邮编	541003	用地范围示意图
产权性质	全民	国家	土地等级	电话　2	
使用人	市技术监督局	产权人住址　滨湖路 267 号	所有制性质　全民	税费　513444　0.45 万	
权源	1960 年由国家划拨				

用地范围示意图（青山路、滨湖路）：19.53m　11.33m　68.74m（路）　40.12m　25　32.55m　33　30.12m　18.65m　54.89m　51　滨湖

四至

东　青山路	南　滨湖路	西　51 丘　北　25 丘

界标

东　围墙、房屋墙	南　栅栏	西　围墙　北　围墙、房屋墙

用地状况（用地分类 / 面积）

用地分类	面积	用地分类	面积	用地分类	面积	用地分类	面积
住宅	870.43	商业服务		工业		公用设施	4.16
金融保险	601.65	教育		办公		体育	42.19
道路	115.30	仓储		航运		民航	
铁路		医疗		文化		科研	
新闻		娱乐		园林绿化		水域	
农用		公交运输		监狱		宗教	
军事		海外		院落/空地	3209.02	合计	4727.45

用地面积

分摊共用院落	分摊共用楼梯占地	室外楼梯占地	房屋占地	院落/空地	合计
	4.16		1514.27	3209.02	4727.45

调查意见：

备注：

调查者：张志雄　　　　日期：1997 年 11 月 20 日

面积单位：m²

138

图幅号： 丘号： 序号：

座落	区（县）	街道（镇）	胡同（巷）	号
房屋产权人		用地单位（人）		

面积分类	幢号	层次	部 位（室号）	图形编号	面 积计算式（m²）	面 积计算值（m²）	较差（m²）	平差后面积值（m²）	备 注
					1				
					2				
					1				
					2				
					1				
					2				
					1				
					2				

检查者： 测算者： 年 月 日

（9）房屋天面上，属永久性建筑，层高在 2.2m 以上的楼梯间、水箱间、电梯机房及斜面结构屋顶高度在 2.2m 以上的部位，按其外围水平面积计算。

（10）属永久性结构有上盖的室外楼梯，按各层水平投影面积计算。

（11）房屋间永久性的封闭的架空通廊，按外围水平投影面积计算。

（12）有柱或有围护结构的门廊、门斗按其柱或围护结构的外围水平投影面积计算。

（13）玻璃幕墙等作为房屋外墙的，按其外围水平投影面积计算。

（14）属永久性建筑有柱的车棚、货棚等按柱的外围水平投影面积计算。

（15）有伸缩缝的房屋，若其与室内相通的，伸缩缝计算建筑面积。

2. 计算一半建筑面积的范围

（1）与房屋相连有上盖无柱的走廊、檐廊，按其围护结构外围水平投影面积的一半计算。

（2）独立柱、单排柱的门廊、车棚、货棚等属永久性建筑的，按其上盖水平投影面积的一半计算。

（3）未封闭的阳台、挑廊，按其围护结构外围水平投影面积的一半计算。

（4）无顶盖的室外楼梯按各层水平投影面积的一半计算。

（5）有顶盖不封闭的永久性的架空通廊，按外围水平投影面积的一半计算。

3. 下列情况不计算建筑面积

（1）层高在 2.2m 以下的技术层、夹层、插层、地下室和半地下室。

（2）突出房屋墙面的构件、配件、装饰柱、装饰性的玻璃幕墙、垛、勒脚、台阶、无柱雨篷等。

（3）房屋之间无上盖的架空通廊。

（4）房屋的天面、挑台、天面上的花园、泳池。

（5）建筑物内的操作平台、上料平台及利用建筑物的空间安置箱、罐的平台。

（6）骑楼、过街楼的底层用作道路和街巷通行的部分。

（7）利用引桥、高架路、高架桥等路面作为顶盖建造的房屋。

（8）活动房屋、临时房屋和简易房屋。

（9）独立烟囱、亭、塔、罐、池、地下人防干、支线。

（10）与房屋室内不相通的房屋间伸缩缝。

（二）房屋建筑面积测算方法

房屋建筑面积测算，应采用实地量测建筑物边长的数据计算面积。边长测量时，应使用经检定合格的卷尺或其它能达到相应精度的仪器和工具进行测量，例如钢卷尺、高精度玻璃纤维卷尺和手持式激光测距仪等。在使用卷尺丈量边长时，应注意将尺子水平拉直，拉力符合规定要求。同一长度应测量两次，两次长度差值的相对误差不大于 1/250 时取其平均值。对一幢矩形房屋来说，两条对边均应分别丈量，有差别时，用其平均值计算面积。房屋建筑面积测算的中误差 M_P 应不超过下式计算结果：

$$M_\mathrm{P} = \pm\,(0.04\sqrt{P} + 0.003P) \tag{8-1}$$

式中　M_P——房屋建筑面积测算中误差，m^2；

　　　P——房屋建筑面积，m^2。

房屋建筑面积的计算一般采用几何图形计算法，复杂的图形可以分解成若干个简单图形后再进行计算。最常见的简单图形是正方形、长方形、直角三角形和圆形，其面积计算公式人们已熟知，表 8-7 中列出了另外一些简单图形的面积计算公式。测量时，丈量的边数和位置应满足面积计算的要求，不要有遗漏。

图形面积计算公式　　　　　　　　　　　　　　　　　　表 8-7

图形名称	面积计算公式	示　意　图	备　注
三角形	$P = \sqrt{s\,(s-a)\,(s-b)\,(s-c)}$ 其中：$s = \frac{1}{2}\,(a+b+c)$		a、b、c 为边长
梯形	$P = \frac{1}{2}\,(d+D)\,h$		d 为上底边长，D 为下底边长，h 为高
椭圆形	$P = \frac{1}{4}\pi a b$		a 为长轴总长，b 为短轴总长
扇形	$P = \frac{\alpha}{360°}\pi r^2$ 其中：$\alpha = 2\arcsin\frac{b}{2r}$		b 为弦长，r 为半径，α 为圆心角（可实测）
弓形	$P = \frac{\alpha}{360°}\pi r^2 - \frac{1}{2}b\,(r-h)$ 其中：$r = \frac{b^2+4h^2}{8h}$		b 为弦长，h 为弓高，α 为圆心角（可实测）

（三）房屋套内建筑面积及共有建筑面积分摊

当一幢房屋由一户产权人所有时，按上述测算方法即可得到该产权人整幢房屋的建筑面积。当一幢房屋的产权由数户人所有时，例如住宅楼、商住楼和多功能综合楼等，房屋中一部分建筑面积由各户产权人分别独自占有，称为套内建筑面积；另一部分建筑面积则由各户产权人共同占有或共同使用，称为共有建筑面积。在测算各户产权人房屋建筑面积时，应先测算其套内建筑面积，然后测算其应分摊的共有建筑面积，套内建筑面积与分摊得到的共有建筑面积之和即为各户产权人的建筑面积。

1. 套内建筑面积的测算

套内建筑面积由套内房屋的使用面积、套内墙体面积、套内阳台建筑面积三部分组成，三者之和即为套内建筑面积。

（1）套内房屋使用面积

套内房屋使用面积是套内房屋全部可供使用的空间的面积，按房屋的内墙线水平投影面积计算。套内使用面积为套内卧室、起居室、过厅、过道、厨房、卫生间、厕所、贮藏室、壁柜等空间面积的总和；套内楼梯按自然层数的面积总和计入使用面积；不包括在结构面积内的套内烟囱、通风道、管道井均计入使用面积；内墙面装饰厚度计入使用面积。

在用卷尺或手持式测距仪测量套内房屋各矩形房间边长时，长边和短边均应在两个不同部位测量两次并取其均值，量边的测点宜在距地面1.2m左右，两端测点应保持水平。套内房间边长测量时，对已进行墙面装饰的，应加上装饰面厚度。

（2）套内墙体面积

套内墙体面积是套内使用空间周围的围护和承重墙体以及其它承重支撑体所占的面积，其中各套之间的分隔墙和套与公共建筑空间的分隔墙以及外墙（包括山墙）等共有墙，均按水平投影面积的一半计入套内墙体面积；套内自有墙体按水平投影面积全部计入套内墙体面积。

墙体厚度测量时，测点一般选在距地面约1.2m的高度，靠近门窗部位的墙体厚度可直接测量，其它无法直接测量的，可测量墙体的内外边长，计算差值求得；对于已进行墙面装饰的，需减去装饰面厚度。各墙体长度乘以墙体厚度得出墙体面积。

（3）套内阳台建筑面积

套内阳台建筑面积是套内各阳台建筑面积之和。套内阳台建筑面积均按阳台外围与房屋外墙之间的水平投影面积计算，其中封闭的阳台按水平投影全部计算建筑面积，未封闭的阳台按水平投影的一半计算建筑面积。

套内阳台围护结构的长、宽测量与房屋边长测量方法相同，对有共用墙体的，应计算一半墙体面积。

套内建筑面积除可由上述三种面积求和得到外，还可用下述方法测得：先沿各套建筑结构外围，用卷尺或手持测距仪测量各部分的长边和短边，再测量和计算出各外墙墙体厚度，然后分别计算出长边平均值与其两端墙体厚度一半的差值、短边平均值与其两端墙体厚度一半的差值，则两差值的乘积与套内各阳台建筑面积之和即为各被测套内建筑面积。

2. 共有建筑面积分摊

（1）共有建筑面积的内容

共有建筑面积包括电梯井、管道井、楼梯间、垃圾道、变电室、设备间、公共门厅、过道、值班警卫室以及为整幢服务的公共用房和管理用房的建筑面积，以水平投影面积计算共有建筑面积；共有建筑面积还包括各产权人本套房屋与公共建筑之间的分隔墙，以及外墙（包括山墙），以水平投影面积一半计算共有建筑面积。

独立使用的地下室、车棚、车库、为多幢服务的警卫室和管理用房、作为人防工程的地下室都不计入共有建筑面积。

（2）共有建筑面积的计算方法

整幢建筑物的建筑面积扣除整幢建筑物各套套内建筑面积之和，并扣除已作为独立使用的地下室、车棚、车库、为多幢服务的警卫室、管理用房以及人防工程等建筑面积，即为整幢建筑物的共有建筑面积。

（3）共有建筑面积的分摊方法

房屋共有建筑面积分摊的原则是：当有权属分割文件或协议时，共有建筑面积应按文件或协议规定计算分摊；当无权属分割文件或协议时，可按相关房屋的建筑面积比例进行计算分摊。

按相关房屋建筑面积比例进行计算分摊时，计算公式为：

$$S = KP \tag{8-2}$$

其中　S——某户分摊得到的共有房屋建筑面积，m^2；

　　　P——某户参加分摊的建筑面积，m^2；

　　　K——共有建筑面积的分摊系数，即：

$$K = \frac{需要分摊的共有建筑面积}{参加分摊的各户房屋建筑面积总和}$$

【例】　某住宅楼内有 24 套住房，分别由不同产权人占有，住宅楼的总建筑面积为 $2400m^2$，其中各套房屋的套内建筑面积总和为 $2280m^2$，其余为共有建筑面积。设甲产权人的套内建筑面积为 $80m^2$，问甲产权人分摊的共有建筑面积为多少？

【解】　先求该栋住宅楼的共有建筑面积分摊系数 K，这里参加分摊的各户套内房屋建筑面积总和为 $2280m^2$，需要分摊的共有建筑面积为 $2400-2280=120m^2$，因此有：

$$K = \frac{120}{2280} = 0.0526$$

然后将系数 K 和甲产权人参加分摊的建筑面积（$P=80m^2$）代入式（8-2）得：

$$S = 0.0526 \times 80 = 4.21m^2$$

即甲产权人分摊得到的共有房屋建筑面积为 $4.21m^2$。

（4）各种类型建筑物共有建筑面积的分摊方法

住宅楼以幢为单元，先计算各套房屋的套内建筑面积，然后根据各套房屋的套内建筑面积，求得各套房屋分摊所得的共有建筑分摊面积。

商住楼先根据住宅和商业等的不同使用功能，按各自的建筑面积将全幢的共有建筑面积分摊成住宅和商业两部分，即住宅部分分摊得到的全幢共有建筑面积和商业部分分摊得到的全幢共有建筑面积，然后住宅和商业部分将所得的分摊面积再各自进行分摊。其中住宅部分将分摊得到的幢共有建筑面积，加上住宅部分本身的共有建筑面积，按式（8-2）计算各套房屋的分摊共有建筑面积。商业部分将分摊得到的幢共有建筑面积，加上本身的共有建筑面积，按各层的套内建筑面积依比例分摊至各层，作为各层共有建筑面积的一部分，加至各层的共有建筑面积中，得到各层总的共有建筑面积，然后再根据层内各套房屋的套内建筑面积，按式（8-2）求出各套房屋分摊得到的共有建筑面积。

多功能综合楼共有建筑面积按照各自的功能，参照商住楼的分摊计算方法进行分摊。

三、房屋用地面积测算

1. 房屋用地面积及其测算方法

房屋用地面积以丘为单位进行测算，包括房屋占地面积、院落面积、分摊共用院落面积、室外楼梯占地面积，以及各项地类面积的测算。测算时，编有丘号的地块应先测算出其总的用地面积，然后分别测算丘内房屋占地面积、院落面积等各种类别用地的面积，分类用地面积之和应等于该丘总的用地面积。

一个丘内有多户房屋产权人，各户用地包括其房屋的占地、独用院落地和分摊的共用院落地。应根据实际情况分别测算各户的分类用地面积及总用地面积。各户用地面积之和应等于该丘总的用地面积。

下列土地不计入用地面积：无明确使用权属的冷巷、巷道或间隙地；市政管辖道路、街道、巷道等公共用地；公共使用的河涌、水沟、排污沟；已征用、划拨或者属于原房地产证记载范围，经规划部门核定需要作市政建设的用地；其他按规定不计入用地的面积。

房屋用地的测算可采用实地量距计算法、坐标解析计算法和图上量算法等方法。

（1）实地量距计算法 指在实地测量用地界线和边长，按几何图形计算面积，当丘面积较小和较规则时，可采用此法。当图形为多边形时，可分解为多个简单几何图形，依次测量有关边长并计算面积，然后相加得到总面积。边长测量的方法和要求与房屋边长测量相同，面积中误差不超过式（8-1）的要求。

（2）坐标解析计算法 指采用实地测量的用地边界拐点（界址点）坐标，按坐标解析法面积计算公式（式 6-8 和式 6-9）计算用地面积，当有界址点的实测坐标时，此法面积精度很高，应优先采用。坐标解析法面积中误差按下式计算：

$$m_\mathrm{P} = \pm\, m_j \sqrt{\frac{1}{8}\sum_{i=1}^{n} D_{i-1,i+1}^2} \tag{8-3}$$

式中　m_P——面积中误差，m^2；

　　　m_j——界址点点位中误差，m；

　$D_{i-1,i+1}$——多边形中对角线长度，m。

（3）图上量算法 指在房地产图的原图或二底图（由原图复制的等精度图）上量测房屋用地的面积，当用地形状复杂，又没有界址点实测坐标且已测绘了房地产图时，可采用此法，由于受地图精度的限制，图上量算法的面积精度低于前两种方法。图上量算作业时，可采用几何图形计算法和求积仪法，每块用地应量算两次，两次的面积差值不超过下式计算结果时，取两次的平均值为最后结果：

$$\Delta P = \pm\, 0.0003 \cdot M \sqrt{P} \tag{8-4}$$

式中　ΔP——两次量算面积差值，m^2；

　　　M——图纸比例尺分母；

　　　P——量测的面积，m^2。

2. 房屋占地面积测算

房屋占地面积是指房屋底层外墙（柱）外围水平面积，一般与底层房屋建筑面积相同。当一幢房屋为一个产权人所有时，房屋占地面积等于房屋底层的建筑面积。当一幢房屋有数个不同的产权人时，房屋占地面积由各产权人共用，称为共用房屋占地面积，共用房屋占地面积应进行分摊。

共用房屋占地面积分摊的原则，与共有房屋建筑面积分摊的原则相同，如果有权属分割文件或协议，应按文件或协议规定进行分摊计算；当无权属分割文件或协议时，则由各户按建筑面积比例分摊。

按各户建筑面积的比例进行分摊时，计算公式为：

$$S = KP \tag{8-5}$$

其中 S——某户分摊得到的共用地面积，m^2；

P——某户参加分摊的房屋建筑面积，m^2；

K——共用地面积的分摊系数，即：

$$K = \frac{需要分摊的共用地面积}{参加分摊的各户房屋建筑面积总和}$$

【例】   某幢四层的房屋总建筑面积为2000m^2，占地面积为500m^2，分属三个产权人，其中甲产权人拥有其中的一层，建筑面积为800m^2，求其分摊得到的占地面积。

【解】根据式（8-5），且有 $P=800m^2$，则：

$$K = 500/2000 = 0.25$$
$$S = KP = 0.25 \times 800m^2 = 200m^2$$

即甲产权人分摊得到的占地面积为200m^2。

3. 院落面积测算

院落面积指用地内除房屋占地以外各类用地面积的总和。测算时，可根据实地情况，采用上述的边长丈量计算法、坐标解析计算法或图上量算法，对其面积进行测算。除了院落的总面积之外，院落内各种地类的面积也要分别测算出来。

丘内由几个单位和个人共同使用的院落面积，称为共用院落面积，如果有权属分割文件或协议，应按文件或协议规定进行测算；当无权属分割文件或协议时，则按各户建筑面积大小按比例进行分摊。分摊计算方法与房屋占地面积分摊相同。

思考题与习题

1. 为什么要进行房地产调查？
2. 房地产调查的工作底图有哪几种？各有什么特点？
3. 房屋调查的内容有哪些？
4. 房屋用地调查的内容有哪些？
5. 房屋建筑面积计算的规则有哪些？
6. 房屋建筑面积测算和房屋用地面积测算各可采用什么方法？
7. 共有（共用）面积分摊的原则是什么？
8. 某住宅楼总建筑面积为4000m^2，其中800m^2为独立使用的地下车库，设此住宅楼内共有24户产权人，每户的套内房屋建筑面积均为100m^2，问各户分摊得到的共有建筑面积为多少？各户最后的建筑面积为多少？

9. 某大院内有 A、B、C 三个不同的产权单位，各自的建筑面积分别为 2500m²、3600m²、6200m²，独用院落面积分别为 500m²、320m²、1040m²，共同使用的院落面积为 1320m²，请问各单位分摊的共用院落面积各为多少？分摊后各单位的总院落面积各为多少？

10. 某用地为 5 边形，各界址点实测坐标见表 8-8，请用坐标解析法计算该用地的面积。

表 8-8

坐标 \ 界址点	1	2	3	4	5
X（m）	500.000	604.268	638.864	522.273	450.887
Y（m）	500.000	549.981	644.039	673.933	563.285

第九章　房地产分幅平面图测绘

第一节　房地产分幅平面图的一般规定

房地产分幅平面图是全面反映房屋及其用地平面位置和权属等状况的基本图,简称分幅图,是测制分丘图和分户图的基础资料。分幅图由于其覆盖的范围广、内容多、精度要求高,是房地产测绘工作的难点和重点。

一、测 绘 范 围

分幅图测绘范围包括城市、县城、建制镇的建成区,以及建成区以外的工矿企事业等单位及其相毗连的居民点,并应与开展城市房屋所有权登记的范围一致。

二、测 图 比 例 尺

城市建成区的房屋建筑密度较大,为了能清楚地表示房屋及有关方面的情况,应采用较大的比例尺,分幅图的比例尺一般取 1：500,远离城镇建成区的工矿企事业等单位及其相毗连的居民点可采用 1：1000 比例尺。这和城市基本图以及地籍图的比例尺是一致的,便于不同图纸之间信息的转换。例如,若测区已有基本地形图或地籍图,可在此基础上修测、编绘得到房地产分幅图,房地产分幅图的内容也可转绘到其它图纸上。

三、坐 标 系 统

房地产测绘采用的平面坐标系统一般沿用原有的城市平面坐标系统,既可节省进行平面控制测量的时间和人力物力,又可使城市的各项建设与管理有统一的坐标依据,避免出现不必要的混乱。分幅图一般不表示高程,如需要进行高程测量时,高程系统应采用黄海高程系统。

如测区内没有城市平面坐标系统,可根据测区的地理位置和平均高程建立。选择坐标系统应使投影长度变形值不大于 2.5cm/km,在此前提下依次考虑按 6°分带、3°分带和 1.5°分带的高斯正形投影平面直角坐标系统。对面积小于 25km² 的测区,可不经投影,采用平面直角座标系统。在已测有国家等级控制点的测区,平面控制网应和国家网进行联结,可选用一个国家网点的座标及一条边的方位角,作为本测区控制测量的起算数据。

四、分 幅 与 编 号

房地产分幅平面图可采用 40cm×50cm 的矩形分幅,或 50cm×50cm 的正方形分幅。如果比例尺是 1：500,则每幅图的实地范围分别为 200m×250m 或 250m×250m,因此矩形分幅每平方公里有 20 幅图,正方形分幅每 1km² 有 16 幅图。据此,若知道了测区总面积,就可推算总共有多少幅图,这是估算测绘工作量大小和安排进度的依据之一。

图幅的编号按图廓西南角坐标公里数进行编号，x 坐标在前，y 坐标在后，中间加短横线连接，已有分幅基本地形图或地籍图的地区，也可沿用原有的编号方法。

五、精 度 要 求

分幅图的精度要求与城镇居住区地形图的精度要求基本相同，其中主要地物点相对于邻近控制点的点位中误差不超过图上±0.5mm，高于地形图，次要地物点相对于邻近控制点的点位中误差不超过图上±0.6mm，与地形图一样；采用编绘法成图时，主要地物点相对于邻近控制点的点位中误差不超过图上±0.6mm，次要地物点相对于邻近控制点的点位中误差不超过图上±0.7mm；对少数施测困难地区的地物点的点位中误差，可按上述规定放宽 0.5 倍。

第二节　房地产分幅平面图的内容与表示方法

一、测 量 控 制 点

测量控制点是测图的依据，也是以后进行变更测量和城市建设与管理的依据。因此，图幅范围内的各种等级控制点和图根控制点，均应在图上精确地展绘出来，并在旁边标上点名或点号，如图 9-1 所示。

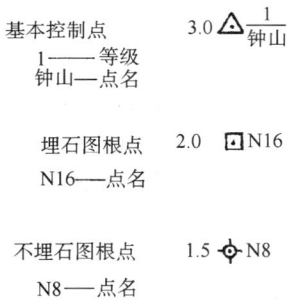

图 9-1

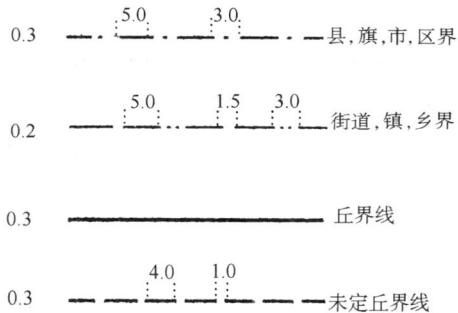

图 9-2

二、界 线

分幅图应表示的界线有行政境界线和丘界线两种，具体有几种不同的形式，如图 9-2 所示。界线是分幅图中重要的房地产要素，应按重要地物的精度要求测绘。

1. 行政境界线

在分幅图上行政境界线一般只表示区、县和镇的行政境界线，街道办事处或乡的境界根据需要表示。若两级境界线重合时，用高一级境界线表示，丘界线与境界线重合时，用境界线表示。境界线跨越图幅时，宜在图廓间的界端注明界线两侧的行政区划名称，如图9-3 所示。境界线相交处和拐弯处，应在实部，如图 9-3 所示。

2. 丘界线

丘界线是反映各丘房屋及用地范围的权属界线，是分幅图上很重要的内容。明确而无

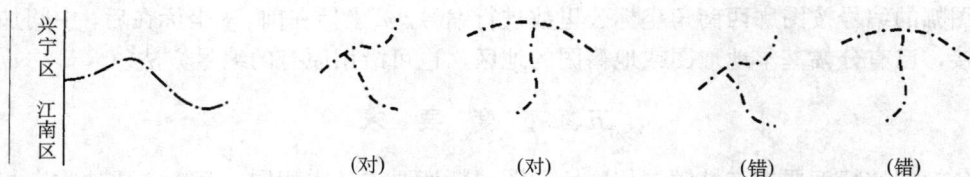

興宁区

江南区

(对)　　　(对)　　　(错)　　　(错)

图 9-3

争议的丘界线，在图上用 0.3mm 的粗实线表示，在图面上显得比较醒目和便于分辩。对于有争议的界线或无明显界线又提不出凭证的界线，用未定丘界线表示。丘界线是一条闭合曲线或折线，即使不在本幅图闭合，也应该在另一幅图闭合，测绘时应注意这个特性，避免错漏。

丘界与房屋轮廓线重合时，用丘界表示；丘界与线状地物重合时，视情况不同有三种表示方式。如图 9-4 所示，以围墙一侧为界时，围墙的一侧以丘界线表示；丘界线以围墙中间为界的，丘界线中断在围墙的两端，围墙符号的双平行线均以丘界线表示；丘界线与单线地物重合时，单线地物符号不变，线划按丘界线表示。

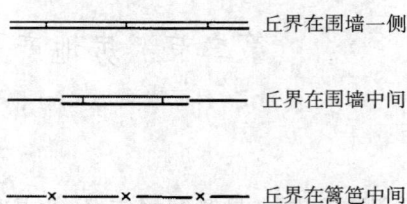

丘界在围墙一侧

丘界在围墙中间

丘界在篱笆中间

图 9-4

三、房　屋

房屋是指有承重支柱、顶盖和四周有围护墙体的建筑，房屋包括一般房屋、架空房屋和窑洞等。房屋应分幢测绘，以外墙勒脚以上外围轮廓为准。墙体凸凹小于图上 0.2mm 以及装饰性的柱、垛和加固墙等均不表示；临时性的过渡房屋及活动房屋不表示；同幢房屋层数不同的，应测绘出分层线。下面对各种房屋的具体测绘要求和表示方法进行介绍。

1. 一般房屋

一般房屋不分种类和特征，均以实线绘出，轮廓线内注明产别、建筑结构、层数和幢号，如图 9-5（a）所示。图中数字编号的含义在稍后再作介绍。

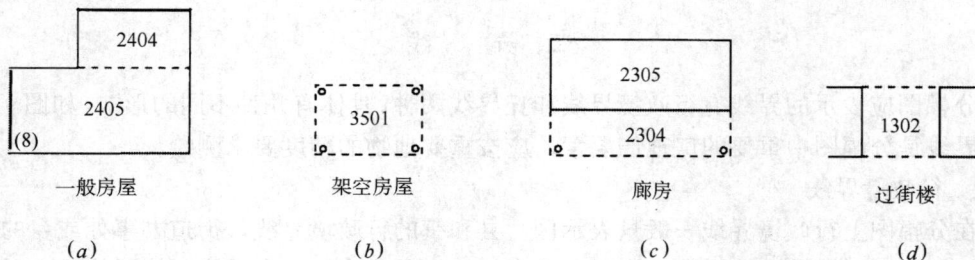

| 2404 |
| 2405 |
| (8) |
一般房屋
(a)

3501
架空房屋
(b)

| 2305 |
| 2304 |
廊房
(c)

1302
过街楼
(d)

图 9-5

2. 架空房屋

架空房屋是指底层架空，以支撑物作承重的房屋，其架空部分一般为通道、水域或斜坡，例如廊房、骑楼、过街楼、吊角楼、挑楼、水榭等。架空房屋以房屋外围轮廓投影为准，用虚线表示，虚线内四角加绘小圆表示支柱，图 9-5 中的（b）、（c）、（d）是三种不同形式架空房屋的表示方法。房屋轮廓线内注记与一般房屋相同。

3. 窑洞

窑洞是指在坡壁上挖成洞供人使用的住所。窑洞只测绘住人的，符号绘在洞口处。地面上窑洞符号底部绘在洞口出入处，按真方向表示；地面下窑洞是指从地面向下挖成平底坑，再在坑壁上挖成洞的住所，符号绘在坑轮廓内，如图 9-6 所示。

地面上窑洞　　地面下窑洞

图 9-6

四、房屋附属设施

分幅图上应测绘的房屋附属设施，包括廊道、底层阳台、大门、室外楼梯以及和房屋相连的台阶等。

1. 廊道

廊道是指作为通道使用的房屋附属设施。包括柱廊、檐廊、架空通廊和门廊等，其表示方法如图 9-7 所示。具体含义与要求如下：

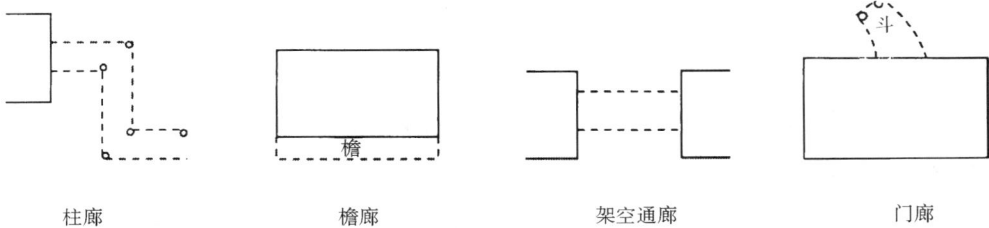

柱廊　　　　　檐廊　　　　　架空通廊　　　　门廊

图 9-7

（1）柱廊　指有顶盖和支柱，供人通行的建筑物，如长廊、回廊等。柱廊以柱外围为准用虚线表示，支柱位置应实测，图上只表示四角和转折处的支柱，柱廊一边有墙壁的，则墙壁一边用实线表示。

（2）檐廊　指房屋屋檐下有顶盖、无支柱和建筑物相连的作为通道的伸出部位，应按外轮廓投影测绘，内加简注。两端无支撑的一般不表示。

（3）架空通廊　指挑出房屋墙体外，有围护物但无支柱的架空通道。按外围投影测绘，用虚线表示，内加简注。

（4）门廊　指建筑物门前突出的有顶盖和支柱的通道，如门斗、雨罩等。按柱或围护物外围测绘，用虚线表示，内加简注。独立柱的门廊以顶盖投影为准，柱的位置应实测。

2. 底层阳台

底层阳台指位于房屋底层的不封闭的凸阳台。以栏杆外围为准测绘，用虚线表示，如图 9-8。房屋底层凹进墙体的阳台和封闭起来的阳台，均按房屋表示。

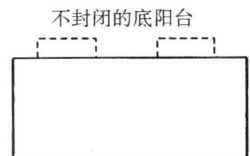

不封闭的底阳台

图 9-8

3. 大门

这里所说的大门指机关单位和大的居民点院落的各种门，一般有门墩或门顶，也有无门墩或门顶的简易门，如图 9-9 所示。门墩是指门的墩柱，门墩大于图上 1.0mm 时，以墩外围为准，按比例测绘；门墩小于图上 1.0mm 时，按 1.0mm 表示。门顶是指大门的顶盖，以顶盖投影为准测绘，用虚线表示，柱的位置应实测。

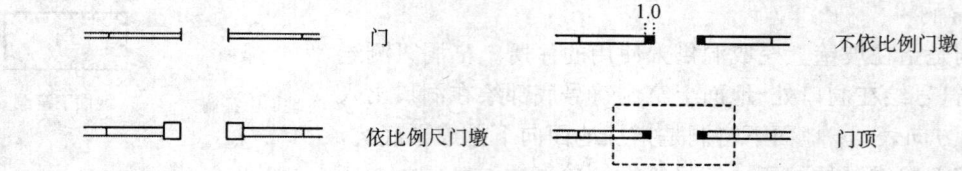

图 9-9

4．室外楼梯

室外楼梯是指位于房屋外侧，用于上、下层之间交通的设施。以楼梯投影为准进行测绘，符号缺口表示上楼梯的方向，如图 9-10 所示。宽度小于图上 1mm 的不表示。

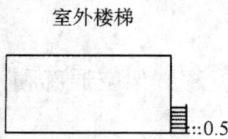

图 9-10

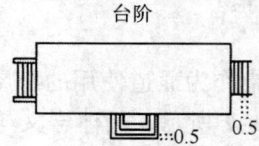

图 9-11

5．台阶

台阶是与房屋相连的联系室内外地面的一段踏步，按投影测绘，如图 9-11 所示。实地不足五级的，一般不表示。

五、围　护　物

围护物包括围墙、栅栏、栏杆、篱笆和铁丝网等。均应实测，用如图 9-12 所示的线状符号表示，线状符号的中心线是围护物的中心线；其它围护物根据需要表示；临时性或残缺不全的和单位内部的围护物不表示。具体要求如下：

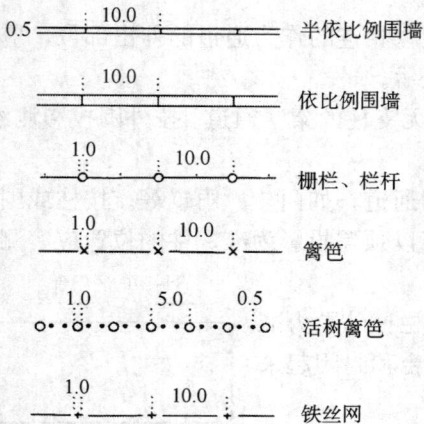

图 9-12

1．围墙

围墙不分结构、性质、均以双实线表示。围墙宽度小于图上 0.5mm 的按 0.5mm 表示，大于图上 0.5mm 的按依比例实测表示。

2．栅栏、栏杆

栅栏、栏杆均以实测表示，符号上的短线一般朝向内侧。

3．篱笆

用竹、木等材料编织成的各种较永久的篱笆均实测表示。临时性的不表示。

4．铁丝网

永久性的铁丝网均以实测表示，临时性的不表示。

六、房产要素和房产编号

分幅图上应表示的房产要素和房产编号包括丘号、丘支号、幢号、房产权号、门牌号、房屋产别、结构、层数、房屋用途和用地分类等，根据房地产调查资料以相应的数字、文字和符号表示。当注记过密容纳不下时，除丘号、丘支号、幢号和房产权号必须注记，门牌号可在首末两端注记、中间跳号注记外，其他注记按上述顺序从后往前省略。房产要素和房产编号的具体表示方法如下：

1. 丘号、丘支号、幢号、房产权号、门牌号以及房屋层数直接按相应的数字注记；
2. 房屋产别按其分类标准（见表8-1）中一级分类的编号注记，即：

1——直管公产   2——单位自管公产

3——私产   4——其他产

3. 房屋结构按其分类标准（见表8-2）中的编号注记，即：

1——钢结构   2——钢、钢筋混凝土结构

3——钢筋混凝土结构 4——混合结构

5——砖木结构   6——其他结构

4. 房屋用途和用地分类按其分类标准（见表8-4）中的一级分类，用如图9-13所示符号表示：

图 9-13

房产要素和房产编号的综合示例如图9-14所示。图中并列四位数"2402"中，第一位数"2"代表房屋产别，即"单位自管公产"；第二位数"4"代表房屋建筑结构，即"混合结构"；第三和第四位数"02"代表房屋层数，即二层；"（8）"为幢号；"19"为门牌号；"59"为丘号；"Ⓐ"代表房屋用途和用地分类，即为住宅。

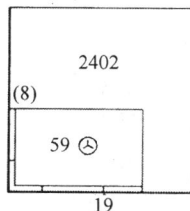

图 9-14

七、其他相关要素

与房地产管理有关的地形要素包括铁路、道路、桥梁、水系和城墙等地物均应测绘。铁路以两轨外沿为准；道路以路沿为准；桥梁以外围为准；城墙以基部为准；沟渠、水塘、游泳池等以坡顶为准，其中水塘、游泳池等应在其用地范围线内加简注。

亭、塔、烟囱、罐以及水井、停车场、球场、花圃、草地等根据需要表示。亭以柱外围为准；塔、烟囱和罐以底部外围轮廓为准；水井以中心为准；停车场、球场、花圃、草地等用地类界表示其范围，并加绘相应符号或加简注。

上述其他相关要素的具体表示方法，与普通地形图一致。应以相同比例尺的"地形图图式"为准。地理名称注记时，单位名称只注记区、县级以上和使用面积大于图上 100cm² 的名称。

第三节　房地产分幅平面图测绘方法

房地产分幅图的测绘方法与其他大比例尺图的测绘方法是一样的，可根据测区范围的大小、原有测绘资料的情况、现有测绘技术力量以及人力、物力和财力等状况，选择适宜的测绘方法。常见的方法有平板测图法、编绘法、全站型电子速测仪测绘法、航空摄影测量法，这里主要介绍前三种方法。

一、平 板 测 图 法

平板测图法指大平板仪或小平板仪配合皮尺量距测绘。平板测图法是传统的地面大比例尺地图测绘方法，目前还广泛使用。其特点是在室外边测量边绘图，图面与实地相符性较好，测图时方便灵活，而且从测绘到成图的周期短，适用的测区可大可小。但平板测图法劳动强度较大、速度相对较慢。由于平板测图时直接用照准仪在图上确定方向，因此方向精度较好，但其视距法测量距离的精度较差，故规范规定用皮尺丈量距离。

平板测图法的基本原理与方法在第七章已介绍，这里主要介绍在测绘房地产分幅平面图时，测图的基本过程与要求

1. 控制测量

测图前，应先进行控制测量，在测区布设适量的基本控制点和图根控制点，作为测图时的测站点，测站点点位精度相对于邻近控制点的点位中误差不超过图上 0.3mm。测图过程中应尽量利用基本控制点和图根控制点作为测站点。

测图时，当测区内控制点的密度不足时，可用经纬仪导线、平板仪导线和图解交会法等方法增补测站点。采用图解交会法测定测站点时，前、侧方交会均不得少于三个方向，交会角不得小于 30° 或大于 150°，前、侧方交会的示误三角形内切圆直径应小于图上 0.4mm；用支导线测定测站点时，支导线不超过一条边，最大边长 1：500 测图时不超过 50m，1：1000 测图不超过 75m，并需往返测定，往返较差不超过 1/250。

2. 测图准备工作

平板仪使用前应进行检校，使用的皮尺应与标准长度进行检核，50m 整尺长与标准尺长度的较差不超过 ±0.1m 时，其丈量结果可不加尺长改正。图纸一般采用厚度为 0.07mm～0.1mm，经定型处理变形率小于 0.02% 的聚酯薄膜。展绘图廓线、坐标方格网和控制点，各项误差不超过表 9-1 的规定。

3. 野外测图

(1) 安置平板仪　对中偏差不超过图上 0.05mm，即 1：500 测图时实地对中偏差不超过 2.5cm，1：1000 测图时实地对中偏差不超过 5cm。测图板上的定向线长度不小于图上

6cm，并用另一点进行检校，偏差不超过图上 0.3mm。

表 9-1

展 点 仪 器	方格网长度与 理论长度之差	图廓对角线长度 与理论长度之差	控制点间图上长度与 坐标反算长度之差
直角坐标展点仪	0.15mm	0.2mm	0.2mm
格 网 尺	0.2mm	0.3mm	0.3mm

（2）地物点的测定　一般可采用极坐标法和交会法。用极坐标法时，其距离一般应实量。使用皮尺丈量时，最大长度1∶500测图不超过50m，l∶1000测图不超过75m，采用光电测距仪时，可适当放长。采用交会法测定地物点时，前、侧方交会的方向不应少于三个，其长度不超过测板定向距离。房屋密集地区或测站点至所测点之间有障碍无法直接测量的困难地区，可先测定其外围的若干明显地物点，以此为依据，再用几何作图法装测内部房屋和其它地物。

4．接边和检查

图幅的接边误差不超过地物点点位中误差的 2 倍。各要素的拼接，应保持相关位置正确和避免产生局部变形。房地产图的检查过程和要求与地形图相同，此外，还应对照房地产调查资料，检查房地产要素是否正确齐全。

二、编　绘　法

编绘法是指利用已有地形图和地籍图，结合房地产调查成果，必要时进行一些修测和补测，然后进行综合取舍，即省略无关的要素如等高线、高程注记等，增加房地产方面的要素如权属界线、用地分类等，编制成符合要求的分幅房地产图。这种方法不需要大规模重新测图，节省了很多工作量，因此在已有符合要求的地形图或地籍图的地方，一般采用这种方法。其过程与要求如下：

1．准备图纸资料

用于分幅图编绘的已有图纸资料，其精度必须符合《房产测量规范》上对实测图的精度要求，即主要地物点位精度 0.5mm，次要地物点位精度 0.6mm；比例尺应等于或大于编绘图的比例尺。编绘工作必须利用已有图纸的原图或用原图复制的等精度图（简称二底图）进行。所谓"原图"，是指上墨清绘整饰好的野外实测图纸。

复制二底图可采用制版印刷法或其它高精度图纸复制法，复制时应使用聚酯薄膜图纸。如果原图比例尺大于编绘图比例尺，复制时应同时进行缩小，此时一般使用复照仪法。二底图的图廓边长、方格网尺寸与理论尺寸的精度要求与平板测图的要求相同，即其差值不超过表 9-1 的规定。

2．外业查核和补测

原有图纸的内容一般不能完全满足房产图的要求，而且还可能是较旧的图纸。因此应对照实地进行检查和核对，对漏缺和已经变化的房产要素和有关地形要素进行补测，使之与现状相符。补测应在二底图上进行，补测的地物点应符合精度要求。

补测的范围较小时，可用皮尺丈量补测地物的特征点与原有地物点的距离，然后用几何作图法在二底图上进行定点，最后绘出地物的图形。在利用原有地物点时，要注意检核其位置是否正确,以免用错点或用误差大的点。检核的方法是丈量该地物点与周围明显地物点的距离,再从图上量算出其相应的距离,两者之差不应超过点位中误差的两倍。

补测的范围较大时,可用前面所述的平板仪配合皮尺量距测图法进行补测。测站点应尽量选用原有的控制点,如原有控制点已破坏,可根据周围明显地物点设定测站点,此时也要注意检核这些明显地物点精度是否达到要求。如周围无合适的地物点可供参照,则从最近的控制点引测。补测的范围更大时,可先作图根控制测量,然后测图,此时方法和要求与测绘新图相同。

3. 编绘

查核和补测工作结束后,将房地产调查成果准确转绘到二底图上,对房产图所需的内容经过清绘整饰,加注房产要素的编号和注记后,即可编制成房地产分幅图。这份由编绘法获得的图纸称为编绘原图,也称底图。

三、全站型电子速测仪测绘法

全站型电子速测仪测绘法,是指采用全站型电子速测仪系统在野外采集数据,经过计算机数据处理和图形编辑后获得房地产数字化图,再经数控绘图仪绘制成房地产线划图。这种方法的特点是精度高、速度快、自动化程度高,而且得到的数字化图具有高于普通地图的价值,对进行计算机辅助设计和建立房地产信息管理系统有很大的作用。目前国内许多城市已实施了房地产数字化图的测绘,以此为基础建立房地产信息管理系统,为房地产管理和其他各项经济建设提供大量的房地产数据、资料和图件。房地产信息管理系统不但信息量大,而且便于查询、统计、调阅、传输、维护、使用和更新,是今后房地产管理发展的方向。

全站型电子速测仪测绘法的原理与方法在第七章已作介绍,这里主要介绍其在测绘房地产分幅平面图时的基本过程与要求。

1. 野外数据编码

全站型电子速测仪野外测量,采集的观测点数据应具备三类信息,一是测点的三维坐标,用以确定测点的位置;二是测点的连接关系,用以将相关的点连成一个地物;三是测点的属性,用以表示测点是什么地物的特征点。对最后一个问题,必须设计一套完整的地物编码来替代地物的名称和代表相应的图式符号,以使计算机根据编码自动识别和调用图式库中的符号绘图。

野外数据编码应符合房地产图图式分类和绘图规则,有利于计算机对数据、图形文件处理,且要便于操作和记忆,符合测量员习惯,尽量减少跑尺工作量。具体数据编码有多种方式,不同的测图系统软件可能采用不同的编码方式,但应符合上述基本要求。

2. 野外数据采集

(1) 在测站上安置全站仪,对中偏差不超过 3mm,仪器高、觇标高量取至厘米。

(2) 应输入仪器号、指标差、视准轴误差、加常数、乘常数、测站点点号和坐标,以及作业日期、仪器高、温度和气压等参数。其中加、乘常数改正不超过 1cm 时,可不进行改正。

(3) 以较远的控制点作为起始方向点,另一个控制点作检核,检核的平面位置误差不大于所测比例尺图上 0.2mm。数据采集过程中和每站结束前应对起始方向进行检查。

（4）在地物点立棱镜，气泡应居中，如棱镜中心不能直接安置在地物点上，则应作棱镜偏差改正。

（5）瞄准棱镜观测，水平角和垂直角读至 1′，测距最大长度 1∶500 测图不超过 150m，1∶1000 测图不超过 200m，困难地区可各放宽 1/2。

（6）绘制点位草图，草图详细程度应能满足计算机辅助成图过程中的问题处理，同一点在草图上和输入记录的编号应严格一致。

（7）每日施测前，应对数据采集软件进行试运行，工作结束后应检查载体中存入的数据是否正确齐全。

3．图形编辑

将野外测量采集的数据输入计算机，将生成的绘图数据文件自动转换成图形，然后在屏幕上对照草图进行检查和修改。

4．数控绘图

在数控绘图仪上，按所需成图比例尺绘出规定规格的线划、符号和注记的分幅房地产图。如果需要晒图，应绘在透明纸或聚酯薄膜上。

第四节　房地产分幅平面图的清绘

由平板测图法得到的实测原图以及由编绘法得到的编绘原图是铅笔原图，由于受工作性质和条件的限制，在符号规格、线划质量、注记和整饰等方面，一般比较粗糙、简略，而且线条及笔迹较淡，不能满足符号图式的规格和印刷晒图的要求。因此，应将铅笔原图严格按照房产图图式的规定和要求，重新描绘出图中的内容，加上文字和数字注记，并进行图面整饰。这个工作称为房地产分幅平面图的清绘。

一、分幅图清绘的种类

分幅图一般采用黑墨水单色清绘，也可根据需要和条件采用着色法或刻绘法。

单色清绘是用墨水对实测的铅笔原图或编绘原图进行清绘与整饰，这种图的优点是工艺较为简单，费时少，保存时间长，图面反差大，易于复制晒印；缺点是欠美观、表现力较差。

着色法则是将实测的铅笔原图或编绘原图，用不同的颜色进行清绘与整饰，各种要素分别用不同的颜色绘出。这种图的优点是美观、表现力强、清晰易读；缺点是应用的材料多，工艺较为复杂，保存时间长了色泽减退，线条模糊。

刻绘法是一种刻绘地图的方法。其方法是先在透明的片基上涂布遮光感光膜层，在感光膜上晒出原图的蓝图，再利用刻图仪器和工具依据所晒的图形刻出透明的线划和符号，从而得到可供制版印刷用的出版原图。其优点是速度快、质量好、易掌握、成本低；缺点是刻画工具不完善，修改图形困难，刻图膜层的性能不够稳定，易脱膜、发脆、变软、遮光性能变差。

本节主要介绍单色清绘法。

二、分幅图清绘的程序

清绘前，应对原图进行检查，否则一经着墨便不易修改。检查的内容主要有：图廓与坐标格网线是否正确、图面内容是否完备合理、相互关系是否协调、接边是否准确等，对发现的问题应作出妥善处理。此外，应认真学习《房产图图式》，和相应比例尺的《地形图图式》了解各种要素的表示方法和清绘的要求。

如图面有油污，是图纸便用橡皮擦拭干净，是聚酯薄膜则可用洗衣粉洗去。此外，由于聚酯薄膜一般是在其毛面绘图，而毛面比较粗糙，上墨清绘时线条不光滑，因此可用淡的明胶溶液在聚酯薄膜上涂布一层，待晾干后再清绘，效果较好。

在以上准备工作完成后，就可以进行清绘作业。为了使图内要素符号完整、位置准确以及各要素之间的关系正确、合理，清绘作业通常按以下程序进行：

(1) 绘内图廓线、坐标格网交叉线；

(2) 绘平面控制点和独立地物符号；

(3) 注记丘号和绘房屋用途及用地分类符号；

(4) 绘行政境界线、用地界线及房屋权界线；

(5) 绘房屋及房屋附属设施；

(6) 绘道路、水系及其附属物；

(7) 绘各种围护物；

(8) 绘植被、地貌等其他地形要素；

(9) 注记街道、河流、广场等地理名称；

(10) 注记房屋坐落门牌号、产别、结构、层数、幢号、房产权号等；

(11) 图廓整饰及图外注记；

(12) 检查、修改及审核。

上述清绘程序仅是一般正常的顺序，根据图内各要素的特点，必要时可合理变动其中个别程序。

三、分幅图清绘的要求

1. 一般要求

清绘时，各项房产要素必须按实测位置或二底图位置准确着墨，其偏移误差不超过图上 0.1mm，线条应均匀、光滑、饱满；符号符合图式规格的要求；各种注记应正确无误、位置恰当、不压盖重要地物。

2. 符号要求

《房产图图式》规定了控制点、房屋、房屋附属设施及围护物等房产要素的各种符号及其表示方法，是分幅图清绘的主要依据，清绘应按其要求进行。图式中的大部分内容在本章第二节中已经作了介绍，图式中符号旁标注的尺寸，均以毫米为单位，没有标注尺寸的，线粗为 0.1mm、点大为 0.25mm，虚线符号实部为 2.0mm，虚部为 1.0mm。

分幅图上需要表示的其他地形要素，按国家标准《 (1:500、1:1000、1:2000) 地形图图式》的要求清绘。

3. 文字注记和数字注记要求

分幅图上的文字注记主要有行政机构名称、自然名称、单位名称和说明注记，其采用的字体和字大如图 9-15 所示。其中，字的大小是用"K"表示的，其高度在旁边的括号内注明，例如"24K (5.5)"表示字大为 24K，字的高度为 5.5mm。字大标有两种尺寸的，可

行政机构名称	兴宁区人民政府　兴宁区人民政府 粗等线体28K(6.50)-16K(3.75)	丘号	5　　5 正等线体28K(5.0)-16K(2.4)
居民地	新兴苑小区　新兴苑小区 中等线体20K(4.5)-13K(3.0)	丘支号	5-5　　5-5 正等线体13K(2.4)-9K(1.6)
街道	西长安街　西长安街 中等线体24K(5.5)-13K(3.0)	门牌号	368　　368 细等线体9K(1.6)-7K(1.2)
水系	秦淮河　秦淮河 左斜宋体24K(5.5)-13K(3.0)	房屋幢号	(8)　　(8) 正等线体11K(2.0)-8K(1.4)
单位名称	白云宾馆　白云宾馆 长仿宋体24K(5.5)-13K(3.0)	房产权号	(8)A 大写英文字母8K(1.4)
说明注记	廊 台 天井　廊 台 天井 细等线体13K(3.0)-9K(2.0)	房屋层数	03　　03 正等线体13K(2.4)-8K(1.6)
		房屋产别 建筑结构	3　　3 正等线体13K(2.4)-8K(1.6)

图 9-15

根据图面负载的密度在该范围内选用，但一幅图内同一种注记字大尽量一致。

数字注记的字向一般直立朝北图廓，其中门牌号注在房屋轮廓线实际开门处、幢号注在该幢房屋轮廓线内左下角，其字向按图9-16所示规则注记。

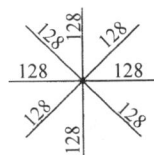

图 9-16

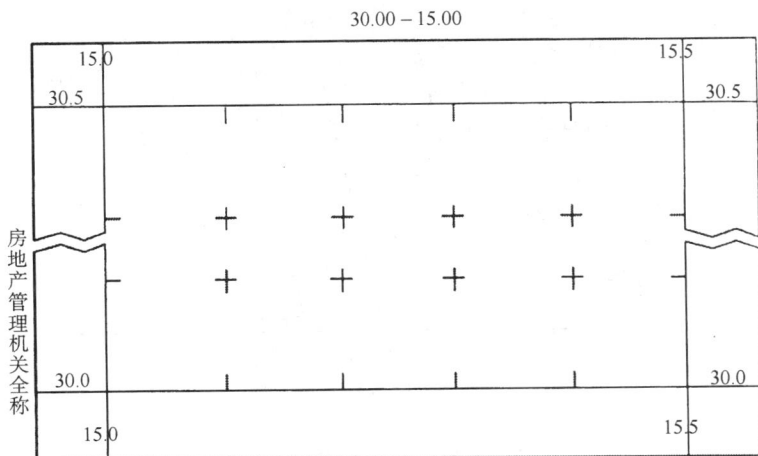

30.00－15.00

1:500

XXXX年X月XXXX测图
XXXX坐标系
XXXX年版图式

图 9-17

157

分幅图的图廓格式与地形图基本一致，但分幅图一般不注图名，不绘图名结合表，只注图幅编号，如注图名时，图廓左上角应加注图名结合表。此外，在注测绘机关全称的位置，改注房地产管理机关全称，如图 9-17 所示。

图 9-18 为某房地产分幅平面图局部的示例。

房产分幅平面图示例

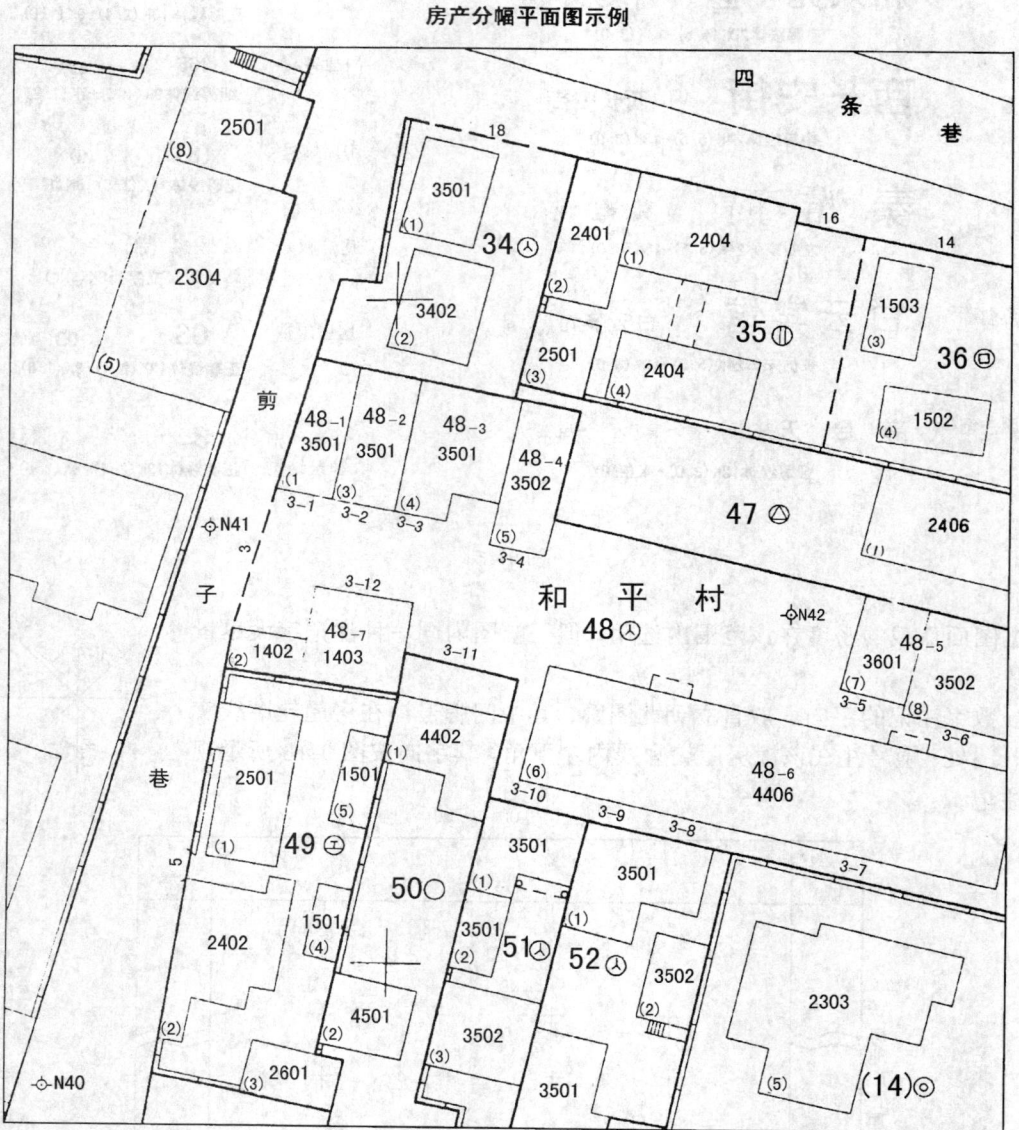

图 9-18

四、清绘的技术与方法

清绘房地产分幅图时，常用的绘图工具有小钢笔、直线笔、单曲线笔、双曲线笔和小圆规等，此外还有一些辅助物品，如用于磨笔的油石、用于绘平行线的玻璃棒、用于修图的刀片等。要掌握清绘的技术与方法，首先必须掌握这些绘图工具操作与使用。因此，这里简要介绍小钢笔、直线笔、单曲线笔、双曲线笔和小圆规的构造、修磨与使用方法。

1. 小钢笔

小钢笔是绘图的主要工具之一，可用来绘短直线、曲线、符号和书写注记等。小钢笔由笔杆和小笔尖构成，小笔尖的两钢片要薄，长短、宽窄、厚度要一致，如图 9-19 所示。

图 9-19

（1）小笔尖的修磨

绘图小钢笔要求不刮纸，下墨流畅，绘的线条光实、粗细一致。因此，对小笔尖必须进行检查和修磨。检查时，用小笔尖在纸上试绘，看能否达到上述要求，或者用拇指轻轻顶开笔缝，迎着光亮或用放大镜查看笔尖两钢片的形状是否对称，厚薄宽窄是否一致，尖端是否汇合于一点，有无棱角，中缝松紧是否适当。如有缺点，要进行修磨。

如果小笔尖的两钢片如长短不齐，可将笔尖垂直于油石面，沿钢片两侧方向轻轻修磨。如图 9-20（a）。直到笔尖磨齐为止。如两钢片宽窄不一，可使笔尖在油石上来回轻磨，如图 9-20（b），或左右轻磨，如图 9-20（c）。磨了一侧，再磨另一侧直到两钢片宽度一致，能绘出规定粗细的线条为止。

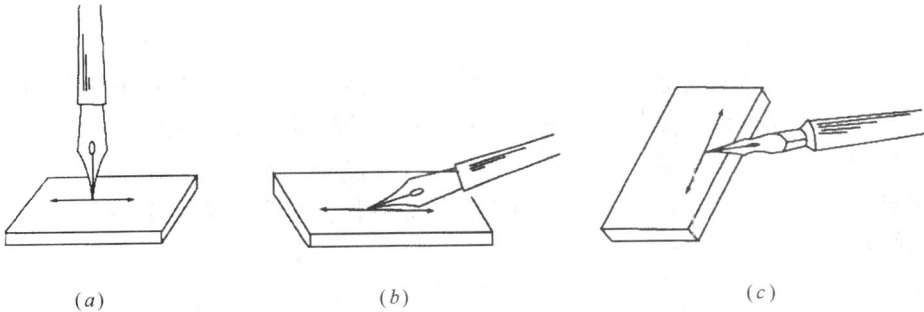

(a)　　　　　　　(b)　　　　　　　(c)

图 9-20

经过磨齐、磨窄的笔尖，都有棱线和棱角，如图 9-21（a）所示，必须磨去才能绘出光滑的线条。修磨时，如图 9-21（b）所示，将笔尖凹面朝下，与油石约成 45°斜角轻轻拉磨并逐渐使笔杆直立，反复进行数次到笔尖不刮纸即可。图 9-21（c）是磨去侧棱和棱角，即

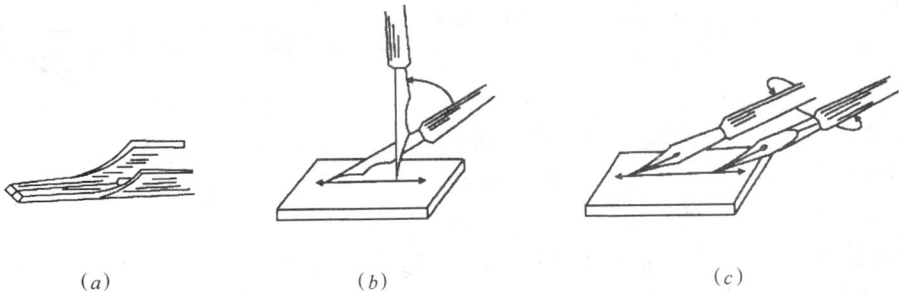

(a)　　　　　　　(b)　　　　　　　(c)

图 9-21

把笔尖一侧放在油石面上，向右边拉边转动笔杆，将笔尖旋转到另一侧接近油石面为止。旋转时，要逐渐扩大笔杆的角度。如此反复进行，直到笔尖四周都圆滑，绘线不刮纸为止。

（2）绘图小钢笔的用法

笔尖上墨不能多，不能直接蘸到墨水瓶中，可用塑料片条或另一支小钢笔蘸墨水后，再往小笔尖上墨。要保持笔尖两侧干净，以免依靠玻璃棒或三角板画线时，墨汁污脏图纸。笔尖要经常用湿布擦拭，使下墨流畅。

握小钢笔与握普通钢笔的方法相同。有时为了描绘方便，也可以适当改变握笔姿势，无论采用哪种握笔姿势，描绘时，要使笔尖两钢片端点均匀地接触纸面，即用笔尖的正锋，使笔缝与绘线方向大体一致进行绘画。用手指力和腕力带动笔杆，使笔尖沿着线条方向移动。这样下墨流畅，绘的线条光滑，粗细均匀。如两钢片不是均匀地接触纸面，称为偏锋，绘的线条不容易光滑，粗细很难一样，下墨也不流畅。图9-22是正确的运笔方向。用小钢笔绘曲线时，要根据曲线方向灵活运笔。线条接头一般选在曲线弯曲顶点两侧的位置，一组的接头要前后错开。不要有折角、交叉和跑线现象。

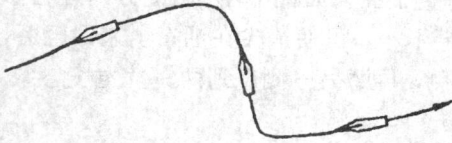

图 9-22

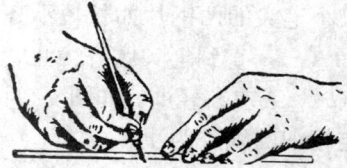

图 9-23

依靠玻璃棒画直线，要保持笔尖与玻璃棒成图9-23的正确关系。画线时，玻璃棒不能移动，笔尖两钢片要同时接触纸面，由左向右进行。绘短平行线，一般用目测间隔，用小笔尖依靠玻璃棒描绘。要使玻璃棒平行滚动，而不能移动。每绘一线前可悬笔试验，以确定间隔是否恰当。绘线时要保持笔与玻璃棒的关系不变。否则，容易出现线条不平行和间隔不等的缺点。

2. 直线笔

直线笔专用于依靠直尺或三角板绘直线，如图廓线、坐标线以及铁路、公路符号等的直线段等。直线笔因笔头象鸭嘴，又称鸭嘴笔。它有大、中、小几种型号，绘图中多用中、小型的。如图9-24所示，直线笔由笔杆、笔头和调节螺丝三部分组成。笔头由两钢片组成，两钢片间的间隙可用调节螺丝扩大或合拢，以便绘出不同粗细的线条。前钢片固定而要有弹性，后钢片有固定式和可以旋动式，后钢片能旋动的直线笔便于擦洗，参见图9-24。

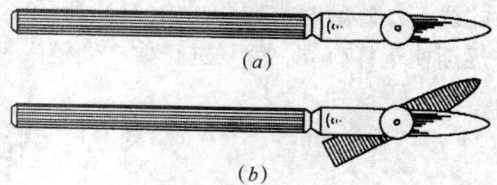

图 9-24
(a) 固定式；(b) 可旋式

（1）直线笔的磨修

直线笔笔头的两钢片要求长短、宽窄、形状一致，笔端薄而呈尖椭圆形，表面和边缘光滑，合拢后两钢片的尖端与纸面接触点应为一点。这样，才能绘出粗细一致、光滑实在的直线。直线笔只有经过修磨，才能完全达到这个要求，从而绘出满意的线条。修磨好的笔使用一段时间后，由于与图纸接触磨损，需要重新修磨。

若笔头两钢片太宽或左右形状不对称，必须磨窄。磨窄时，拧拢两钢片，使笔头与油石约成15°角，交替地研磨笔头两侧，直到宽窄适中，两侧形状对称为止。

若笔头两钢片长短不齐，或尖端过于锐利，绘线时不易下墨，或者钢片短的一边绘的线条发虚，钢片长的一边刮纸。修磨时，先拧拢两钢片，使钢片垂直地在油石上作钟摆式来回轻磨，使两钢片长短一致，并成圆滑的尖椭圆弧形。

若笔头钢片边缘厚，便不能绘细线。修磨时，先松笔头上的螺丝，让两钢片分开，使笔杆与油石面约成15°角，交替轻磨笔头的外部，边磨边转动笔头，保持钢片中间厚边缘渐薄的形状。通常钢片口要磨得比快刀口稍钝，能见一条极细的反光亮线为止。经上述过程研磨笔头的钢片，往往有棱角，绘线不光滑。还应该精磨去棱。即将笔头侧放在油石上作钟摆式地轻轻磨去棱角。

（2）直线笔的使用

往直线笔上放墨水时，要使两钢片之间约有0.5mm的空隙。两钢片如果夹得太紧，墨汁就不能流到钢片尖端；如果两钢片之间的空隙太大，墨汁容易滴下。直线笔内含墨量以约高5mm为宜。过多，墨汁易滴出；过少，不能一次绘完一条长线。笔头外部要保持干净。然后按线条粗细规格调整螺丝，在相同质量的绘图纸上试绘，符合要求后在图纸上描绘。

握直线笔时，用右手拇、食指和中指握持笔杆与笔头连接处上部，无名指、小指靠中指成自然弯曲、使调节螺丝向外侧，笔杆与纸面约成垂直地从左到右、或从下到上，沿直尺边缘画线，如图9-25。这样，绘的线条光洁实在。

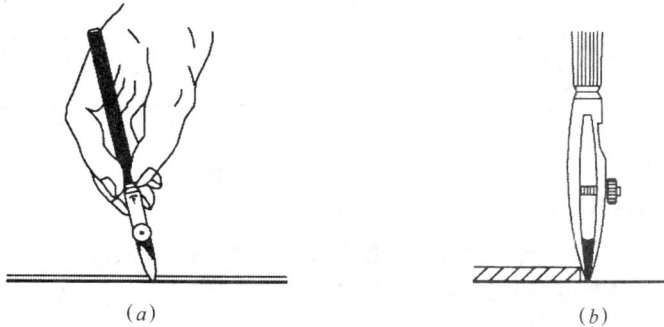

（a）   （b）

图 9-25

使用直线笔绘图时，图纸要平，笔端与纸张平移接触的位置要保持一致，运笔速度适当，用力均匀。在线条的起点和终点，要稍停顿，使笔端整齐。画粗线时，直尺边缘不要接触纸面，以免墨汁流下污脏图纸；一条线要一次画完，以保证全线方向、粗细一致，不要重描或倒画；画50cm以上长线，人要站起来，使身体右臂随着线画方向移动，按在尺面的左手指同时也在尺面上轻巧地自左向右移动；画0.5mm以上粗线时，为了防止墨汁滴出，要先绘出两边线，然后在中间逐次填实，

画完线条后，要平行地向后移动直尺。放松笔头的调节螺丝，揩净余墨。

3. 单曲线笔

单曲线笔用于绘等粗的曲线，如水涯线、单线路等。它的优点是绘出的线条粗细准确、光滑一致，而且效率高。图9-26是单曲线笔的结构图。笔头由两个弧形钢片组成，笔头上的调节螺丝控制两钢片的松紧，以调整画线粗细。笔头与轴杆为一个整体，可在代替笔杆

的套管内自由旋转。轴杆顶上有两个螺丝，称为固定螺丝组，放松时，轴杆可以带动笔头旋转；旋紧时，轴杆固定，笔头不能转动。调节螺丝用来调整线条的粗细。

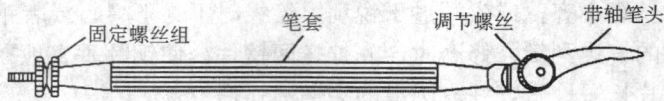

图 9-26

（1）单曲线笔的修磨

笔头的形状关系曲线笔转动灵活的程度。图 9-27 是正确笔形，弧度适中、转动灵活。笔头与笔轴的距离 d 为 2~4mm。绘缓慢的曲线时宜用 d 稍大的曲线笔，绘曲率较大的曲线时宜用 d 稍小的曲线笔。笔头两钢片长短不齐、太宽、太厚时，应进行修磨，方法与磨直线笔头基本相同。去棱时，把两钢片合拢，倾斜笔杆，在油石上按绘曲线方向轻拉，并使笔杆逐渐转向垂直，直到绘线不刮纸即可。

图 9-27

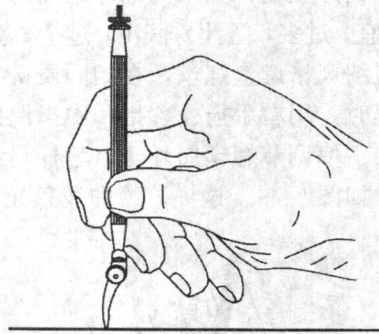

图 9-28

（2）单曲线笔的使用

握曲线笔的姿势如图 9-28。绘线时手腕悬空，以肘关节为依托，用手腕和手臂推动笔杆以带动笔头沿曲线方向成垂直地移动。初练习时，可用小指轻触纸面作为支撑，便于掌握。曲线笔的上墨量以约高 3mm 为宜。线号粗细要试画，合适后才在图纸上描绘。

用曲线笔绘图时有下笔、运笔、提笔和接头四个基本动作。下笔要准确、垂直，稍停顿再运笔。运笔过程中要始终保持笔杆垂直，用力均匀，速度一致，运笔方向一般从左下方向右上方，或从左上方向右下方比较顺手，技术较熟练，也可从右上方向左下方描绘，这样绘图就方便多了。提笔要在笔停稳后，再迅速垂直地提起来，否则，在提笔地方笔头会带出一"尾巴"。接头要求平滑自然，不露衔接痕迹。接头位置一般选在看得清楚、容易对准弯曲顶点两侧的地方，但一组曲线的接头处要互相错开。接头时，用中指抵住笔头，不使转动，把笔头准确地接在已绘的曲线末端，然后移开中指进行描绘。

4. 双曲线笔

双曲线笔用于绘两条平行的曲线，如双线道路符号、弯曲的围墙等。双曲线笔的结构如图 9-29。笔头由两个相互平行的单曲线笔头组成，中间有一个调节两个笔头间距的螺丝。对双曲线笔的要求，除与单曲线笔相同以外，还要求笔杆两侧的两个笔头对称，并能向中间收拢，两个笔头的笔缝平行；笔杆垂直时，两个笔头的四个钢片都同样接触纸面。笔头尖端要较单曲线笔的稍宽。

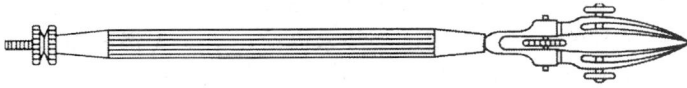

图 9-29

（1）双曲线笔的修磨

双曲线笔的修磨方法与单曲线笔基本相同。但应注意磨窄时，要将四个钢片拧拢，使四个钢片都能同时磨到。磨齐时，要放松螺丝，使两笔尖的距离与绘线同宽，再轻轻修磨。磨薄时，先分别磨薄外侧两钢片，后磨中间钢片。磨中间两钢片时，用砂纸在两钢片中间磨。磨完一片，再磨另一片。

（2）双曲线笔的使用

双曲线笔的使用方法与用单曲线笔基本相同。只是较难掌握，尤其是在转弯部分。描绘时，握笔要低些，下笔要准，运笔时要看准双线符号的中心线，用力要均匀，使两笔尖同时接触纸面。由于绘线条转弯处的力量不易保持平衡，容易产生断线现象。所以，绘转弯处要使在内侧的笔尖转动较慢，在外侧的笔尖转动较快。

5．小圆规

小圆规用于绘各种小圆符号，又叫点圆规。图 9-30 是升降小圆规，采用较多。升降小圆规由带帽轴针、套管、固定在套管上的弹簧片和连在弹簧片下端的笔头，以及三个螺丝组成。对小圆规的要求是：轴针正直，并对准笔头内侧钢片中央，轴针与套管要十分吻合、不晃动；笔头较直线笔的尖锐，与纸面接触处仅为一点，能绘成线条粗细均匀而光滑的小圆。

（1）小圆规的修磨

小圆规笔头的修磨与单曲线笔相同。但笔头要稍尖锐。由于笔尖与轴针有一定角度，所以笔头外片要比内片略长，使轴针垂直时，笔头两钢片能同时接触纸面。否则，绘圆时不下墨或者圆周边缘不光滑。修磨方法是把小圆规垂直立在油石上，并在针尖下垫小片橡皮，慢慢旋转套管，磨齐两钢片，然后磨窄磨薄、去棱即成。

（2）小圆规的使用方法

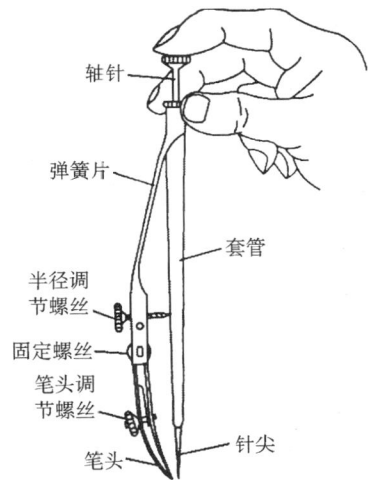

图 9-30

绘图时，如图 9-30 所示，用右手食指按轴针帽，中指和拇指捏住套管顶部，先用轴针尖准确地、垂直地、轻轻地刺在圆心上，再轻轻放下笔头，用拇指和中指按顺时针方向拨转套管顶部的接合螺丝，要用力均匀地旋转一周，使笔头停于接头处。不能猛转或重画，以免线条变粗、发毛。小圆绘出后，先提起笔头，然后垂直地提起轴针。

使用上述绘图工具进行图纸清绘是一项耐心细致的技术工作，要经过大量的绘图练习才能真正掌握其要领，做到能熟练地修磨好绘图工具，得心应手地绘出各种符合要求的光滑、实在和粗细一致的线条。一些专业的测绘单位为了提高清绘水平，将图纸的清绘工作

163

交由专业的绘图人员处理，其中线条由绘图人员用上述绘图工具手工绘出，文字注记用专门的照相排字机打出到透明片基上，然后粘贴到图纸上，一些常见的独立地物符号也可预先制作好，需要时粘贴到图纸上。采用这些技术方法，可大大提高清绘的质量和效率。

当采用电子全站仪或其它方式进行数字化房地产图测绘时，由于采用了计算机绘图，可以免去繁重的手工清绘工作，不但效率高，而且图面干净、整洁，线条、符号及文字注记规范、准确、美观。当前，实现数字化测图是房地产测绘部门努力的方向。

<h2 style="text-align:center">思考题与习题</h2>

1. 确定房地产测量坐标系统的基本原则是什么？

2. 某测区面积为 15km²，其中城区为 6km²，郊区为 9km²，计划城区测图比例尺为 1∶500。郊区测图比例尺为 1∶1000，采用 50cm×50cm 正方形分幅，如果按满幅计算，问该测区 1∶500 和 1∶1000 的分幅图各有多少幅？

3. 房地产分幅平面图中应表示哪些要素？

4. 房地产分幅平面图的测绘方法有哪些？各有什么特点？

5. 试述编绘法的基本步骤与方法。

6. 请问图 9-18（房产分幅平面图示例）中，第 49 丘的各组数字表示了什么房地产信息？

7. 什么是清绘？房地产分幅平面图清绘的主要程序是什么？

8. 清绘工作的主要绘图工具有哪些？各有什么作用？

第十章 界址点测量及分丘图和分户图的测绘

第一节 界址点测量

界址点是房屋用地界线的转折点处设置的界桩点，用来确定房屋用地权属界线的位置与走向，界址点的连线即是房屋用地范围界线。各丘界址点的位置，确定了该丘房屋用地的位置、形状与面积。因此，界址点是房地产管理的重要依据。界址点测量，就是采用测量方法和手段，测定各个界址点的平面坐标，并编制出坐标成果表。在房地产测绘中，界址点是分丘图和分户图应该表示的重要内容，其坐标成果可用于解析法测算用地面积。

一、界址点的标定、埋设及编号

1. 界址点的标定

界址点的标定是指在实地确定界址点的位置。为了准确划定房屋用地权属界线，计算房屋用地面积，减少用地纠纷，标定界址点时必须由相邻双方合法指界人到现场确认。单位使用的土地，要由单位法人代表出席指界；组合丘用地，要由该丘各户共同委派的代表指界；房屋用地人或法人代表不能亲自出席指界时，应由委托的代理人指界。

2. 界址点的埋设

界址点标定后，应设立固定的标志，称为界标。界标的种类有混凝土界标、石灰界标、带铝帽的钢钉界标、带塑料套的钢辊界标和喷漆界标等，可根据实地情况选用。

在较为空旷地区的界址点和占地面积较大的机关、团体、企业、事业单位的界址点，应埋设预制混凝土界标，或现场浇筑混凝土界址标桩，如图10-1。泥土地面也可埋设石灰界标，如图10-2。在坚硬的路面或地面上的界址点，应钻孔浇筑或钉设带铝帽的钢钉界标，如图10-3。在坚固的房墙或围墙等永久性建筑物处的界址点，应钻孔浇筑带塑料套的钢辊界标，如图10-4，但也可设置喷漆界址标志。

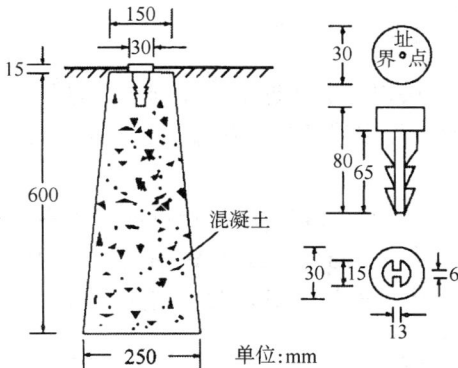

图 10-1

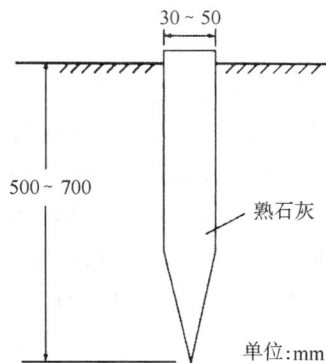

图 10-2

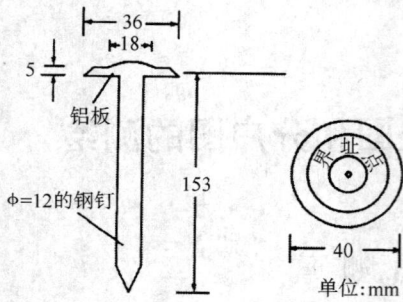

图 10-3

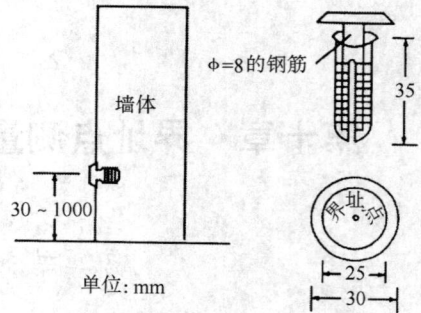

图 10-4

3. 界址点的编号

界址点的编号是以图幅为单位，按丘号的顺序顺时针统一编制，点号前冠以英文字母"J"。凡界址线的转角点，均应编界址点号。在同一幅图中界址点不重号，如图 10-5 所示，第 2 丘的界址点编号接着第 1 丘的编号顺序继续往下编，与第 1 丘相邻的界址点共用第 1 丘的编号，不再另行编号。跨越图幅的丘，由于界址点的编号是以图幅为单位分别编制，因此虽然是同一个丘，其编号也不连续，如图 10-6 所示。

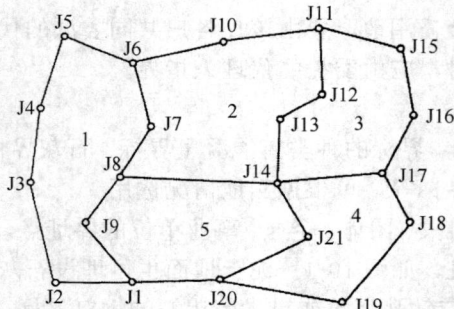

图 10-5

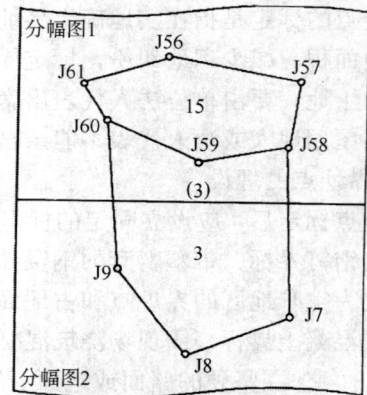

图 10-6

二、界址点的精度要求

界址点根据测定精度的高低分为三级，一级界址点相对于邻近基本控制点的点位中误差应不超过 0.05m，二级界址点相对于邻近控制点的点位中误差应不超过 ±0.10m；三级界址点相对于邻近控制点的点位中误差应不超过 ±0.25m。

对城市繁华地段的界址点和重要建筑物的界址点，一般要按一级界址点或二级界址点的精度要求测量，其他地区则可按三级界址点的精度要求测量。例如城镇临街一面的界址点应选用一级或二级；而街坊内部隐蔽地区及居民区内部的界址点，则可选用三级。

三、界址点测量方法

1. 直接测量法

一、二级界址点的精度要求较高，需在野外按一定的精度要求实地测量角度或距离，然后通过计算得到坐标值，这种方法称为解析法。一、二级界址点测量的精度等级相当于图根测量，其中，一级界址点按 1：500 测图的图根控制点的方法测定，从基本控制点起，可发展两次，困难地区可发展三次；二级界址点以精度不低于 1：1000 测图的图根控制点的方法测定，从邻近控制点或一级界址点起，可发展三次。

房地产测量一般是在城镇建筑群中进行，因此，界址点测量一般只能采用图根导线测量的方法，而且有的可能是狭长困难的街道，无法布设闭合导线或附合导线，只能布设支导线。根据规定，附合导线或闭合导线可再发展 2～3 次，而支导线点则不能再单独发展一、二级界址点。

在通视条件较好时，可以在图根及图根以上的控制点上设站，观测已知方向至界址点间的水

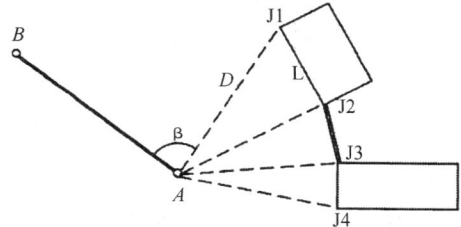

图 10-7

平角，并量取测站点至界址点的水平距离，就可通过计算得到界址点坐标。如图 10-7 所示，已知 A 点坐标为 (x_A, y_A)，A 点到 B 点的坐标方位角为 α_{AB}，观测的水平角为 β，水平距离为 D，则 J_1 界址点的坐标为：

$$x_1 = x_A + D\cos(\alpha_{AB} + \beta)$$
$$y_1 = y_A + D\sin(\alpha_{AB} + \beta)$$

这种方法称为极坐标法，在一个测站上常可同时测量多个界址点，因此在界址点测量中用得很多。极坐标法本身没有检核条件，量距或测角错误不易发现，所以测量时应十分细心，此外，最好实测相邻界址点之间的边长，与由界址点坐标反算的边长值比较，若相差不大于界址点中误差的两倍，则认为界址点测量正确。如图 10-7 中，由极坐标法求出 J_1、J_2 界址点坐标分别为 (x_1, y_1)、(x_2, y_2)，则反算边长为：

$$L = \sqrt{(x_2 - x_1)^2 + (y_2 - y_1)^2}$$

上述方法由于是直接对界址点进行测量，求出其坐标，因此称为直接测量法。

2. 间接测量法

对有些难以直接测量的界址点，例如街坊内居民区的界址点等，可根据实地情况，测量一些边长或角度数据，然后利用其他已直接测量出的界址点坐标进行推算，也可求出这些界址点的坐标，这种方法，称为间接测量法，其精度低于直接测量法界址点的精度，一般只用于二、三级界址点测量。

在进行间接测量时，有时为了便于推算，可适当测量一些非界址点的坐标作为过渡，这种点称为参考点。间接测量法的具体方法很多，下面介绍几种常见的方法。

（1）延长量边法

如图 10-8（a）所示，已知界址点 J_1、J_2 的坐标分别为 (x_1, y_1)、(x_2, y_2)，沿 J_1-J_2 方向量出 J_2 至待定界址点 J_P 的水平距离 D，则 J_P 的坐标 (x_P, y_P) 的推算公式是：

$$x_P = x_2 + r(x_2 - x_1)$$
$$y_P = y_2 + r(y_2 - y_1)$$
$$r = \frac{D}{\sqrt{(x_2 - x_1)^2 + (y_2 - y_1)^2}}$$

式中，r 称为延长系数，如果 J_P 位于 J_1、J_2 之间，如图 10-8 (b)，则沿 J_2-J_1 方向量出 J_2 至 J_P 的水平距离 D，此时 J_P 的坐标的推算公式同上式，但 r 取负值。

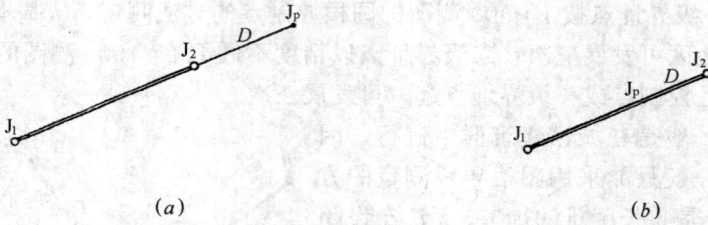

(a)　　　　　　　　　　　　(b)

图 10-8

（2）垂直量边法

如图 10-9 所示，已知界址点 J_1、J_2 的坐标分别为 (x_1, y_1)、(x_2, y_2)，沿着过 J_2 的垂直方向量出 J_2 至待定界址点 J_P 的水平距离 D，则 J_P 的坐标 (x_P, y_P) 的推算公式是：

$$d=\sqrt{(x_2-x_1)^2+(y_2-y_1)^2}$$
$$r=\frac{D}{d}$$
$$x_P=x_2+r(y_1-y_2)$$
$$y_P=y_2+r(x_2-x_1)$$

注意：J_P 在 J_1-J_2 方向的右边时，r 取正值，J_P 在 J_1-J_2 方向的左边时，r 取负值。

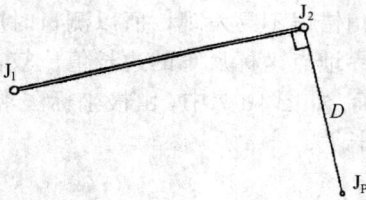　　　　　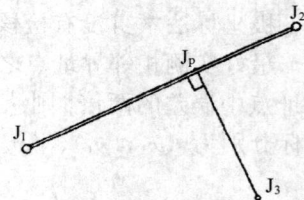

图 10-9　　　　　　　　　　　　　图 10-10

（3）垂足量边法

如图 10-10 所示，已知界址点 J_1、J_2 和参考点 J_3 的坐标分别为 (x_1, y_1)、(x_2, y_2) 和 (x_3, y_3)，J_3 点到 J_1-J_2 边的垂足为待定界址点 J_P。此时不需要再测量任何数据即可推算 J_P 的坐标值，推算公式是：

$$d=\sqrt{(x_2-x_1)^2+(y_2-y_1)^2}$$
$$D=[x_1(y_2-y_3)-x_2(y_1-y_3)+x_3(y_1-y_2)]/d$$
$$x_P=x_3+D(y_2-y_1)/d$$
$$y_P=y_3+D(x_1-x_2)/d$$

（4）距离交会法

如图 10-11 所示，已知界址点 J_1、J_2 的坐标分别为 (x_1, y_1)、(x_2, y_2)，测量 J_1 至待定界址点 J_P 的边长为 S_1，J_2 至 J_P 的边长为 S_2。推算 J_P 坐标值的公式是：

$$d=\sqrt{(x_2-x_1)^2+(y_2-y_1)^2}$$

$$a=(x_2-x_1)/d$$

$$b=(y_2-y_1)/d$$

$$r=\frac{d^2+S_1^2-S_2^2}{2d}$$

$$h=\sqrt{S_1^2-r^2}$$

$$x_P=x_1+ra-hb$$

$$y_P=y_1+rb-ha$$

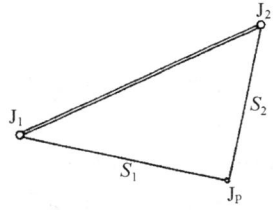

图 10-11

注意：应用上式时，J_1、J_2 及 J_P 点应按顺时针排列。

3．图解法

从图上量测界址点坐标的方法称为图解法。为了保证精度，应从 1∶500 房地产分幅平面图的底图上进行量测。量测时应使用较好的尺子，其刻划应和坐标格网尺比较过，经证实是正确时才能用于量测作业。图解法的精度较低，只能用于三级界址点坐标测量。

四、界址点坐标成果整理

界址点测量完成后，应以丘为单位，绘制界址点略图；以图幅为单位，编制界址点坐标成果表，如表 10-1；最后将所有资料装订成册，作为正式成果上交。

界址点坐标成果表   表 10-1

图幅号_____

丘 号	界址点 编 号	标 志 类 型	等 级	坐 标（m）		点 位 说 明
				x	y	

检查者：   填表者：   年   月   日

第二节 分丘图测绘

分丘图是以一个丘的房屋及其用地为单位所测绘的图件，是绘制房产权证附图的基本图。分丘图实质上是分幅图的局部图，用来更详细地表示各丘的房屋及其用地的房地产要素，满足房地产管理的需要。分丘图测绘是房地产测绘业务部门长期、大量的日常工作。

一、分丘图的规格与精度要求

分丘图的图幅大小可根据丘面积的大小，选用32～4开的幅面；比例尺可在1：100～1：1000之间选用。一般情况下，应尽量采用与分幅图一样的比例尺，以简化分丘图的编制工作。当面积较小时，应用较大的比例尺；当图面内容过于密集时，也应采用较大的比例尺。当丘的面积很大时，可采用较小的比例尺。

由于分丘图是分幅图的局部图，因此分丘图的坐标系统与分幅图的坐标系统应该相同。展绘图廓线、方格网和控制点时，各项限差要求与分幅图相同。图纸一般采用聚酯薄膜，也可选用其它质地较好的图纸。

分丘图上地物点的精度要求与分幅图上主要地物点的精度要求相同，均为相对于邻近控制点的点位中误差不超过分幅图上0.5mm。例如，若分幅图的比例尺为1：500，分幅图主要地物点的精度要求为±0.5mm×500＝0.25m，则分丘图不管比例尺为多少，其地物点的精度要求也为±0.25m。

二、分丘图的内容和表示方法

分丘图的内容除表示分幅图的内容外，还应表示界址点、房屋权界线、墙体归属、挑廊、阳台、窑洞使用范围、建成年份、房屋边长、丘界线长度、用地面积、建筑面积以及四至关系等各项房产要素。下面分类介绍其具体内容和表示方法。

1. 权属要素

（1）界址点

界址点根据精度分为三级，图上分别用不同的符号表示，并注记点号，点号前冠以英文小写字母"J"，如图10-12所示。

一级界址点　　1.0　○J19

二级界址点　　1.0　○J12

三级界址点　　0.5　·J86

图10-12

（2）房屋权界线及墙体归属

房屋权界线是组合丘内，毗连一起的不同产权人房屋之间的权属界线。房屋权界线以墙体的中心线或边线为界，墙体归属相应就是共有和一方独有，这些要素均应在分丘图中表示出来。具体表示方式如图10-13所示。

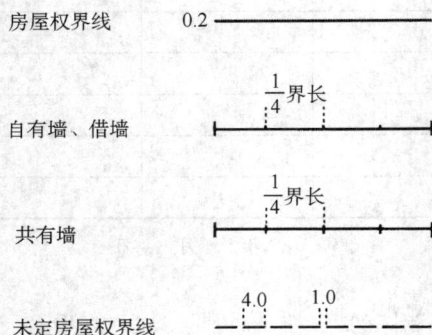

房屋权界线　　0.2

自有墙、借墙　　$\frac{1}{4}$界长

共有墙　　$\frac{1}{4}$界长

未定房屋权界线　　4.0　1.0

图10-13

图中房屋权界线上的短线朝向那一侧，就表示墙体归属那一方；短线分别朝向毗连双方时，表示共有墙。当房屋权界线有争议或权属界线不明时，用未定房屋权界线表示。

2. 房屋位置和形状

分丘图比分幅图更详细地表示房屋的位置和形状，增加表示的内容是挑廊、阳台和窑洞使用范围。

（1）挑廊

指挑出房屋墙体外，有围护物、无支柱的架空通道，按外围投影测绘，用虚线表示，内加简注"挑"。如图10-14（a）所示。

（2）阳台

在分幅图中只表示不封闭的底阳台，在分丘图中除这种阳台要表示外，还应表示二层以上封闭的或不封闭的凸阳台。如图 10-14（b）、（c）所示。

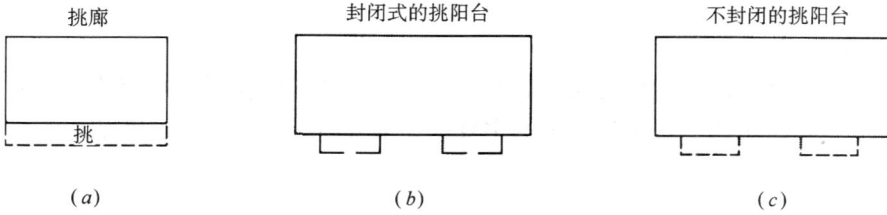

图 10-14

（3）窑洞使用范围

窑洞除表示洞口及平底坑的位置和形状外，还应表示住所的使用范围，测绘时量至洞壁内侧。如图 10-15 所示。

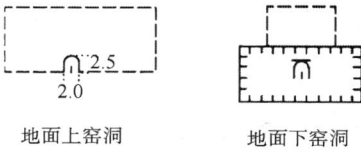

图 10-15

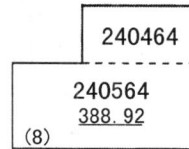

图 10-16

3. 建成年份

房屋建成年份取其后两位数表示，例如 1998 年用"98"表示。在图上将这二位数字注记在房屋层数的右侧。例如，图 10-16 的数字"240464"中，"2"表示房屋产别为单位自管公产，"4"表示房屋建筑结构为混合结构，"04"表示房屋层数为四层，最后两位数字"64"便表示建成年份为 1964 年。

4. 房屋及用地的面积与边长

房屋边长、用地边长、房屋建筑面积以及用地面积是房地产要素中的重要数据，其表示方式如下：

（1）房屋建筑面积

建筑面积以幢为单位注记在房屋产别、建筑结构、层数等数码的下方正中，下加一道横线。如图 10-16 中，建筑面积为 388.92m^2。

（2）房屋用地面积

用地面积注在丘号下方正中，下加两道横线。如图 10-17 所示，第 59 丘的用地面积为 158.88m^2。

（3）房屋边长

房屋边长注记在房屋边线的中部外侧，单位为 m，标注精确到 0.01m，如图 10-17 所示。矩形房屋可只注记对称边中的一条边，但测量边长时，每条边均应实测。

（4）用地边长

用地边长指相邻两个界址点之间的水平距离，标注在丘界线的中部外侧，单位为 m，标注精确到 0.01m。用地界线与房

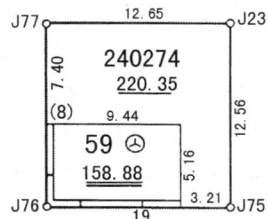

图 10-17

屋界线重合且用地边长与房屋边长完全相同时，可不再注记，以房屋边长代替即可，如图10-17 所示。

5. 四至关系

为了更清楚地表示本丘的相对位置及与周围权属单元的关系，在测绘本丘的房屋和用地时，应适当测绘出四周一定范围内的主要地物，并将其主要房产要素如单位名称、丘号等标注出来。

三、分丘图的测绘方法

分丘图一般利用分幅图结合房地产调查表编绘成图，对还未测有分幅图的地区，则应以丘为单位实地测绘。下面分别介绍这两种方法。

1. 编绘成图法

（1）准备图纸

根据用地面积的大小确定分丘图的图幅大小和比例尺，要使两者适中，在一般情况下，可让分丘图的比例尺与分幅图的比例尺一致。图纸格式如图 10-18 所示。

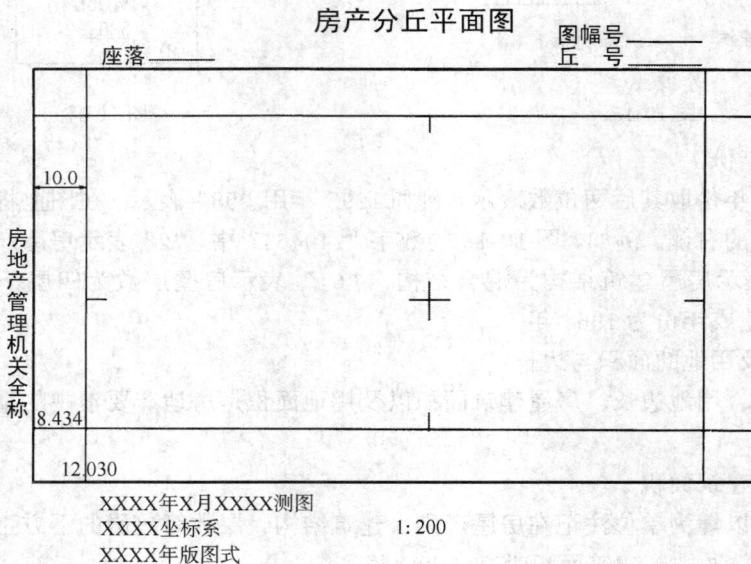

房产分丘平面图

图 10-18

（2）绘制底图

在准备好的图纸上绘出分幅图上已有的房地产及相关要素，作为编绘的底图。当分丘图与分幅图的比例尺一致时，可把分幅图的原图放在图板上，把另一张聚酯膜覆盖在它上面进行描绘。除了描绘该丘的全部内容外，周围一定范围内的主要地物如道路、河流等也应绘出，相邻丘与本丘相接的建筑物、权界等主要房地产要素也适当表示。此外，分幅图上的坐标格网线经检查合格后，也一并绘出。

如果分丘图与分幅图的比例尺不一致，就要将分幅图进行缩小或扩大。缩放可采用复照仪或工程复印机进行，以保证缩放后图纸的精度。当内容不多且图面规则简单时，也可手工按比例进行缩放。

（3）编绘成图

按照房地产调查资料及界址点观测资料，在用上述方法绘制得到的底图上，补绘有关的房地产要素，并按规定的格式表示，即可获得铅笔编绘原图。最后上墨清绘整饰，以便晒蓝或复印。上墨清绘整饰的技术方法、程序和要求与分幅图清绘相同，分幅图上不表示的房地产要素在《房产图图式》上也有明确的确定。在图廓整饰时，内图廓与外图廓之间的距离改为10mm，且只在西南角标注坐标值。

规范的分幅图和房地产调查，其内容基本上能满足编绘分丘图的需要，如在编绘过程中有不清楚的地方，应到实地测量核实。当资料完整，比例尺相同，技术熟练时，分丘图也可以分幅图和调查资料为依据，连编带绘，一次成图。

图10-19为根据分幅图（见上章图9-18）编绘而成的第48组合丘的分丘图示例。请注意这两种图的区别与联系。

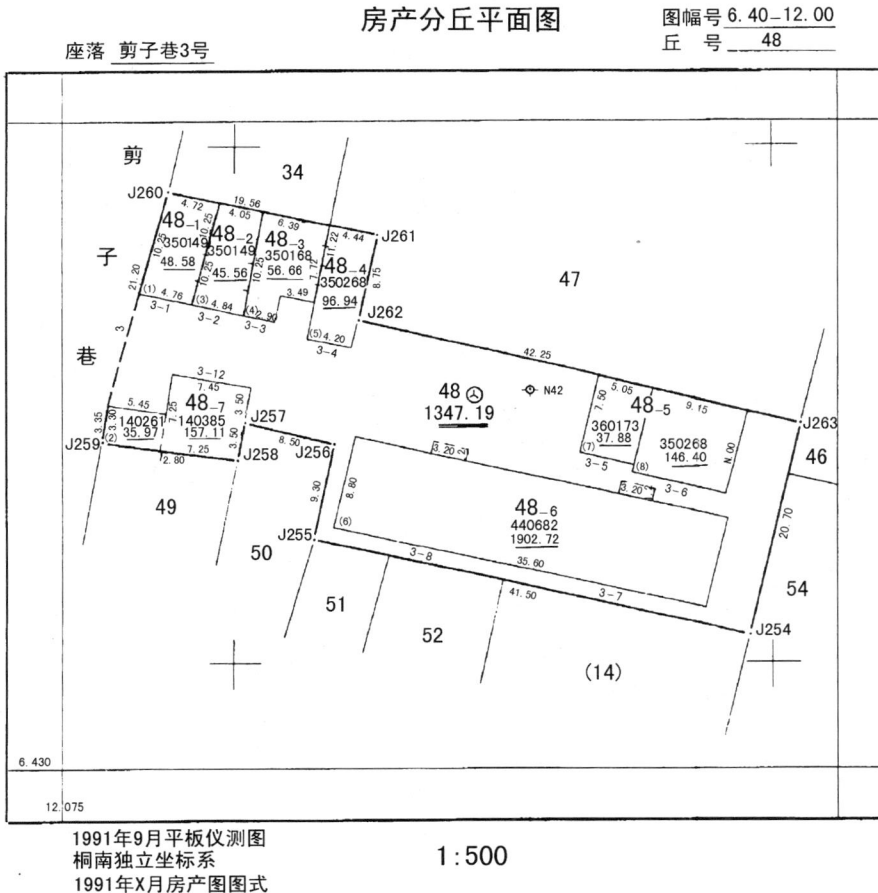

图 10-19

2. 实测成图法

如所在地区没有房地产分幅图，可实地测绘分丘图。分丘图的图幅大小和比例尺根据用地范围的大小确定，确定的办法如前所述。测图基本过程与方法如下：

（1）图根控制测量

以测区及周围已有的控制点作为首级控制点，根据测图的需要，进行图根控制点布设，其埋石点数量与分幅图的要求相同。对小范围的丘，如果几个测站即可完成测图工作，则可选用支点法、交会法等灵活简便的布设方式，但丘内至少要有两个埋石点，测量时要注意检核。图根控制点的测量方法与要求与分幅图相同。

房产分丘平面图

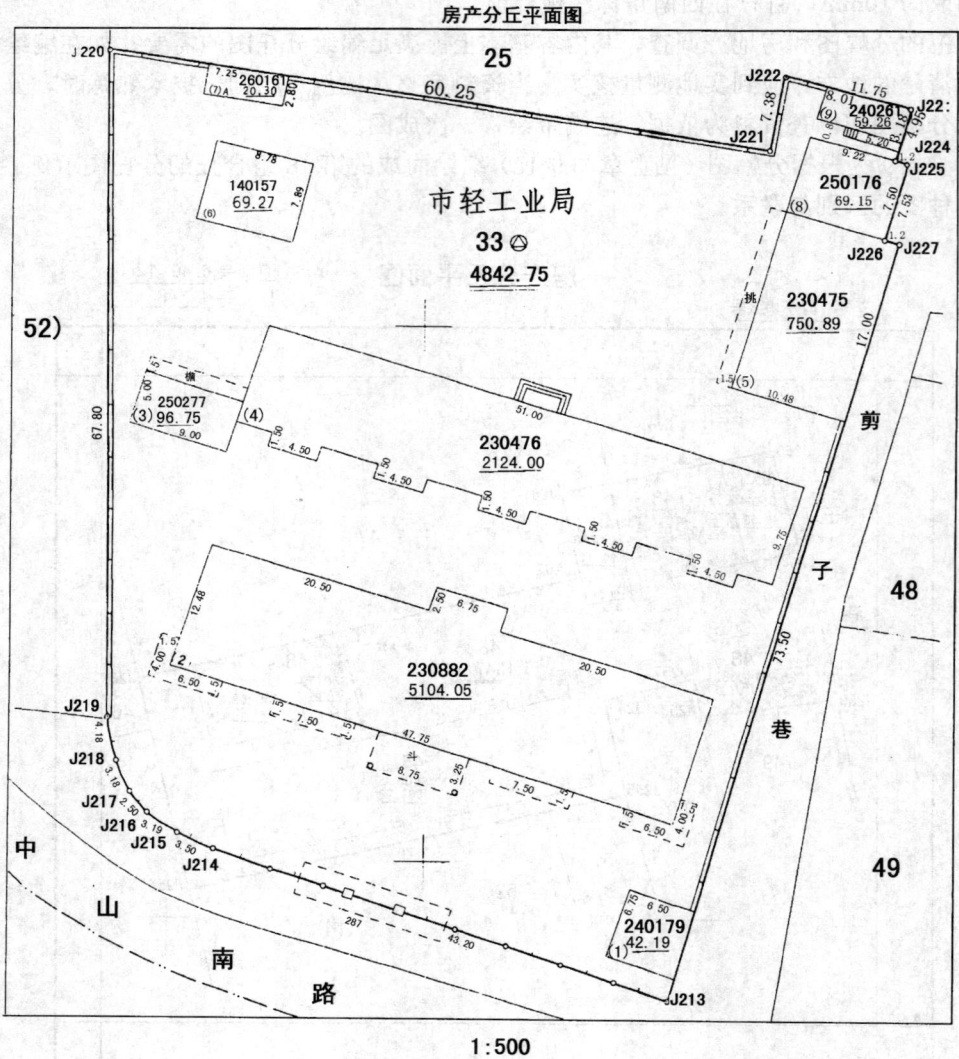

图 10-20

如果测区及周围没有城市控制点，则应从附近引测，以使分丘图测绘的坐标系统与该城市分幅图的坐标系统一致。

（2）绘制图廓、坐标格网和展绘控制点

图纸一般采用聚酯薄膜，较小范围的丘也可用绘图白纸。绘制图廓、坐标格网和展绘控制点的精度要求与分幅图相同。在绘制图廓时，应作好图面设计，使丘范围位于图纸中部，且重心平稳。

（3）测图

分丘图的测绘可采用平板测图法和全站仪测图法，基本方法和要求与分幅图测绘相同。由于分丘图应测绘的内容比分幅图更多、更详细，因此每个测站测完后，要注意检查是否有遗留。房屋应分幢丈量边长，边长量取至 0.01m，同一条边应丈量两次取中数，两次丈量较差不超过下式规定：

$$\Delta D = \pm 0.004D \qquad\qquad (10\text{-}1)$$

式中，ΔD 为两次丈量边长的较差，D 为边长。

用地边长按丘界线丈量，要求与房屋丈量相同。用地边长也可由界址点的坐标计算得到。对不规则的曲线边界，可按折线分段丈量。在测绘本丘的房屋和用地时，应适当绘出与邻丘相连的地物。

（4）编绘与整饰

结合房地产调查表，在室内对分丘图进行加工整理，按规定的格式与要求，绘制和注记房地产要素，最后上墨清绘整饰。清绘整饰的程序、要求和方法与编绘法相同。图 10-20 为某独立丘的示例。

分丘图的编制是繁琐的日常工作，有条件的单位可采用计算机进行绘图，提高工作效率和成果质量，同时有利于面积计算、分类统计等信息处理工作，为房地产信息管理系统提供重要的信息资源。

第三节　分户图测绘

分户图是在分丘图基础上绘制的局部图，以一户产权人为单位，分层分户地详细表示房屋权属范围，以明确异产毗连房屋的权利界线，供核发房屋产权证的附图使用。分户图测绘与分丘图测绘一样，也是房地产测绘部门大量从事的日常工作，有条件的单位也应采用计算机进行绘图。

当一幢住宅的产权为多户所有时，分丘图无法反映各户之间的权属界线，必须测绘更详细的分户图；组合丘内的各户房屋，在办理房屋产权证时，也要测绘分户图。如果整幢房屋（如车间、办公楼等）为一户产权人所有，分丘图能表示清楚，则不需再测绘分户图。

一、分户图的规格

分户图的图纸一般采用聚酯薄膜，也可选用其他图纸；幅面可选用 32 开或 16 开两种尺寸；比例尺一般为 1：200，当房屋图形过大或过小时，比例尺可适当缩小或放大。

分户图不必与分幅图的坐标统一，可以不绘坐标格网线，只需在图上适当位置加绘指北方向符号即可。图幅安排应使房屋的主要边线与图廓边线平行，房屋在图内可以横放也可以竖放，以重心平稳、图面美观为准。如图 10-21 所示。

房屋分层分户平面图

座落 剪子巷3-8

图幅号 6.40-12.00
丘 号 46-6

第6幢3层303室

56.46

北

```
          3.75
          台
      3.80
8.80            3.55        3.20
                            廊 4.8
      50.75        5.00
          7.30              梯 11.2
                       3-8      35.6
```

桐南市房地产管理局

分摊共有面积 5.71

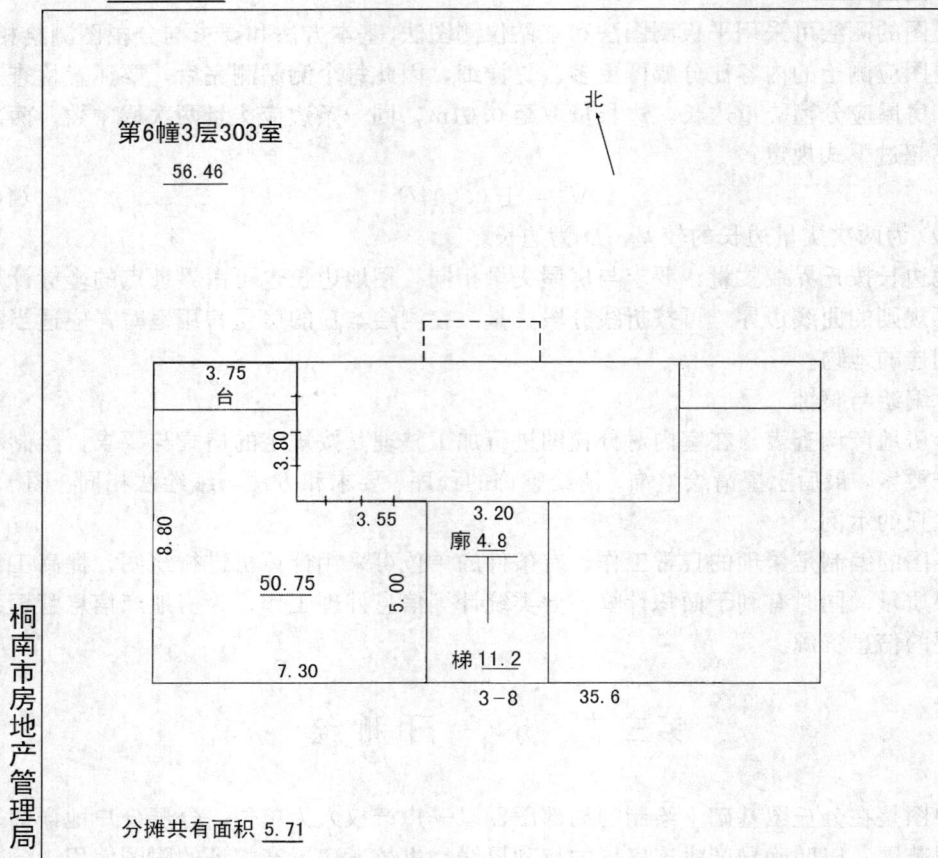

1997年7月测图

1:200

图 10-21

二、分户图的内容及其测绘方法

1. 房屋的平面位置

分户图上房屋平面位置，应参照分幅图、分丘图的位置关系，按实地丈量的房屋边长尺寸绘制，在图上用细实线表示，房屋边长描绘误差不超过图上 0.2mm。房屋边长应丈量两次取中数，两次丈量较差和房屋分段丈量总和的闭合差不超过式（10-1）的规定。

2. 房屋权属要素

分户图的房屋权属要素包括房屋权界线、四面墙体归属和楼梯、走道等共有共用部位。其中，房屋权界线和四面墙体归属的表示方法与分丘图相同，楼梯、走道等共有共用部位乃以细实线表示，但应加注名称如"梯"、"廊"等。

3. 房屋座落号码

准确地表示房屋座落位置的号码有门牌号、幢号、所在层次、室号或户号等，应在规定的位置标注。其中本户所在的幢号、层次、户（室）号标注在房室图形上方，门牌号标注在实际立牌处。

此外，还应在图廓外的右上角标注该户房屋所在的分幅图编号和丘号。

4. 房屋边长和房屋建筑面积

房屋边长均应实量，取位注记至 0.01m，注在图上相应位置。规则房屋前后、左右两相对边边长之差和整幢房屋前后、左右两相对边边长之差应符合式（10-1）的规定。为了便于计算建筑面积，不规则图形的房屋边长丈量时，应加量辅助线。辅助线的条数等于不规则多边形边数减三，图形中每增加一个直角，可少量一条辅助线。

房屋建筑面积包括自有面积、分摊共有面积以及总面积，其测算规则及分摊方法见第八章第五节"房屋及用地的面积测算"。在分户图上，这三种面积均应表示出来，不能只注一个总面积。自有建筑面积注在房屋图形内，共有共用部位本户分摊面积注在图的左下角，总面积注在房屋幢号、所在层次等号码的下方。

图 10-21 是分户图示例，其位置见图 10-19 所示的分丘图示例。

思考题与习题

1. 什么是界址点？界址点按精度分为哪几类？各用于什么场合？

2. 界址点有哪些测量方法？各有什么特点？

3. 在图 10-7 中，设 A 点坐标为（2198.23m，5856.83m），A 到 B 坐标方位角为 $\alpha_{AB}=320°23'42''$，观测的水平角为 $\beta=86°16'30''$，水平距离为 $D=33.26m$，请用极坐标法求 J_1 界址点的坐标。

4. 在图 10-8 (b) 中，界址点 J_1、J_2 的坐标分别为（562.36m，378.67m）、（618.92m，458.35m），沿 J_2-J_1 方向量出 J_2 至 J_P 的水平距离 $D=23.17m$，请用延长量边法计算 J_P 的坐标。

5. 在图 10-11 中，J_1、J_2 的坐标分别为（1789.43m，3248.97m）、（1823.45m，3286.33m），测量 J_1 至待定界址点 J_P 的边长为 $S_1=42.36m$，J_2 至 J_P 的边长为 $S_2=39.25m$。请推算 J_P 坐标值。

6. 什么是分丘图？分丘图的规格与精度要求是什么？

7. 分丘图与分幅图相比，多测绘哪些要素？

8. 分丘图有哪些测绘方法，各在什么场合下使用？其主要步骤是什么？

9. 什么是分户图？分户图规格是什么？

10. 分户图的主要内容有哪些？

第十一章 房地产测绘管理与变更测量

第一节 房地产测绘管理概述

一、房地产测绘管理的内容

房地产测绘管理是从房地产测绘单位的角度出发,研究房地产测绘生产活动的原理、方法、内容和规律性,通过合理组织测绘生产和改善管理,使测绘单位的人、物、财得到有效而充分的利用,并以最少的投入,取得尽可能多的符合城市建设与管理要求的房地产测绘成果。房地产测绘管理的内容主要包括计划管理、生产管理、技术管理和质量管理这几个方面。

1. 计划管理

计划管理是根据生产的要求和用户的需要,根据行业和单位本身的生产条件,在科学预测和决策的基础上,通过系统分析、综合平衡,制订出相应的生产计划,并通过计划的实施、检查、控制和修订,把人力、物力、财力以及各环节、各部门的工作合理地组织起来,以最优方案使房地产测绘生产活动协调而有节奏地进行,确保计划目标的全面完成。

2. 生产管理

生产管理是对日常生产活动的计划、组织和控制。它运用现代管理科学的基本原理,通过对人力、物力、财力等资源的合理调配,以及对生产过程正常运转的控制与调整,使与测绘生产有关的每一个要素在生产过程中有效、科学地组合,从而保证生产计划所规定的目标能按质、按量、按期完成。

3. 技术管理

技术管理指合理组织测绘单位的一切技术工作,以确保产品质量、降低产品成本、提高工作效率为重点,建立良好的生产秩序,保证测绘生产的正常进行。内容包括为测绘生产提供先进、合理、可靠的技术设计书,教育职工严格按照技术设计书、工艺规程、技术标准进行生产作业,保证仪器设备与工具经常处于良好技术状态,建立健全各项技术管理制度,以及文明生产和安全生产等。

4. 质量管理

质量管理指测绘产品从技术设计、设备材料、生产实施直至产品使用全过程的质量管理。质量管理是各项测绘管理工作的中心环节,受到各级测绘管理部门和生产单位的重视,国家测绘局发布了一系列的法规和标准,如《测绘生产质量管理规定》、《测绘质量监督办法》、《测绘产品质量评定标准》和《测绘产品检查验收规定》等。它们相辅相承,把质量管理条文化、法规化,房地产测绘应该以此为依据搞好质量管理工作。

二、房地产测绘管理的机构设置

为了使整个测绘生产活动能够协调有效地进行，必须设置管理机构，明确职责分工，配备适当人员，制定规章制度，使组织中每一个成员都明确自己的工作任务和职责，明确应向谁请示汇报，具有哪些处理问题的权力。

测绘单位一般采用"直线——职能制"的组织形式设置管理机构，它是按照测绘产品对象或生产工艺特点，以区域的分布来划分并设置管理机构，其一般结构形式如图11-1所示。在这种组织形式中，管理人员分为两类：一类是直线指挥人员，如图中的测绘队长、分队长和组长，他们拥有对下级实行指挥的权力，并直接向上一级负责，各级指挥人员实行逐级负责，一般不越级指挥；另一类是职能管理人员，他们是直接指挥人员的参谋和助手，只能对下级机构进行业务指导，不能直接下达命令和指示。这种组织形式的最大优点，是在保正统一指挥的前提下加强专业管理。

一个测绘单位具体设置什么样的管理机构，是根据测绘生产的性质、规模、内容、环境等具体情况来确定。单位较大，行政级别较高时，设置的管理层次就可能多一些；单位的业务量多，测绘范围大，同一层次的管理部门就可能多一些。

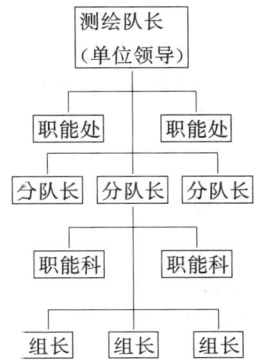

图 11-1

在一些规模较小的房地产测绘单位，还可采用"直线制"的机构设置形式，其特点是测绘单位的各级生产行政机构只设直线指挥人员，不设职能部门，机构简单，权责分明。但各级生产行政领导对下属单位必须全面负责，并要求领导者有全面的知识和技能，亲自处理各种业务。

第二节 房地产测绘质量管理

在上述各项房地产测绘管理工作中，质量管理是特别重要的为容，不论是单位行政领导、技术主管还是一般测绘人员，都与其有密切关系，因此下面主要介绍质量管理方面的内容。

一、测绘质量管理的机构与职责

1. 测绘行政主管部门的质量管理机构与职责

国务院和省、自治区、直辖市测绘行政主管部门设质量管理机构，负责测绘生产的质量监督与管理工作。国务院测绘行政主管部门建立"国家测绘产品质量监督检验测试中心"（以下简称检测中心）；省、自治区、直辖市测绘行政主管部门建立测绘产品质量监督检验站（以下简称监督检验站）。

检测中心和监督检验站均属公正监督检验事业单位，主要承担测绘产品质量的监督检验、委托检验和仲裁检验。在业务上他们分别受国务院和省、自治区、直辖市测绘行政主管部门的领导，并受相应的标准化主管部门的指导。监督检验站在技术上还受检测中心的指导。

各级测绘行政主管部门质量管理机构的主要职责是：贯彻国家和上级主管部门有关质量管理的方针政策，组织制订质量管理法规；指导帮助测绘生产单位建立健全质量保证体系；组织质量教育；检查、督促测绘生产单位坚持质量第一的方针，保证产品质量；负责组织产品的评优和质量争议的仲裁；对测绘产品质量监督检验机构进行业务指导；对生产单位质量指标进行考核并统计上报。

2. 测绘生产单位的质量管理机构与职责

测绘生产单位设质量管理检查机构，主要负责对测绘生产的质量管理和产品质量的最终检查。下属的各测量支队设专职检查人员，主要负责对测绘产品质量的过程检查。

测绘生产单位质量管理检查机构的职责是：负责本单位产品的最终检查，编写质量检查报告；负责制订本单位的产品质量计划和质量管理法规的实施细则；经常深入生产第一线，掌握生产过程中的质量状况，并帮助解决作业中的质量问题；组织群众性的质量管理活动；对作业、检查人员进行业务技术考核；收集产品质量信息。

3. 有关人员的职责

（1）测绘生产单位行政领导在质量管理方面的职责

负责本单位的全面质量管理，建立健全质量保证体系；对全体职工进行经常性的质量意识和职业道德教育；深入生产第一线检查了解产品质量状况，贯彻有关质量管理法规；保证上交产品质量全部合格，在产品的检查报告上签署意见，对本单位产品质量负责。

（2）测绘生产单位总工程师（主任工程师）在质量管理方面的职责

负责本单位质量管理方面的技术工作，处理重大技术问题，对产品质量中的技术问题负责；深入生产第一线，督促生产人员严格执行质量管理制度和技术标准，及时发现和处理作业中带普遍性的质量问题；组织编写和审核技术设计书，并对设计质量负责；审定技术总结和检查报告；组织业务培训，组织对作业人员和质量检查人员的业务技术水平的考核。

（3）各级检验人员职责是：忠于职守，实事求是，对所检验的产品质量负责；严格执行技术标准和产品质量评定标准；深入作业现场，了解和分析影响质量的因素，督促和帮助生产单位不断提高产品的质量；有权越级反映质量问题。

二、测绘质量管理要点

房地产测绘质量管理应从测绘产品质量形成的各阶段、各环节抓起，具体有以下几个方面：

1. 技术设计的质量管理

技术设计是测绘生产的先行，是决定测绘产品质量，提高测绘单位经营管理水平的重要环节。技术设计书是一个测绘项目的生产依据，房地产测绘生产单位应坚持先进行技术设计，经审核通过后再按技术设计书进行测绘生产，不许边设计边生产，禁止无设计就生产。

技术设计是指根据测绘产品的用途和测区的实际情况，如测绘范围、测绘时间、测图比例尺、测区作业困难类别，以及测区内已有控制成果和图件的数量、质量、利用价值等情况，提出控制测量的布设方案、成图方式、主要作业方法和技术规定。其目的是制定切实可行的技术方案，保证测绘产品符合技术标准和用户需求，并获得最佳的社会效益。技术设计质量的好坏，对整个测绘项目成果质量影响很大。

为了保证技术设计的质量，应对照《房产测量规范》等有关测量技术标准的规定，认真审查"技术设计书"。如有涉及放宽技术标准和改变作业方法等问题而影响测绘产品质量时，其设计书的审批应征求质量管理部门的同意。在生产中应用的新技术和新方法，必须通过正式鉴定，方可进行生产。

2. 测绘生产过程中的质量管理

生产过程是产品质量直接形成的过程，也是设计意图转化为有形产品的过程。它取决于工序能力和工序质量管理水平。从大量统计材料表明，产品质量问题大部分产生在这个过程，所以，加强生产过程的质量管理，是保证和提高产品质量的关键，是质量管理的中心环节。

生产过程质量管理的任务，是建立能够稳定生产合格和优质产品的生产系统，抓好每个生产环节的质量管理，严格执行技术标准，保证每个工序的作业质量；通过质量分析，找出产生缺陷的原因，采取预防措施，把不合格品消灭在生产过程中，使产品质量持续稳步上升。生产过程中的质量管理关键做好以下工作：

作业前，必须组织参加作业及担任检查验收工作的人员，学习技术标准、操作规程和技术设计书，并对生产使用的仪器、设备进行检验。作业时，严格执行技术标准，不准随意放宽技术标准，作业员对所完成作业的质量要负责到底。在作业过程中的各道工序的产品必须符合相应的技术标准和质量要求，并由质检人员按规定签署意见后，方可转入下一工序使用。下工序有权退回不符合要求的产品。上工序应及时进行改正。

3. 辅助生产过程的质量管理

为了保证生产优质产品，还必须抓好物资供应、工具供应、仪器设备维修、仓库保管、交通运输等服务、辅助工作的质量管理。它们与生产过程的质量有着密切的关系，在质量管理中也占有相当重要的地位。

辅助生产过程质量管理的主要任务是：根据直接生产的需要，保证提供质量良好的物质技术条件；同时，主动及时做好生产服务工作，面向生产，面向基层，充分发挥质量保证作用。它应抓好以下几项工作：

（1）物资供应的质量管理　物资供应包括原材料及辅助材料，例如图纸、墨水等，其中一部分直接构成了测绘产品的实体，它的本身质量，直接影响着产品的质量。在签订供货合同前，应根据"货选三家"的原则，择优选用。

（2）工具供应的质量管理　测绘生产中使用的工具，特别是那些精密的工具和量具，如一级纹米尺、坐标格网尺、曲线笔、点圆规及刻刀等等，它们本身的质量好坏，直接影响着产品质量和检验质量。工具的管理与物资供应的质量管理基本相同。所不同的是工具使用时间较长，所以，必须建立相应的领用、保管、验收、鉴定、校正、修理等管理制度。少数自制工具，也应定期鉴定、维修。

（3）仪器设备的质量管理　测绘单位的仪器设备是现代测绘生产的物质技术基础。产品质量水平在很大程度上直接取决于仪器设备的质量。因此，对产品的质量控制重点应放在对仪器设备的质量控制上，并通过维护保养及必要的修理，保证仪器设备的正常运转和质量要求。要实现这个目的，就必须推行全员生产维修，即全员、全系统、全效率的管理维修，做到日常点检、定期检查和专题检查相结合；故障维修、预防维修、改善维修、监测维修相结合，并以预防维修为主。

4．使用过程的质量管理

测绘产品使用过程是实现其生产目的的过程，也是考验产品实际质量的过程。产品的质量特性是根据使用要求而设计的，产品实际质量的好坏，主要由用户评价。因此，测绘单位的质量管理工作就必须从生产过程延伸到使用过程。测绘生产单位交付使用的产品必须是合格产品，并对产品质量负责到底。此外测绘单位要主动征求用户对产品质量的意见，建立质量信息反馈系统，并为用户提供咨询服务。

三、测绘产品质量检查、验收方法

1．检查、验收制度

房地产测绘成果实行两级检查一级验收制度。各级检查、验收工作必须独立进行，不得省略或代替。

两级检查指过程检查和最终检查，由测绘生产单位进行，其中过程检查是在作业组（人员）自查互检的基础上，由分队检查人员按相应的技术标准、技术设计书和有关的技术规定，对作业组生产的产品所进行的全面检查；最终检查是在过程检查的基础上，由生产单位质量管理机构对作业组生产的产品所进行的再一次全面检查。

一级验收指在最终检查合格后，由测绘任务的委托单位组织的为判断受检产品能否被接收而进行的检验。检验也可由该单位委托具有检验资格的检验机构进行。

2．检查、验收的依据

（1）有关的测绘任务书、合同书或委托检查验收文件；

（2）有关法规和技术标准；

（3）技术设计书和有关技术规定等。

3．检查、验收的方式

检查主要有详查和概查两种方式。详查是对从以图幅为单位的房地产测绘成果中抽取的样本所进行的全面检查；概查是对样本以外的、影响产品质量的重要特性（指技术性能、技术指标、外观整饰等质量特点）和带倾向性问题所作的检查。

在房地产测绘产品的验收工作中，详查的比例为图幅总数的10％，样本应按随机抽样的方法从检验产品中抽取；最终检查工作中，测绘生产单位可结合本单位的实际情况，参照产品的质量特性，在确保产品质量的前提下，确定详查的比例并报上级主管部门批准，但其内业详查比例不能低于10％。

4．检查、验收的方法

（1）过程检查

作业小组是测绘工作的最基层单位，成果质量必须从作业组抓起。自查是在作业过程中随时进行的检查工作，发现问题及时处理，把质量问题消灭在生产第一线。互查是在各作业组之间所进行检查工作，能够发现本组没注意到的质量问题。房地产测绘包括很多工作过程，每完成一道工序，经自查互查无误后，及时报基层质检人员进行检查，由检查者签字后，方可转入下道工序。在产品完成后，同样要进行自查和互查，最后交由基层质检人员全面检查。检查人员对被检查的成果质量负责。检查时发现产品中的问题要提出处理意见，交作业小组改正，当意见分歧时，由单位质量管理机构裁决。

（2）最终检查

施测单位质量检查机构制定出"测绘产品最终检查实施细则"，报上级主管部门批准后，按此细则进行检查，检查中发现有不符合技术标准、技术设计书或其它有关技术规定的产品时，应及时提出处理意见，交被检单位进行改正。当问题较多或性质较严重时，可将部分或全部产品退回被检单位，令其重新检查和处理，然后再进行检查，直到检查合格为止。当检查员与被检单位（或人员）在质量问题的处理上有分歧时，由生产单位总工程师裁定。

产品经最终检查后，生产单位按《测绘产品质量评定标准》评定产品质量，验收单位予以核定。检查人员应认真做好检查记录，并将记录随产品移交，供分级存档。最终检查工作完成后，生产单位应按规定编写检查报告，经生产单位领导审核后，随产品一并提交验收。

检查报告的主要内容是：任务概况；检查工作概况（包括仪器设备和人员组成情况）；检查的技术依据；主要质量问题及处理情况；对遗留问题的处理意见；质量统计检查结论。

（3）验收

经验收判为合格的产品批次，被检单位要对验收中发现的问题进行处理。经验收判为不合格的产品批次，要将检验产品全部退回被检单位，令其重新检查和处理，然后再重新申请验收。当验收人员与被检单位（或人员）在质量问题的处理上有分歧时，由生产单位上级质量管理机构裁定。凡委托验收中产生的分歧可报各省、市、自治区测绘主管部门的质量管理机构裁定。

验收人员应认真做好验收记录，并将记录随产品移交，供分级存档。验收工作完成后，验收单位应按规定编验收报告。验收报告经验收单位主管领导审核（委托验收的验收报告送委托单位领导审核）后，随产品归档，并送生产单位一份。

验收报告的主要内容是：验收工作概况（包括仪器设备和人员组成情况）；验收的技术依据；验收中发现的主要问题及处理意见；质量统计（含生产单位检查报告中质量统计的变化及其原因）；验收结论；其它意见和建议。

四、测绘产品质量检查、验收的内容

房地产测绘产品质量检查验收的项目主要包括平面控制测量、房地产调查、房地产图测绘、界址点测量及面积测算四个方面，各个方面的具体内容如下：

1. 平面控制测量

（1）平面控制网布设与点位是否符合要求，点之记内容的齐全、正确性，标志规格和埋设质量情况。

（2）各类控制点的测定方法、扩展次数及各种限差、成果精度是否符合要求，仪器检校、计量检定情况，各类观测手簿的记录和注记的正确、完备性。

（3）起算数据和计算方法是否正确，平差后的成果精度是否满足要求，技术问题处理的合理性，上交资料的完整性。

2. 房地产调查

（1）各种房地产要素调查与填表项目内容是否齐全、正确、可靠。

（2）用地范围示意图上所标绘的用地范围线、房屋权界线、房屋四面墙体归属，以及有关说明、符号和房地产图是否一致。

3. 房地产图测绘

（1）图廓线、方格网精度是否合格，各级控制点、界址点的展绘有无遗漏，位置是否准确。

（2）房地产图施测方法是否正确，各项限差是否在规定的要求内。

（3）房屋和用地的各种要素，如产别、结构、层次、面积、边长等是否齐全，丘、幢的编号是否正确。

（4）与房产管理有关的地形地物要素取舍是否合理。

（5）图幅接边是否在限差内，误差配赋是否合理，房屋轮廓线及线状地物接边有否明显变形。

（6）图上各种注记是否正确，取舍和注记位置是否恰当。

4. 界址点测量与面积测算

（1）界址点的施测方法是否正确，各项限差是否在规定的要求内。

（2）面积测算是否符合精度要求，有无错误或漏项，共有或共用面积分摊计算是否合理准确。

五、测绘产品质量评定标准

1. 测绘产品成果质量等级

测绘产品成果质量实行优等品、良等品、合格品和不合格品四级评定，房地产测绘以图幅为单位进行质量评定。先分别评出控制测量、房地产调查、界址点测量和面积量算、房地产图四个单项的质量得分值，然后各自乘以 25% 后相加，得出图幅总分，再按表 11-1 确定图幅质量。其中，凡涉及图幅的控制测量评分时，图幅内所有控制点得分的平均值即为该图幅的控制测量得分。

表 11-1

图幅总分	90～100	75～89	60～74	0～59
图幅质量	优	良	合格	不合格

2. 测绘产品质量评分方法

房地产测绘产品的四个单项中，均再细分为若干个子项目，每个子项目根据其质量特性在整幅图质量中所占的比重，定出所占分数的比例系数（称为权），则该单项的分数为各子项目得分的加权总和。四个单项的得分值求出后，即可按上点所述方法求出图幅总分。

而子项目的得分则是将其先预置为 100 分，然后根据该级子项目质量特性中出现的缺陷逐个扣分，剩下的分数即是子项目的得分。

缺陷分为严重缺陷、重缺陷和轻缺陷三种情况。严重缺陷指产品的极重要质量特性不符合规定，或者产品的质量特性极严重不符合规定，以致不经重测或处理不能提供用户使用；重缺陷指产品的重要质量特性不符合规定，或者产品的质量特性严重不符合规定，对用户使用有重大影响；轻缺陷指产品的一般质量特性不符合规定，或者产品的质量特性不符合规定，对用户使用有轻微影响。

测绘产品质量评分的具体标准和方法见《测绘产品质量评定标准》。

第三节　房地产测绘资料管理

由于房地产测绘的成果资料直接为以房地产产权产籍管理为主的各项管理工作服务，使用和更新频繁，并且具有法律效力，因此房地产测绘资料的管理也是一项重要的管理工作。房地产测绘资料管理的任务，是保证资料不损坏、不散失，查找和使用方便。此外，还应根据实际房地产状况的改变，经常进行变更测量，不断对测绘资料进行相应的更新，提高其利用价值。下面对这项管理工作进行简要介绍。

一、测绘资料的内容

房地产测绘资料的内容很多，例如，一个完整的房地产测绘项目结束后，形成的成果资料有下列内容：

（1）成果资料索引及说明；

（2）房地产测绘技术设计书；

（3）平面控制测量成果资料，包括控制网布置图、原始观测记录手簿、计算资料和成果表等；

（4）房地产图，包括房地产分幅图、分丘图、分户图的实测原图和清绘原图；

（5）界址点坐标成果表；

（6）房地产调查资料，包括房屋调查表、房屋用地调查表、面积测算资料以及调查过程中特别是确定权源过程中有关的附属材料；

（7）技术总结；

（8）检查、验收报告。

二、房地产测绘资料的管理

在上述资料中，最主要的同时数量也是最多的是各种房地产图，这些图件不似一般的表格或簿册易于保管，同时又可能要经常调用，是资料管理的重点和难点。因此这里主要介绍房地产图的管理。

1. 绘制结合图

为了便于查找房地产图图幅所在地的位置和四周邻接图幅的图号，对整个测区范围应绘制一份结合图，在图上可以一目了然地看清楚整个测区图幅的分幅情况、图号和图幅的数量。这样不仅便于图纸的管理和使用，也便于以后修测划分工作范围，安排作业计划。

2. 制作二底图

利用分幅图的原图，制作一套二底图，平时调阅、晒图、修测等工作可用二底图进行，使原图不受破坏。二底图修测后应及时转绘到原图上，使原图也得到更新。

3. 图纸的存放

房地产图的图纸有薄膜原图、薄膜二底图等多种类型的图纸。各种图纸因其使用不同，应分开存放在特制的图柜内保存，一般是按1：500图纸编号的顺序存放，也可按其它便于查找和管理的顺序存放。薄膜图一般是平放，晒蓝图可以折叠存放，折叠时应将图名、图号折在外，便于查阅。

由于房地产图是经常修测的，第一次测制完成后应复晒一套装订成册，每隔 3～5 年对修测后的图要再重新复晒装订一套，均作为历史资料保存，以反映房屋演变情况。复晒图可按上述图纸存放的方式进行装订，用硬纸板作封面，写上次序，内页应附测图日期、图幅总数、图例符号及用法说明。

4. 图纸的管理

为了保持房地产图与实地一致，要调出修测；为了复晒使用的图纸，要调出晒制；为了处理房地产有关问题，要调出查阅，总之，图纸的使用是频繁的。为了管理好图纸，应设置图纸资料室，配备专职管理人员，制定管理、调阅制度，防止遗失、损坏和泄密。具体来说，图纸的管理应做好以下工作：

（1）图纸资料室对所存放的房地产图，要按房地产资料档案纲目科学地进行分类、排列和编号，并编制必要的检索工具。

（2）图纸库房必须坚固适用，库房内应保持适当的温度、湿度，应具有抗震、防盗、防火、防水、防潮、防尘、防虫、防鼠、防高温、防强光等设施。

（3）图纸资料室应研究和改进图纸保护技术，延长图纸的寿命，对已破损和字迹漫色的重要图纸要及时修复和复制。

（4）房地产图的保存期限鉴定工作，可不定期地由单位领导召集有关人员组成临时鉴定小组完成，以确定该图纸的重要程度和保管期限。对无需继续保存的图纸，必须经过鉴定，造具清册，报请主管部门批准后，方能销毁。

（5）图纸资料室对图纸的接收和利用等情况，要及时准确地进行统计，并按有关规定上报。

（6）图纸资料室对所属图纸和资料的保管情况要进行定期检查，遇有特殊情况立即检查，及时处理。

（7）图纸资料室应配备足够数量的能胜任工作的管理人员。其中必须有一定数量的工程技术人员。图纸管理人员要认真执行国家档案工作的指示和规定，遵守保密制度，钻研业务，提高管理工作水平。

（8）积极创造条件，应用新的科学技术设备，努力实现图纸管理技术的现代化。

第四节 变 更 测 量

变更测量是指房屋发生买卖、交换、继承、分析、重建、拆除等涉及权界调整和面积增减变化而进行的更新测量，它包括现状变更测量和权属变更测量两种类型。随着城镇建设的不断发展，建成区的范围也在不断地扩大，建成区范围内房屋状况、土地利用状况以及房屋与用地的权属状况也在不断地变化，各种与房地产要素有关的变更不断发生。因此，为了保持房地产图与现状相符，需要经常性地进行变更测量。

一、变更测量的方法

1. 准备工作

收集当地城建规划等单位的变更资料、竣工图以及房地产权属变更资料，确定修测范围，并根据原图上平面控制点的分布情况，选择变更测量的方法，准备测量仪器工具。

2. 房地产调查

根据收集的变更资料，到现场进行房地产调查，掌握各项房地产要素变更后的具体情况，如房屋的增减、房屋形状与结构的变化、产权人及其所有制性质的改变、用地类型的变化以及权界的变更等。

3. 修测

对改变后的房屋及用地的位置与形状应进行修测。变更测量应在原图或二底图上进行，并根据原有的邻近平面控制点、界址点或明显的固定地物点设站进行。除解析地物点以外，所有修测过的地物点不得作为再修测的依据。

现状变更范围较小时，可采用卷尺丈量尺寸，用几何作图方法进行修测；现状变更范围较大时，应先补测图根控制点，然后进行测图。新扩大的建成区，应先进行平面控制测量，然后进行房地产图的测绘。

4. 界址点测量及用地面积测算

由于权界的变更，界址点也应作相应的调整，改变了的界址点应重新测定其坐标值。测量方法与原界址点测量方法相同，根据界址点应达到的精度等级可相应采用解析法或图解法。用地面积则根据界址点坐标或实测边长数据重新计算。

二、丘号、界址点号、幢号的调整

房地产合并、分割或调整后，应视变更的情况，及时调整有关的丘号、界址点号和幢号，调整规则如下：

（1）用地的合并与分割都应重新编号，新增丘号按图幅内最大丘号续编；

（2）用地的分割、合并或调整时，新增的界址点点号按图幅为最大界址点号续编；

（3）用地单元中的房屋被部分拆除，仍使用原幢号，重建和新建的房屋的幢号，按丘内最大幢号续编。房屋合并或分拆应重新编立幢号，新幢号按丘为最大幢号续编。

思考题与习题

1. 什么是测绘管理？它主要包括哪些内容？
2. 测绘单位应从哪几个方面加强房地产测绘质量管理？
3. 房地产测绘产品的检查、验收制度是什么？
4. 房地产测绘产品的检查、验收内容是什么？
5. 房地产测绘资料管理的目的是什么？应注意哪些问题？
6. 什么是房地产变更测量？
7. 变更测量的过程有哪些？
8. 变更测量中丘号、界址点号、幢号的调整规则是什么？

参 考 文 献

1 建设部房地产业司. 房产测量规范（CH5001—91）. 北京：中国建筑工业出版社，1991
2 合肥工业大学主编. 测量学. 第4版. 北京：中国建筑工业出版社，1997
3 周华、刘祖文主编. 测量学. 武汉：中国地质大学出版社，1994
4 武汉测绘学院《测量学》编写组编著. 测量学. 北京：测绘出版社，1985
5 杨德麟等编著. 大比例尺数字测图的原理、方法与应用. 北京：清华大学出版社，1998
6 张建强编. 房地产绘图. 北京：测绘出版社，1994
7 李荣兴编著. 测绘管理基础. 北京：测绘出版社，1992
8 国家测绘局. 测绘产品检查验收规定（CH1002—95）. 北京：测绘出版社，1995
9 国家质量技术监督局. 商品房销售面积测量与计算（JJF1058—98）. 北京：计量出版社，1995